全国中等职业学校电工类专业通用教材

全国技工院校电工类专业通用教材（中级技能层级）

电气控制线路与PLC

人力资源社会保障部教材办公室　组织编写

中国劳动社会保障出版社

简　介

本书主要内容包括典型低压电器及 PLC 的认识，三相异步电动机点动与自锁控制线路、正反转控制线路、自动往返控制线路、Y－△降压启动控制线路、顺序控制线路、制动控制线路的安装与调试，PLC 步进顺控指令、功能指令的应用等。

本书由孙怀荣任主编，赵虹、浦金标任副主编，陆志忠、史海威、张艳婷、董武连、李瑄参加编写；王建任主审。

图书在版编目（CIP）数据

电气控制线路与 PLC / 人力资源社会保障部教材办公室组织编写 . -- 北京：中国劳动社会保障出版社，2023

全国中等职业学校电工类专业通用教材　全国技工院校电工类专业通用教材 . 中级技能层级

ISBN 978-7-5167-5562-4

Ⅰ. ①电…　Ⅱ. ①人…　Ⅲ. ①电气控制 - 控制电路 - 中等专业学校 - 教材②PLC 技术 - 中等专业学校 - 教材　Ⅳ. ①TM571.2②TM571.6

中国国家版本馆 CIP 数据核字（2023）第 011431 号

中国劳动社会保障出版社出版发行

（北京市惠新东街 1 号　邮政编码：100029）

*

北京市科星印刷有限责任公司印刷装订　　新华书店经销

787 毫米 ×1092 毫米　16 开本　17.25 印张　329 千字

2023 年 3 月第 1 版　　2025 年 8 月第 7 次印刷

定价：36.00 元

营销中心电话：400-606-6496

出版社网址：http://www.class.com.cn

http://jg.class.com.cn

前　言

为了更好地适应全国技工院校电工类专业的教学要求，全面提升教学质量，人力资源社会保障部教材办公室组织有关学校的一线教师和行业、企业专家，在充分调研企业生产和学校教学情况、广泛听取教师使用反馈意见的基础上，吸收和借鉴各地技工院校教学改革的成功经验，对现有电工类专业通用教材进行了修订（新编）。

本次教材修订（新编）工作的重点主要体现在以下几个方面。

更新教材内容

◆ 根据企业岗位需求变化和教学实践，确定学生应具备的知识与能力结构，调整部分教材内容，增补开发教材，使教材的深度、难度、广度与实际需求相匹配。

◆ 根据相关专业领域的最新技术发展，推陈出新，补充新知识、新技术、新设备、新材料等方面的内容。

◆ 根据最新的国家标准、行业标准编写教材，保证教材的科学性和规范性。

◆ 根据一体化教学理念，提高实践性教学内容的比重，进一步强化理论知识与技能训练的有机结合，体现“做中学、学中做”的教学理念。

优化呈现形式

◆ 创新教材的呈现形式，尽可能使用图片、实物照片和表格等形式将知识点生动地展示出来，提高学生的学习兴趣，提升教学效果。

◆ 部分教材将传统黑白印刷升级为双色印刷和彩色印刷，提升学生的阅读体验。例如，《电工基础（第六版）》和《电子技术基础（第六版）》采用双色设计，使电路图、波形图的内涵清晰明了；《安全用电（第六版）》将图片进行彩色重绘，符合学生的认知习惯。

提升教学服务

为方便教师教学和学生学习，除全面配套开发习题册外，还提供二维码资源、电子教案、电子课件、习题参考答案等多种数字化教学资源。

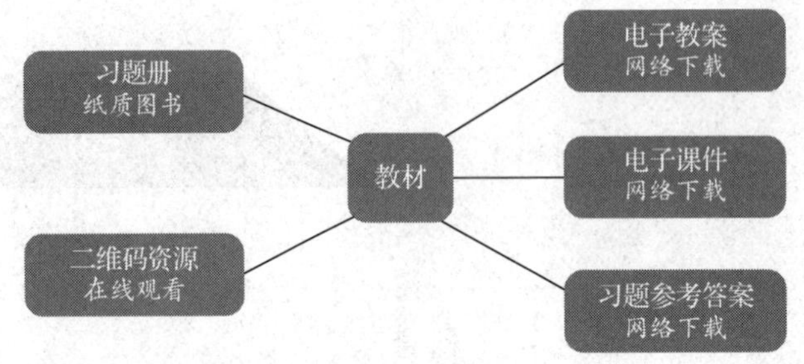

二维码资源——在部分教材中，针对重点、难点内容制作微视频，针对拓展学习内容制作电子阅读材料，使用移动设备扫描即可在线观看、阅读。

电子教案——结合教材内容编写教案，体现教学设计意图，为教师备课提供参考。

电子课件——依据教材内容制作电子课件，为教师教学提供帮助。

习题参考答案——提供教材中习题及配套习题册的参考答案，为教师指导学生练习提供方便。

电子教案、电子课件、习题参考答案均可通过技工教育网（http://jg.class.com.cn）下载使用。

致谢

本次教材的修订（新编）工作得到了辽宁、江苏、山东、河南、广西等省（自治区）人力资源社会保障厅及有关学校的大力支持，在此我们表示诚挚的谢意。

人力资源社会保障部教材办公室

2020 年 9 月

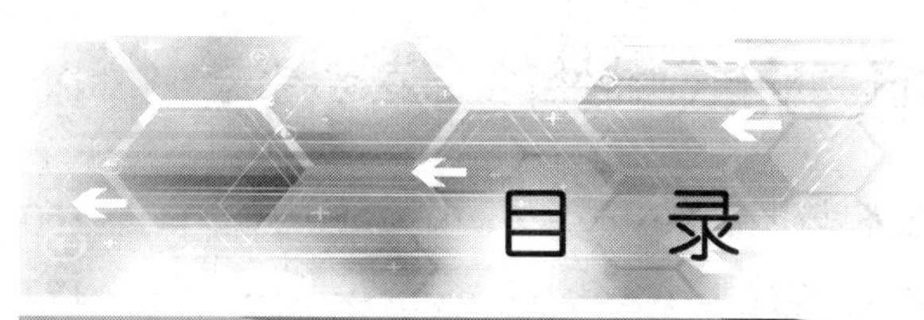

目录

项目七　三相异步电动机制动控制线路的安装与调试

项目八　PLC 步进顺控指令的应用

项目九　PLC 功能指令的应用

项目一
典型低压电器及 PLC 的认识

低压电器和可编程序控制器（PLC）是生产中应用广泛的电气设备。本项目通过 2 个任务来认识典型的低压电器和可编程序控制器。

任务 1　典型低压电器的认识

学习目标

知识目标：

1. 熟悉常用低压电器的分类、结构、工作原理和型号规格。
2. 掌握典型低压电器的选用与检测方法。

能力目标：

1. 能正确识读低压电器的电气符号，识别其型号含义。
2. 能正确检测常用低压电器。

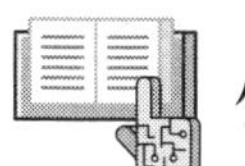

任务引入

根据工作电压的高低，电器可分为高压电器和低压电器。低压电器通常是指工作在交流电压 1 200 V、直流电压 1 500 V 以下的电路中，起通断、保护、控制或调节作用的电器。低压电器是组成低压控制线路的基本电气设备。在工厂中常用继电器、接触器、按钮和开关等电器组成电动机的启动、停止、反转、调速和制动控制线路。因此，在工厂车间的设备控制柜或控制箱中经常可以看到如图 1–1–1 所示低压电器的身影。本任务主要认识这些低压电器的外观、结构；认识低压电器的电气符号及其实物；学会检测这些常用低压电器，熟悉它们的结构原理，并根据应用要求正确选用低压电器。

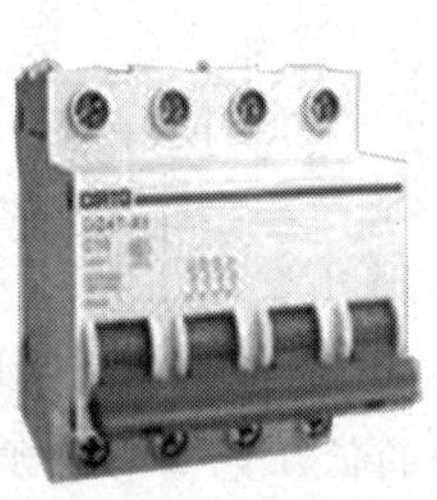

图 1–1–1　常用低压电器

相关知识

一、低压电器的分类

低压电器种类繁多，有不同的分类方式，常见的分类方式有以下三种。

1．按用途和控制对象分

按用途和控制对象不同，低压电器可分为配电电器和控制电器。典型的配电电器有刀开关、组合开关、低压断路器、熔断器等；典型的控制电器有接触器、继电器、主令电器等。

2．按操作方式分

按操作方式不同，低压电器可分为自动电器和手动电器。

3．按工作原理分

按工作原理不同，低压电器可分为电磁式电器和非电量控制电器。电磁式电器是利用电磁相关原理将电能转换成机械能，带动触头动作，完成接通或分断电路的功能的电器，如接触器和各类电磁式继电器等。非电量控制电器是靠外力或某种非电物理量的变化而动作的电器，如行程开关、按钮等。

二、刀开关

刀开关又称开启式负荷开关，是一种手动配电电器，用于不频繁接通或分断额定电流以下的负载，也可以用来隔离电源，确保检修安全。生产中常采用 HK 系列开启式负荷开关，用于照明、电热设备及小容量电动机控制电路中，供手动和不频繁地接通或分断电路。

1. 结构特点

HK 系列开启式负荷开关由刀开关和熔断器组合而成，其结构如图 1-1-2 所示。开启式负荷开关的结构简单，价格便宜，在一般的照明电路和功率小于 5.5 kW 的电动机控制线路中被广泛采用。但这种开关没有专门的灭弧装置，其刀式动触头和静触头易被电弧灼伤引起接触不良，因此不宜用于操作频繁的电路中。

2. 电气符号及型号含义（见图 1-1-3）

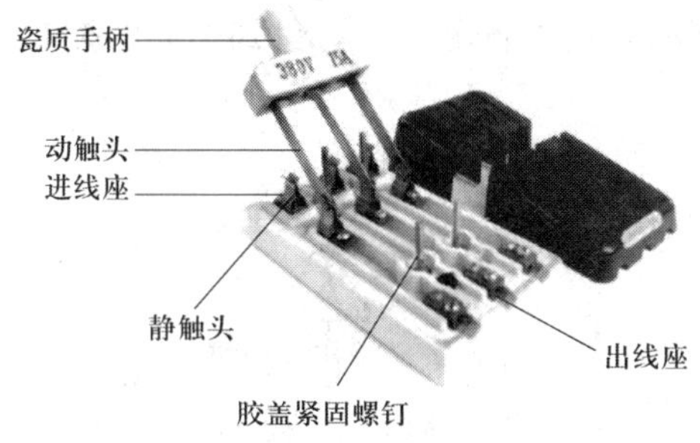

图 1-1-2 HK 系列开启式负荷开关的结构

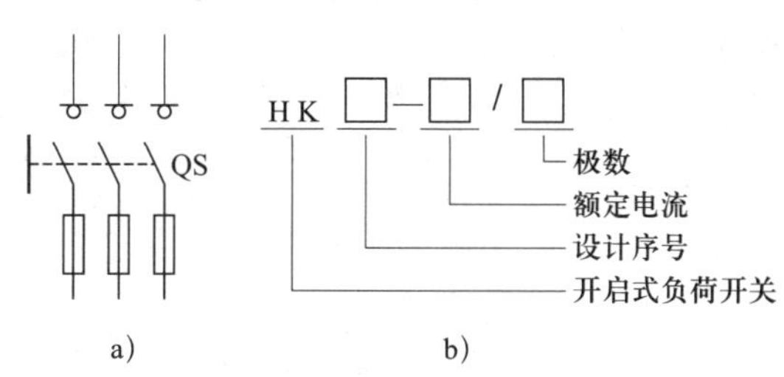

图 1-1-3 开启式负荷开关的电气符号及型号含义

a）电气符号 b）型号含义

3. 选用

（1）结构形式的选择

根据刀开关在线路中的作用和在成套配电装置中的安装位置来确定它的结构形式。仅用来隔离电源时，可选用不带灭弧罩的产品；用来分断负载时，应选用带灭弧罩且通过杠杆操作的产品。此外，还应根据是正面操作还是侧面操作、是直接操作还是杠杆传动、是板前接线还是板后接线来选择结构形式。

（2）额定电流的选择

刀开关的额定电流一般应不小于所关断电路中各个负载额定电流的总和。若负载是电动机，则必须考虑电路中可能出现的最大短路峰值电流是否在该额定电流等级所对应的电动稳定性峰值电流以下（发生短路事故时，如果刀开关能通过某一最大短路电流，并不因其所产生的巨大电动力的作用而发生变形、损坏或触刀自动弹出的现象，则这一短路峰值电流就是刀开关的电动稳定性峰值电流）。如超过，则应当选用额定电流更大一级的刀开关。

三、组合开关

组合开关又称转换开关，其体积小、触头对数多、接线方式灵活、操作方便，常用于交流 50 Hz、380 V 以下及直流 220 V 以下的电气线路中，供手动和不频繁地接通或分断电路、换接电源和负载以及控制 5 kW 以下的交流电动机的启动、停止和正反转。

1. 结构特点

组合开关的结构特点是用动触片代替闸刀，以左右旋转操作代替刀开关的上下分合操作。组合开关有单极、双极和多极之分，其实物如图 1–1–4 所示。

组合开关的结构如图 1–1–5 所示，手柄和转轴能在平行于安装面的平面内沿顺时针或逆时针方向每次转动 90°，带动三个动触头分别与三个静触头接触或分离，实现接通或分断电路的目的。开关的顶盖部分是由凸轮、扭簧和手柄等构成的操作机构。由于采用了扭簧储能，可使触头快速闭合或分断，从而提高了开关的通断能力。组合开关的绝缘垫板可以一层层组合起来，并按不同的方式配置触头，可得到不同的控制要求。

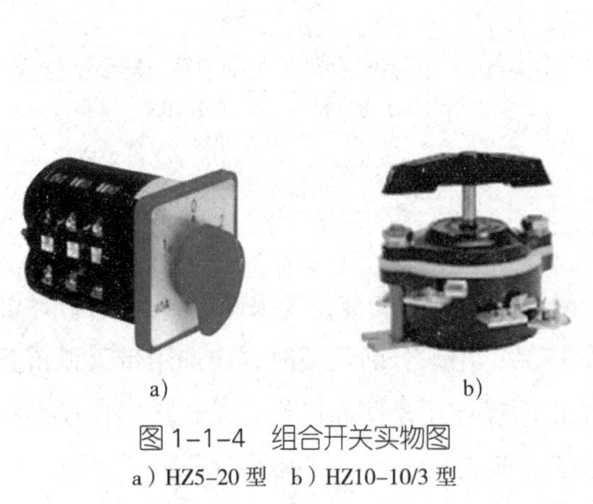

a)　　b)

图 1–1–4　组合开关实物图

a）HZ5–20 型　b）HZ10–10/3 型

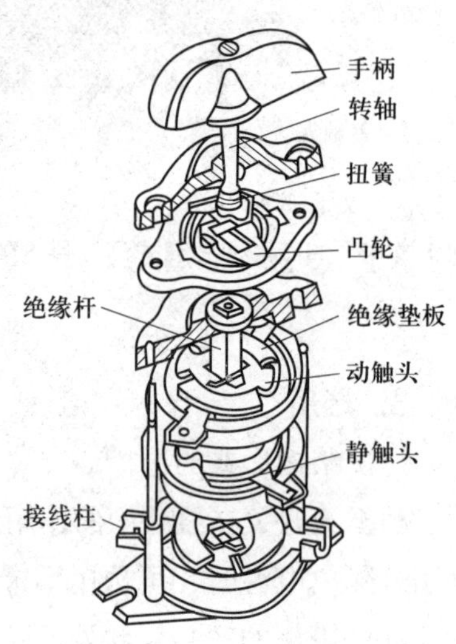

图 1–1–5　组合开关的结构

2. 电气符号及型号含义（见图 1–1–6）

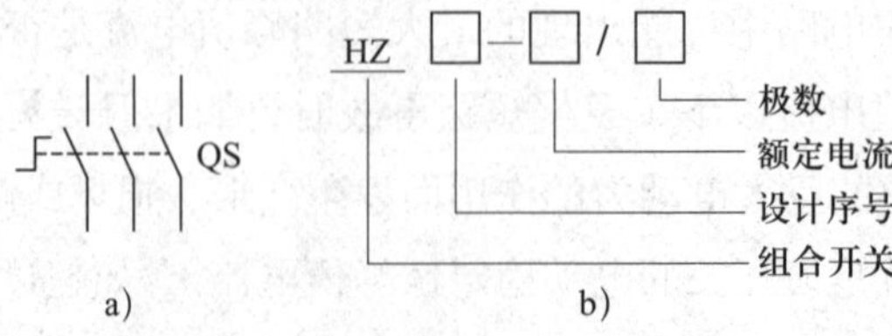

图 1–1–6　组合开关的电气符号及型号含义

a）电气符号　b）型号含义

3. 选用

组合开关应根据电源种类、电压等级、所需要的触头数、接线方式和负载容量进行选用。一般用于控制小型异步电动机的运转时，开关的额定电流按以下公式计算：

$$I=(1.5\sim2.5)I_N$$

其中，I 为开关电流；I_N 为电动机额定电流。

四、低压断路器

低压断路器又称自动空气开关或自动空气断路器，是低压配电网络和电力拖动系统中常用的手动开关电器。低压断路器不仅可以接通和分断流过正常负荷电流和过负荷电流的电路，还可以接通和分断流过短路电流的电路。低压断路器在电路中除起控制作用外，还具有一定的保护功能，如短路保护、过载保护、欠电压保护等。

1. 结构原理

低压断路器有单极、双极和多极之分。从结构上来看，低压断路器主要由触头系统、灭弧系统、操动机构和保护装置组成。其实物如图 1-1-7 所示，结构示意图如图 1-1-8 所示。

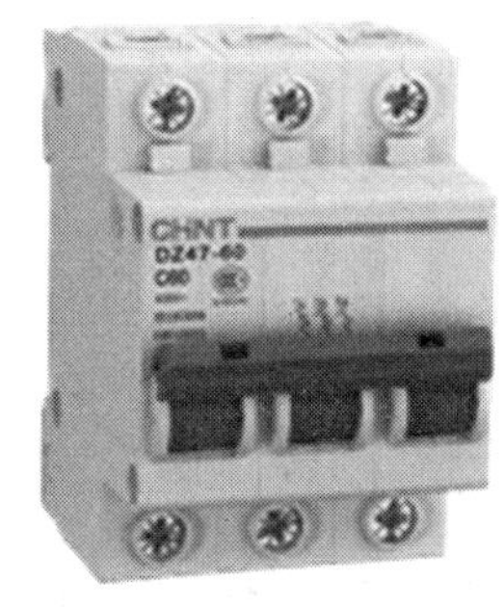

图 1-1-7　低压断路器实物图

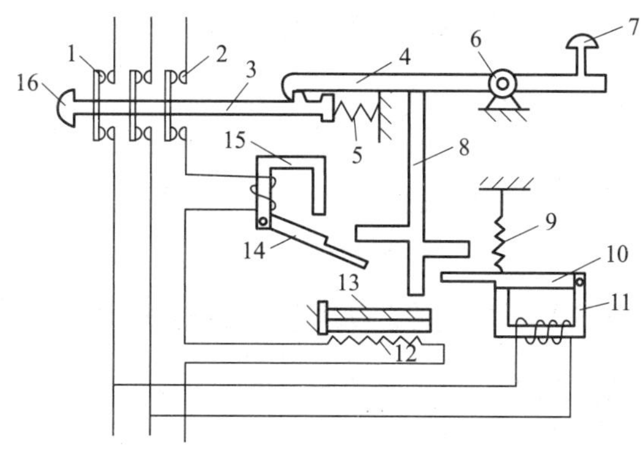

图 1-1-8　低压断路器的结构示意图

1—动触头　2—静触头　3—锁扣　4—搭钩　5—反作用弹簧　6—转轴座
7—分断按钮　8—杠杆　9—拉力弹簧　10—欠压脱扣器衔铁　11—欠压脱扣器
12—热元件　13—双金属片　14—电磁脱扣器衔铁　15—电磁脱扣器　16—接通按钮

低压断路器的工作原理是：使用时，低压断路器的三副主触头串联在被控制的三相电路中，按下接通按钮时，外力使锁扣克服反作用弹簧的反力，将固定在锁扣上面的主触头闭合，并由锁扣锁住搭钩使主触头保持闭合，开关处于接通状态。

当线路发生过载时，过载电流流过热元件产生一定的热量，使双金属片受热向上弯曲，通过杠杆推动搭钩与锁扣脱开，在反作用弹簧的作用下，主触头的动、静触点分开，从而切断电路，保护电气设备。

当线路发生短路故障时，短路电流使电磁脱扣器产生强大的吸力将衔铁吸合，通过杠杆推动搭钩与锁扣分开，从而切断电路，实现短路保护。低压断路器出厂时，电磁脱扣器的瞬时脱扣整定电流一般为额定电流的 10 倍。

欠压脱扣器的动作过程与电磁脱扣器的动作过程相反。具有欠压脱扣器的断路器在欠压脱扣器两端电压过低时，不能接通电路。

2. 电气符号及型号含义（见图 1-1-9）

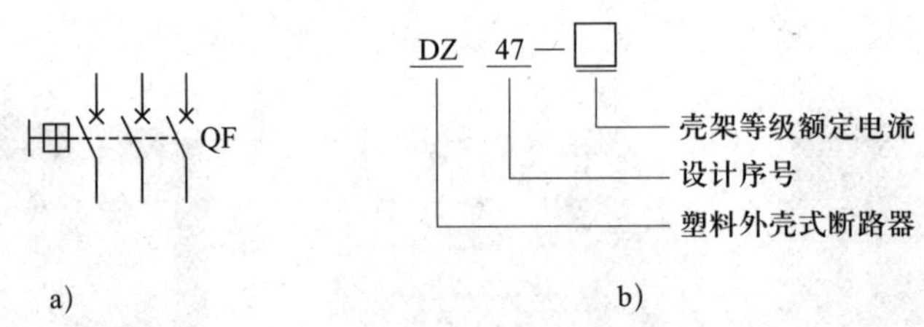

图 1-1-9 低压断路器的电气符号及型号含义

a）电气符号 b）型号含义

3. 选用

（1）自动空气断路器的额定电压和额定电流应不小于电路的额定电压和最大工作电流。

（2）热脱扣器的整定电流与所控制负载的额定电流一致。电磁脱扣器的瞬时脱扣整定电流应大于负载电路正常工作时的最大电流。

1）对于单台电动机来说，电磁脱扣器的瞬时脱扣整定电流 I_Z 可按下式计算：

$$I_Z \geqslant kI_{st}$$

式中，k 为安全系数，一般取 1.5 ~ 1.7；I_{st} 为电动机的启动电流。

2）对于多台电动机来说，电磁脱扣器的瞬时脱扣整定电流 I_Z 可按下式计算：

$$I_Z \geqslant kI_{stmax}+I_{其他}$$

式中，k 为安全系数，取 1.5 ~ 1.7；I_{stmax} 为其中一台启动电流最大的电动机的电流；$I_{其他}$ 为电路中其他工作电流。

五、低压熔断器

1. 结构特点

低压熔断器是在电气控制系统中用作短路保护的电器，使用时串联在被保护的电路中，当电路发生短路或过载故障，通过熔断器的电流达到或超过某一规定值时，以其自身产生的热量使熔体熔断，切断电路，起到保护作用。它具有结构简单、价格便宜、动作可靠、使用维护方便等优点，因此得到了广泛应用。常用的低压熔断器有 RC1A 系列瓷插式熔断器、RL1 系列螺旋式熔断器和 RM10 系列无填料封闭管式熔断器、RT0 系列有填料封闭管式熔断器、RT14 系列圆筒帽形熔断器等，如图 1–1–10 所示。

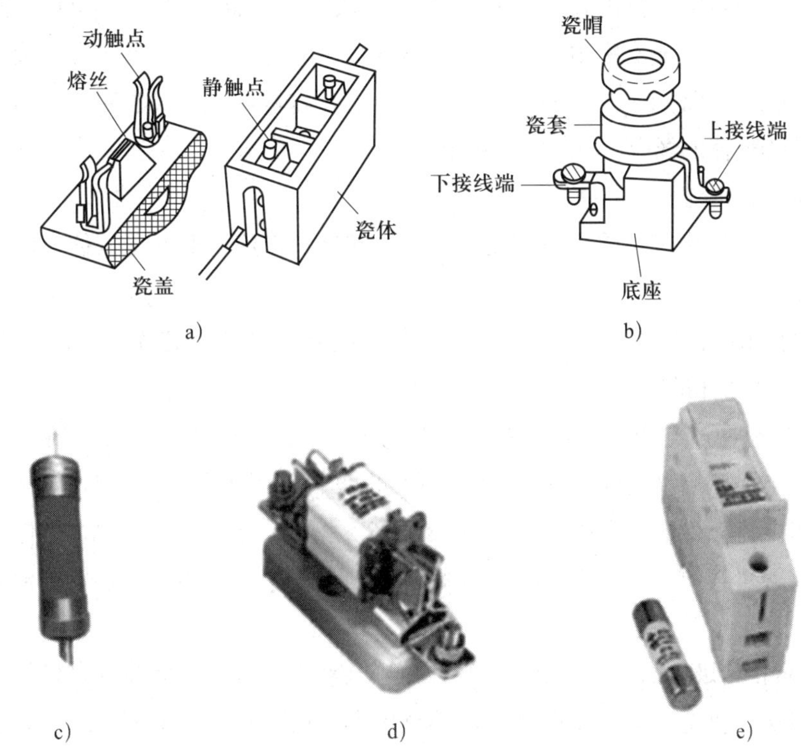

图 1–1–10 几种低压熔断器

a）RC1A 系列瓷插式 b）RL1 系列螺旋式 c）RM10 系列无填料封闭管式
d）RT0 系列有填料封闭管式 e）RT14 系列圆筒帽形

2. 电气符号及型号含义（见图 1-1-11）

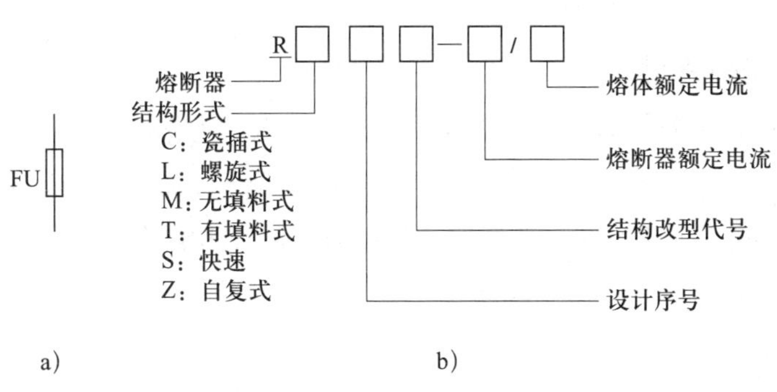

图 1–1–11 低压熔断器的电气符号及型号含义

a）电气符号 b）型号含义

3. 选用

（1）选类型

熔断器应根据负载的保护特性、短路电流的大小和使用环境来选择。其中，瓷插式常用于容量较小的照明电路中；螺旋式广泛应用于控制箱、配电屏、机床设备及震动较大的场合，在交流额定电压 550 V、额定电流 200 A 及以下的电路中，作为短路保护器件；无填料封闭管式适用于交流 50 Hz、额定电压 380 V 或直流 440 V 及以下电压等级的动力网络和成套配电设备中，作为导线、电缆及较大容量的电气设备的短路和连续过载保护，常用于开关柜或者配电屏中；有填料封闭管式常用于短路电流特别大或者有易燃气体的场合。

（2）选熔体电流

熔断器在电路中起短路保护作用，而真正起保护作用的部件是熔体，因此熔体的选择较为重要。

1）对于无冲击电流的负载（如一般照明电路、电热电路），可按负载电流的 1 ~ 1.1 倍选用熔体的额定电流。

2）对于有冲击电流的负载（如电动机），要求它既能躲过尖峰电流（包括正常短时的过载电流和启动电流），又能在最短的时间内分断短路电流。对于单台电动机，熔体的额定电流应为电动机额定电流的 1.5 ~ 2.5 倍；对于多台电动机，熔体的额定电流应大于或等于其中最大容量电动机的额定电流的 1.5 ~ 2.5 倍，再加上其他电动机的额定电流。

3）为防止越级熔断，上下级（供电干线、支线）熔断器之间应有良好的配合，为此应使上一级（供电干线）熔断器的熔体额定电流比下一级（供电支线）大 1 ~ 2 个级差。

（3）选熔断器

熔断器本体应能同时满足额定电流和额定电压两个条件，即熔断器的额定电压、额定电流分别大于或等于线路的额定电压和熔断器内熔体的额定电流。

六、交流接触器

交流接触器是一种自动的电磁式开关，利用在电磁力作用下吸合和在反向弹簧作用下释放，使触头闭合和分断，从而使电路接通和断开，通常用于远距离、频繁地接通或断开交流主电路及大容量控制电路，控制对象通常为电动机，也可以是其他负载。常用的交流接触器如图 1-1-12 所示。

1. 结构原理

交流接触器主要由电磁系统、触头系统、灭弧装置及辅助部件构成，如图 1-1-13 所示。电磁系统由线圈、静铁芯、动铁芯（又称衔铁）等组成。线圈通电时产生磁场，动铁芯被吸向静铁芯，带动触头控制电路的接通与分断。为限制涡流，动、静铁芯采用 E 形硅钢片叠压铆成。动铁芯被吸合时会产生衔铁振动，为了消除这一缺陷，在动铁芯端面上嵌入一只铜环，一般称之为短路环。

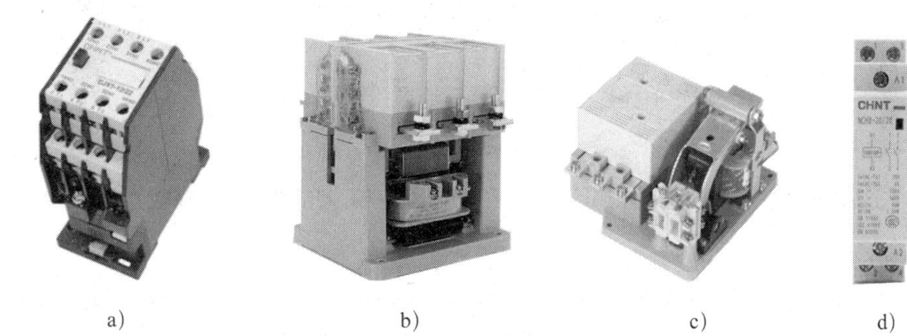

a)　　b)　　c)　　d)

图 1-1-12　常用的接触器

a）CJX2 系列接触器　b）CJ20 系列接触器

c）CJT1 系列接触器　d）小型家用接触器

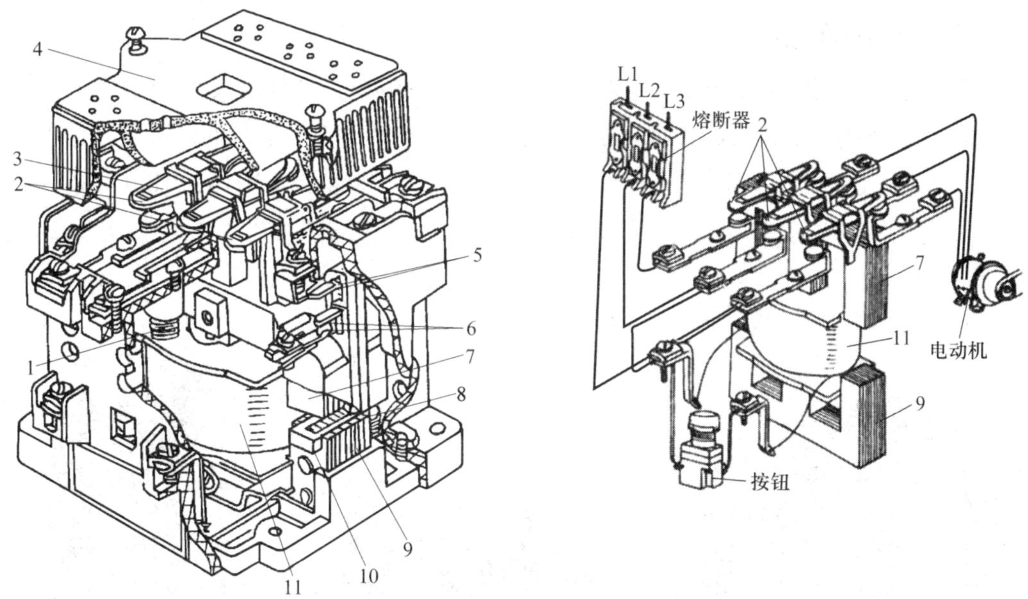

图 1-1-13　交流接触器的结构

1—反作用弹簧　2—主触头　3—触头压力弹簧　4—灭弧罩　5—辅助常闭触头

6—辅助常开触头　7—动铁芯　8—缓冲弹簧　9—静铁芯　10—短路环　11—线圈

2. 电气符号及型号含义

交流接触器的电气符号及型号含义如图 1-1-14 所示。

3. 选用

（1）选择接触器主触头的额定电压。接触器主触头的额定电压应大于或等于控制线路的额定电压。

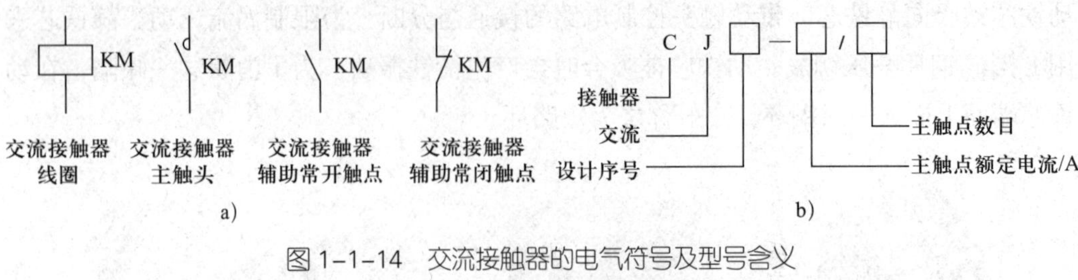

图 1-1-14 交流接触器的电气符号及型号含义

a）电气符号 b）型号含义

（2）选择接触器主触头的额定电流。接触器主触头的额定电流应不小于负载电路额定电流。

（3）选择接触器吸引线圈的电压。当控制线路简单，使用电器较少时，可直接选用 380 V 或 220 V 的交流电压；当线路复杂，使用电器超过 5 个时，可选用 36 V 或 110 V 的交流电压。

（4）选择接触器的触点数量及类型。

七、热继电器

热继电器是利用电流的热效应对电动机或其他用电设备进行过载保护的控制电器，热继电器主要用于电动机的过载保护、断相保护、电流不平衡运行的保护及其他电气设备发热状态的控制。目前，我国在生产中常用的热继电器有 JR16、JR20 等系列以及引进的 T、3UA 等系列产品，均为双金属片式。常用的热继电器外观如图 1-1-15 所示。

图 1-1-15 热继电器的外观

a）NXR 系列热继电器 b）JR16 系列热继电器 c）JR20 系列热继电器

1．结构原理

热继电器有多种形式，其中双金属片式应用最多。热继电器按极数可分为单极、两极和三极三种，按复位方式又可分为自动复位式和手动复位式两种。

双金属片式热继电器主要由热元件、动作机构、触头系统、电流整定装置、复位机构和温度补偿元件等组成，如图 1-1-16 所示。使用时，将热继电器的三相热元件分别串接在电动机的三相主电路中，常闭触头串接在控制电路的接触器线圈回路中。当电动机过载时，流过电阻丝的电流超过热继电器的整定电流，电阻丝发热，主双金属片向右弯曲，推动导板向右移动，通过温度补偿双金属片推动推杆绕轴转动，从而推动触头系统动作，动触头与常闭静触头分开，使接触器线圈断电，接触器触头断开，将电源切除起保护作用。电源切除后，主双金属片逐渐冷却恢复原位，于是动触头在失去作用力的情况下，靠弓簧的弹性自动复位。除上述自动复位外，也可采用按手动复位按钮的方式来复位。

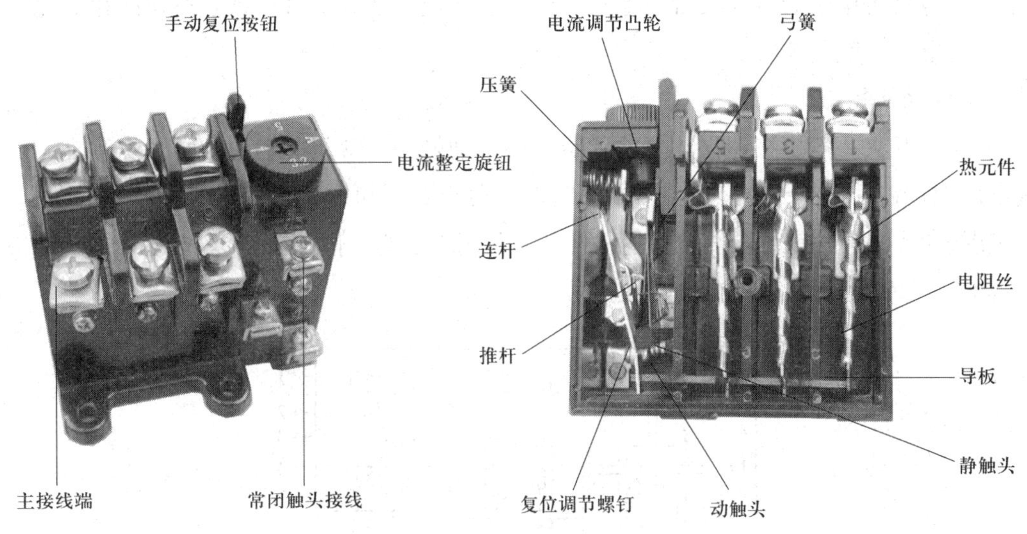

图 1-1-16　热继电器的组成

2. 电气符号及型号含义

热继电器的电气符号及型号含义如图 1-1-17 所示。

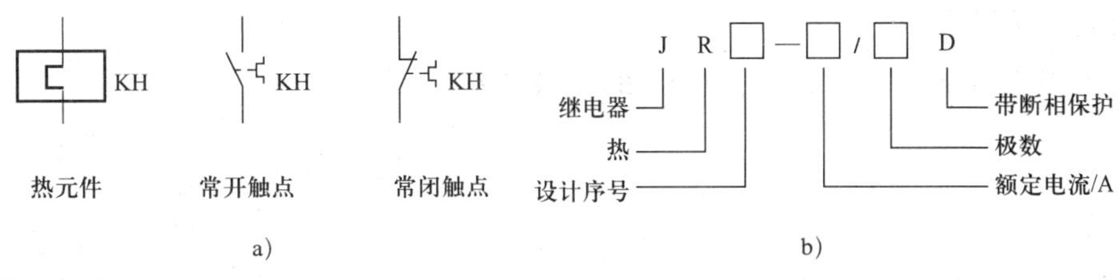

图 1-1-17　热继电器的电气符号及型号含义

a）电气符号　b）型号含义

3. 选用

（1）根据电动机的额定电流选择热继电器的规格。一般应使热继电器的额定电流略大于电动机的额定电流。

（2）根据需要的整定电流值选择热元件的型号和电流等级。一般情况下，热元件的整定电流为电动机额定电流的 0.95 ～ 1.05 倍。

（3）根据电动机定子绕组的连接方式选择热继电器的结构形式。定子绕组作Y形联结的电动机选用普通三相结构的热继电器，定子绕组作△形联结的电动机应选用三相结构带缺相保护装置的热继电器。

八、按钮开关

按钮开关是一种手动操作接通或分断小电流控制电路的主令电器。一般情况下它不直接控制主电路的通断，主要利用按钮开关远距离发出手动指令或信号去控制接触器、继电器等电磁装置，实现主电路的分合、功能转换或电气联锁。按钮的触头允许通过的电流一般是 5 A。

1. 结构特点

按钮开关一般由按钮帽、复位弹簧、桥式动触头、常闭静触头、常开静触头、外壳及支柱连杆组成。按钮开关按静态时触头分合状况可分为常开按钮（启动按钮）、常闭按钮（停止按钮）及复合按钮（常开、常闭组合为一体的按钮）。按钮开关的结构如图 1-1-18 所示。

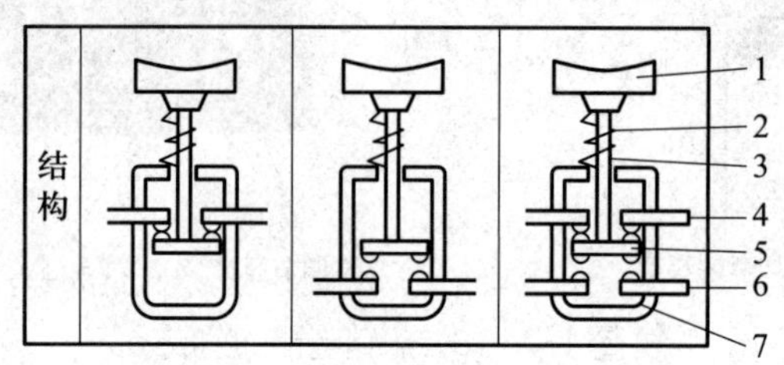

图 1-1-18　按钮开关的结构

1—按钮帽　2—复位弹簧　3—支柱连杆　4—常闭静触头
5—桥式动触头　6—常开静触头　7—外壳

2. 电气符号及型号含义

按钮开关的电气符号及型号含义如图 1-1-19 所示。

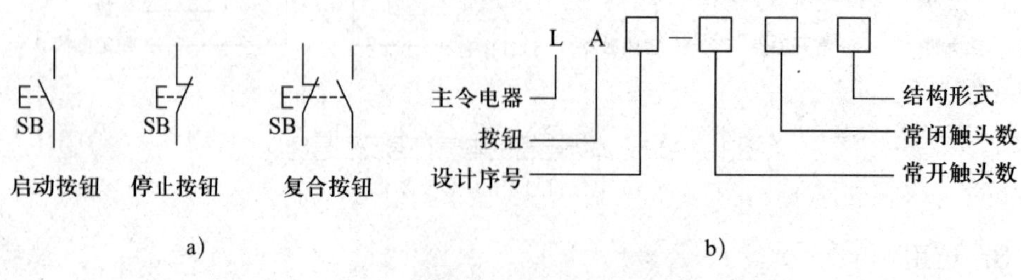

图 1-1-19　按钮开关的电气符号及型号含义

a）电气符号　b）型号含义

不同结构形式的按钮开关分别用不同的字母来表示，具体含义如下：

K——开启式，适用于嵌装在操作面板上；

H——保护式，带保护外壳，可防止内部零件受机械损伤或操作人员偶然触及带电部分；

S——防水式，具有密封外壳，可防止雨水浸入；

F——防腐式，能防止腐蚀性气体进入；

J——紧急式，带有红色大蘑菇状按钮头（凸出在外），作紧急切断电源用；

X——旋钮式，用旋钮旋转进行操作，有通和断两个位置；

Y——钥匙操作式，用钥匙插入进行操作，可防止误操作或供专人操作；

D——光标按钮，按钮内装有信号灯，兼作信号指示；

M——蘑菇头式；

ZS——自锁式。

3. 选用

（1）根据使用场合和具体用途选择按钮的种类。例如，嵌装在操作面板上的按钮可选用开启式；需显示工作状态的按钮选用光标式；在非常重要的场所，为防止无关人员误操作宜采用钥匙操作式；在有腐蚀性气体处要采用防腐式。

（2）根据工作状态指示和工作情况要求，选择按钮或指示灯的颜色。例如，启动按钮可选用绿色，停止按钮可选用红色。

（3）根据控制回路的需要选择按钮的数量。如单联按钮、双联按钮和三联按钮等。

想一想

你见过的按钮有哪几种颜色？查找资料，每种颜色分别代表什么含义？

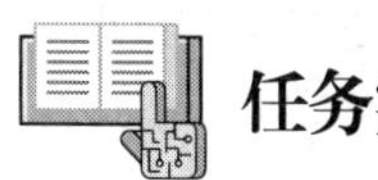

任务实施

一、辨认实物并叙述其用途

1. 在教师指导下，仔细观察不同类型、规格的低压电器，熟悉它们的外形、型号、主要技术参数的意义、功能、结构及工作原理。

2. 对照实训场所提供的已遮住铭牌并编号的低压电器实物，写出各电器的名称、型号规格及电气符号，填入表 1–1–1 中。

表 1-1-1　低压电器的名称、型号规格及电气符号

序号	1	2	3	4	5
名称					
型号规格					
电气符号					
序号	6	7	8	9	10
名称					
型号规格					
电气符号					

二、识别低压电器的电气符号

在图 1-1-20 中，找到你认识的低压电器符号，并标注其名称。

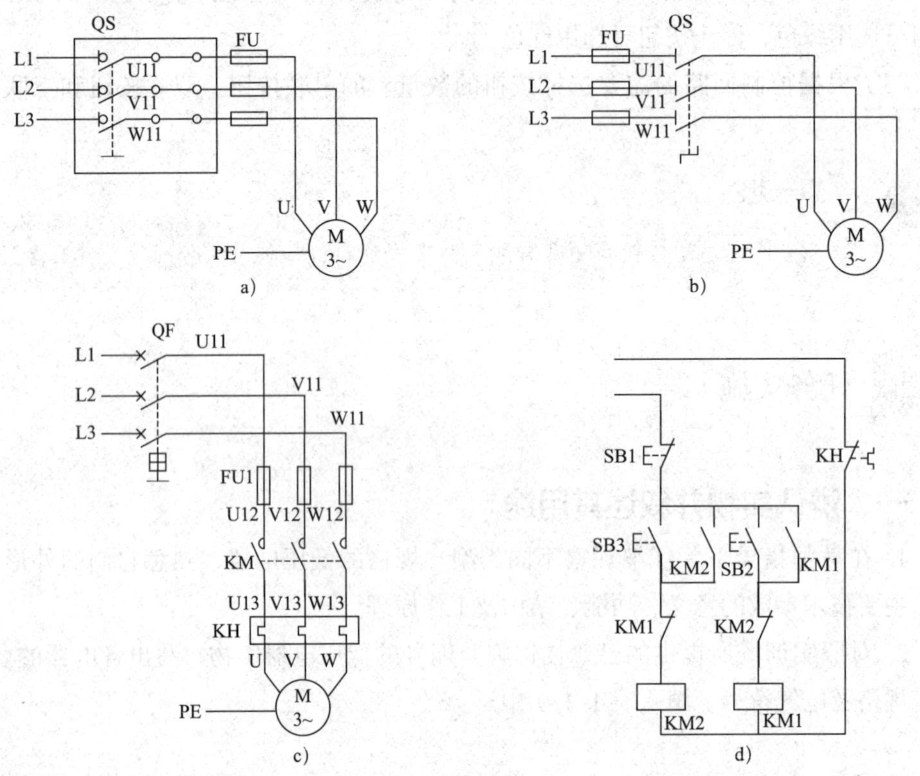

图 1-1-20　电路图

三、检测低压电器

1. 检测 RL1 系列熔断器

按照表 1-1-2 所列检测过程对熔断器进行检测，并做好记录。

表 1-1-2 熔断器的检测过程

序号	识别任务	参考值	识别值	识别方法及操作要点
1	检测熔断器熔座两触点之间的绝缘电阻	阻值为 0		选择数字万用表 200 Ω 挡（指针式万用表 R×1 Ω 挡，并调零），两表笔分别搭接在两个接线端子上 若测量阻值为∞，说明熔断器损坏或接触不良
2	如果检测出熔断器已损坏，可打开熔断器，检测内部有无熔体或熔体两端的绝缘电阻	内部无熔体		内部无熔体，可选择对应规格的熔体装入再检测其好坏
		阻值为∞		测量到阻值为∞说明熔体损坏
		阻值为 0		测量到阻值为 0，可能是熔座有损坏或接触不良

2. 检测 DZ47-63 系列空气断路器

按照表 1-1-3 所列检测过程对空气断路器进行检测，并做好记录。

表 1-1-3 空气断路器的检测过程

序号	识别任务	参考值	识别值	识别方法及操作要点
1	读铭牌	型号、额定电压、额定电流等		铭牌贴在空气断路器的正面
2	找中性线 N 的接线端子	7–8		分布在空气断路器的最右端
3	找 3 对相线的接线端子	1–2 3–4 5–6		分布在空气断路器的左边
4	拨动空气断路器开关至“OFF”，分别检测并判别 3 对常开触头的好坏	阻值均为∞		选择数字万用表 200 Ω 挡（指针式万用表 R×1 Ω 挡，并调零），两表笔接在常开触头的上下接线端子上 若阻值为 0，说明触头已损坏或接触不良
5	拨动空气断路器开关至“ON”，分别检测并判别 3 对常开触头的好坏	阻值均为 0		选择数字万用表 200 Ω 挡（指针式万用表 R×1 Ω 挡，并调零），两表笔接在常开触头的上下接线端上 若阻值为∞，说明触头已损坏或接触不良

3. 检测 LA4-3H 型按钮

按照表 1-1-4 所列检测过程对按钮进行检测，并做好记录。

表 1-1-4　按钮的检测过程

序号	识别任务	参考值	识别值	识别方法及操作要点
1	看 3 个按钮的颜色	黑、绿、红		启动按钮常选用绿色或黑色；停止按钮一般用红色
2	逐一观察按钮的常闭触头	桥式动触头与静触头处于闭合状态		两个接线端分别在单个按钮的一个对角线上
3	逐一观察按钮的常开触头	桥式动触头与静触头处于分离状态		两个接线端分别在单个按钮的另外一个对角线上
4	分别检测并判别 3 个按钮常闭触头的好坏	阻值均为 0		选择数字万用表 200 Ω 挡（指针式万用表 R×1 Ω 挡，并调零），两表笔分别搭接在两个接线端子上 若测量阻值为 ∞，说明按钮已损坏或接触不良
5	分别按下 3 个按钮，检测并判别常开触头的好坏	阻值均为 0		选择数字万用表 200 Ω 挡（指针式万用表 R×1 Ω 挡，并调零），两表笔分别搭接在两个接线端子上 若测量阻值为 ∞，说明按钮已损坏或接触不良

4. 检测 CJX1-9 系列交流接触器

按照表 1-1-5 所列检测过程对交流接触器进行检测，并做好记录。

表 1-1-5　交流接触器的检测过程

序号	识别任务	参考值	识别值	识别方法及操作要点
1	读接触器的铭牌	型号、额定电压、额定电流等		铭牌贴在接触器的侧面
2	读接触器线圈的额定电压	220 V、50 Hz		查看线圈的参数标签，同一型号的接触器有不同的线圈电压等级

续表

序号	识别任务	参考值	识别值	识别方法及操作要点
3	找到线圈的接线端子	A1–A2		分布在接触器的左下角和右下角
4	找到 3 对主触头的接线端子	1L1–2T1 3L2–4T2 5L3–6T3		分布在接触器前侧与后侧的中部，编号在接触器的顶部面罩上
5	找到 2 对辅助常开触头的接线端子	13–14 43–44		分布在接触器前侧与后侧的中上部，编号在接触器的顶部面罩上
6	找到 2 对辅助常闭触头的接线端子	21–22 31–32		分布在接触器前侧与后侧的中上部，编号在接触器的顶部面罩上
7	分别检测并判别 2 对辅助常闭触头的好坏	阻值均为 0		选择数字万用表 200 Ω 挡（指针式万用表 R×1 Ω 挡，并调零），两表笔分别搭接在辅助常闭触头的上下接线端子上 若阻值为∞，说明触头已损坏或接触不良
8	压下接触器的动铁芯，使接触器处于吸合状态，分别检测并判别 5 对常开触头的好坏	阻值均为 0		选择数字万用表 200 Ω 挡（指针式万用表 R×1 Ω 挡，并调零），两表笔分别搭接在常开触头的上下接线端子上 若阻值为∞，说明触头已损坏或接触不良
9	检测并判别接触器线圈的好坏	阻值约为550		选数字万用表 200 Ω 挡（指针式万用表 R×100 Ω 挡，并调零），将两表笔分别搭接在接线端子 A1 和 A2 上 若阻值过大或过小，说明接触器已损坏
10	测量各触头之间的绝缘电阻	阻值均为∞		阻值均为∞说明所有触头都是独立的，相互之间没有电的直接联系，安装时要防止错位

任务测评

对任务实施的完成情况进行过程性检查，并参照表 1–1–6 进行评分。

表 1-1-6　任务评价表

序号	考核内容	考核要求	评分标准	配分	扣分	得分
1	元器件识别	会识别按钮器、热继电器、按钮、接触器及断路器等低压电器	（1）写错或漏写名称，每只扣 5 分 （2）写错或漏写型号，每只扣 5 分 （3）写错符号，每只扣 5 分	30		
2	元器件检测	会检测接触器、熔断器、按钮及断路器等低压电器	（1）仪表使用方法错误扣 10 分 （2）检测方法或结果有误扣 10 分 （3）损坏仪表及电器扣 20 分 （4）不会检测扣 40 分	40		
3	电器结构原理	1. 熟悉低压断路器的结构与原理 2. 熟悉接触器的结构与原理 3. 熟悉热继电器的结构与原理	（1）主要部件写错，每项扣 2 分 （2）部件作用写错，每项扣 2 分	20		
4	安全文明生产	劳动保护用品穿戴整齐；遵守操作规程；及时清理场地	违反安全文明生产规程扣 5 ~ 10 分	10		
合计				100		

知识拓展

智能化断路器

传统断路器的保护功能是利用热效应或电磁效应原理，通过机械系统的动作来实现的。智能化断路器的特征是采用了以微处理器或单片机为核心的智能控制器（智能脱扣器）。它不仅具有普通断路器的各种保护功能，同时还具有实时显示电路中的各种电气参数（电流、电压、功率因数等），对电路进行在线监视、测量、试验、自诊断和通信等功能，并能对各种保护功能的动作参数进行显示、设定和修改，将电路动作时的故障参数存储在非易失存储器中以便查询。智能化断路器原理框图如图 1-1-21 所示。

智能化断路器有框架式和塑料外壳式两种，如图 1-1-22 所示。框架式智能化断路器主要用作智能化自动配电系统中的主断路器。塑料外壳式智能化断路器主要用于配电网络中的电能分配和线路及电源设备的控制与保护，也可用于控制三相笼型异步电动机。

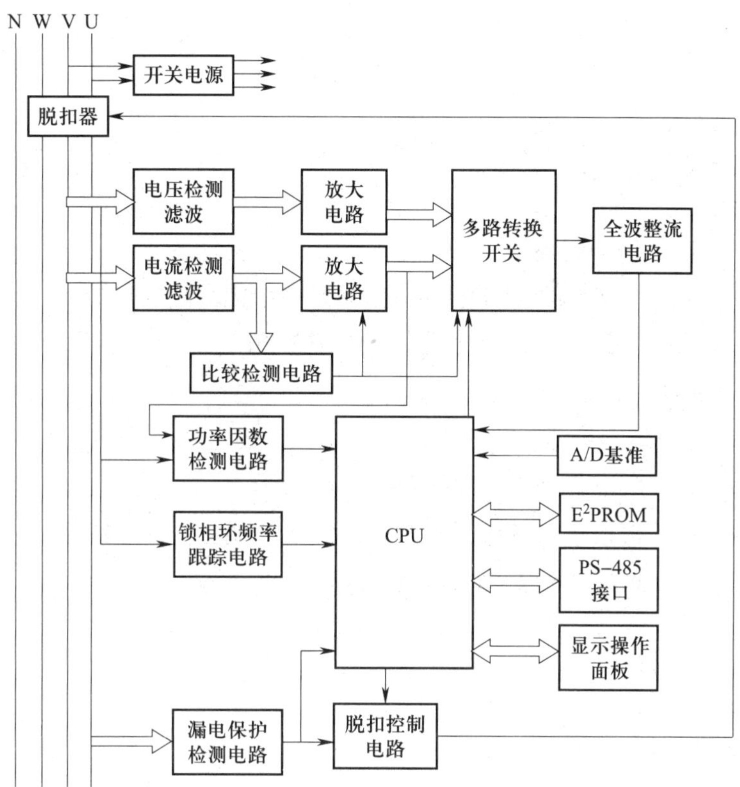

图 1-1-21　智能化断路器原理框图

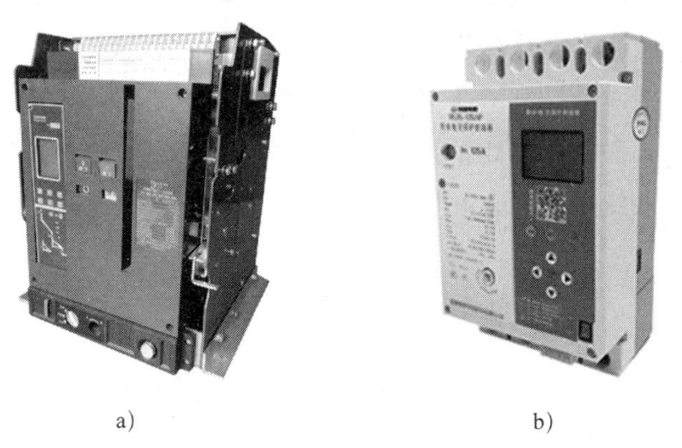

a）　　　　b）

图 1-1-22　智能化断路器外形

a）框架式　b）塑料外壳式

任务 2　PLC 的认识

学习目标

知识目标：

1. 了解 PLC 的分类方法、硬件结构及运行方式。
2. 理解 PLC 的型号含义，掌握 PLC 电源、输入端子、输出端子的接线方法。

能力目标：

1. 能识别各厂家的 PLC。
2. 能查阅资料，了解各厂家 PLC 的主要性能指标。
3. 能正确安装 FX_{3U} 系列 PLC。

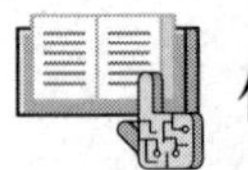

任务引入

可编程序控制器简称 PLC（Programmable Controller），是以微处理器为核心，集计算机技术、自动控制技术、通信技术于一体的工业自动控制装置。它具有结构简单、性能优越、易于扩展、可靠性高等优点，在工业自动化领域得到广泛应用，是现代工业自动化控制的首选产品，是工业自动化生产的支柱之一。本任务通过参观直观了解 PLC 在工业自动化生产及生活中的应用，以三菱 FX_{3U} 系列 PLC 为例，学习 PLC 的结构、系统组成和基本原理，安装 PLC，通过演示实验观察信号的输入和输出，完成对 PLC 的初步认识。

相关知识

一、PLC 的产生与发展

1. PLC 的产生

1968 年，美国最大的汽车制造商——通用汽车制造公司（GM）为适应汽车型号的不断更新，试图寻找一种新型的工业控制器，以尽可能减少重新设计和更换控制系统的硬件及接线，减少时间，降低成本，为此，提出了著名的“GM10 条”，即：

（1）编程简单，可现场修改程序。

（2）维护方便，最好是插件式。

（3）可靠性高于继电器控制柜。

（4）体积小于继电器控制柜。

（5）可将数据直接送入计算机。

（6）在成本上可与继电器控制器竞争。

（7）输入可以是交流 115 V。

（8）输出为交流 115 V、2 A 以上，能直接驱动电磁阀。

（9）在扩展时，原有系统只需要很小的变更。

（10）用户程序存储器容量至少能扩展到 4 KB。

一年之后，美国数字设备公司（DEC）率先研制出第一台可编程序控制器，并在通用汽车公司的流水线上试用成功，从而开创了工业控制的新局面。

早期的可编程序控制器只能进行计数、定时以及对开关量的逻辑控制，人们称其为“可编程序逻辑控制器”（Programmable Logic Controller），简称 PLC。后来，可编程序控制器采用微处理器作为控制核心，其功能已经远远超过了逻辑控制的范畴，于是人们改称其为可编程序控制器（Programmable Controller），缩写应为 PC，但个人计算机（Personal Computer）的缩写也为 PC，为了避免两者混淆，可编程序控制器习惯上仍缩写为 PLC。

1987 年，国际电工委员会（IEC）对可编程序控制器做了如下定义：“可编程序控制器是一种数字运算操作的电子系统，专为在工业环境下应用而设计。它采用可编程序的存储器，用来在其内部存储执行逻辑运算、顺序控制、定时、计数和算术运算等操作的指令，并通过数字式、模拟式的输入和输出，控制各种机械或生产过程。”可编程序控制器及其有关外部设备都按易于与工业控制系统联成一个整体、易于扩充其功能的原则设计。

2. PLC 的发展

早期的可编程序控制器是为取代继电器控制电路、存储程序指令、完成顺序控制而设计的，主要用于逻辑运算和计时、计数等顺序控制，均属开关量控制。至 20 世纪 80 年代，随着大规模和超大规模集成电路等微电子技术的发展，以 16 位和 32 位微处理器构成的微型计算机发展迅猛，PLC 在概念、设计、性能、价格以及应用等方面都有了新的突破，不仅控制功能增强、功耗和体积减小、成本下降、可靠性提高，编程和故障检测更为灵活方便，而且随着远程 I/O 和通信网络、数据处理以及图像显示的发展，PLC 向着用于连续生产过程控制的方向发展，成为实现工业生产自动化的支柱设备之一。

二、PLC 的分类

各类 PLC 产品可按结构形式、I/O 点数和存储容量、功能三个方面进行分类。

1．按结构形式分类

（1）整体式 PLC

整体式 PLC 又称单元式 PLC 或箱体式 PLC，它将电源、CPU、存储器及 I/O 等各个功能部分集成在一个机壳内，通常称其为 PLC 主机或基本单元，如 FX 系列、CP1H 系列、S7-200 系列等均属此类，其特点是结构紧凑、体积小、价格低，小型 PLC 多采用这种结构。整体式 PLC 一般还配有扩展单元、各种特殊功能模块，使其功能得以扩大。

（2）模块式 PLC

模块式 PLC 又称积木式 PLC，它是将构成 PLC 的各个部分按功能做成独立模块，如电源模块、CPU 模块、I/O 模块、各种功能模块等，然后安装在同一底板或框架上，如三菱的 A 系列和 Q 系列，OMRON（欧姆龙）的 C200Ha 系列，西门子的 S7-1500、S7-300、S7-400 系列等均属此类。其特点是配置灵活、装配维护方便，一般大、中型 PLC 多采用这种结构形式。

2．按 I/O 点数和存储容量分类

按 I/O 点数和存储容量不同，PLC 可分为小、中、大三个等级。

（1）小型 PLC

小型 PLC 的 I/O 点数在 256 点以下，存储器容量在 4 KB 以下，可用于逻辑控制、定时、计数、顺序控制等场合。部分小型 PLC 还带有模拟量处理、数据通信处理和算术运算功能，应用范围更广。常见的小型 PLC 如图 1-2-1 所示。

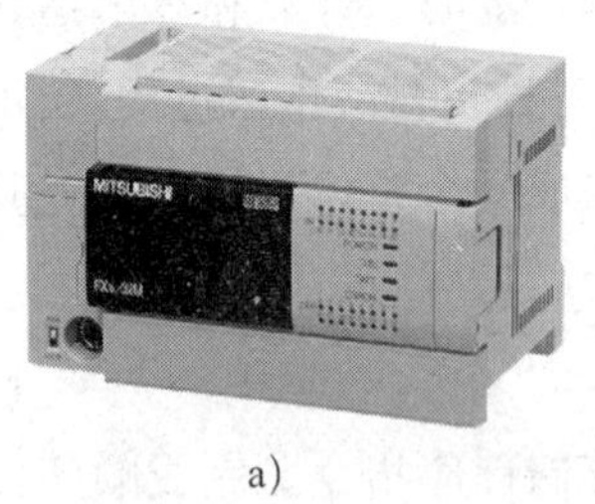

a）

b）

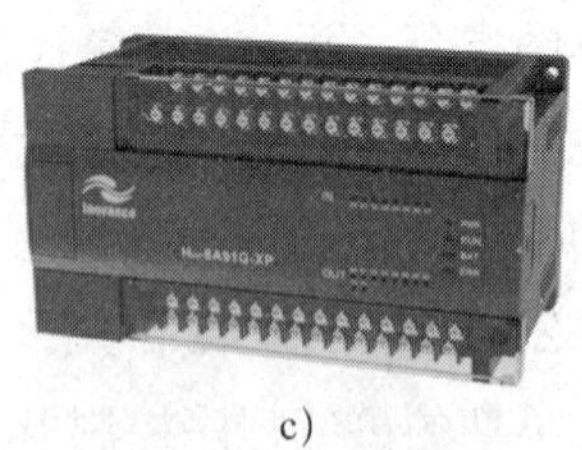

c）

图 1-2-1　常见的小型 PLC

a）三菱 FX_{3U} 系列　b）西门子 S7-1200 系列　c）汇川 H_{2U} 系列

另外，一般将 I/O 点数在 64 点以下的 PLC 称为超小型或微型 PLC。实际上，以上点数的划分并无严格界限。

（2）中型 PLC

中型 PLC（见图 1-2-2）的 I/O 点数在 256 ~ 2 048 点之间，存储容量达 2 ~ 10 KB，具有逻辑运算、算术运算、数据传送、中断、数据通信、模拟量处理等功能，多用于

开关量、数字量与模拟量混合控制的较复杂控制系统。

（3）大型 PLC

大型 PLC（见图 1–2–3）的 I/O 点数在 2 048 点以上，存储容量达 10 KB 以上，具有数据运算、模拟调节、联网通信、监视记录、打印等功能，能进行中断、智能控制，远程控制，可用于大规模过程控制，也可构成分布式或控制网络以及整个工厂自动化网络控制。

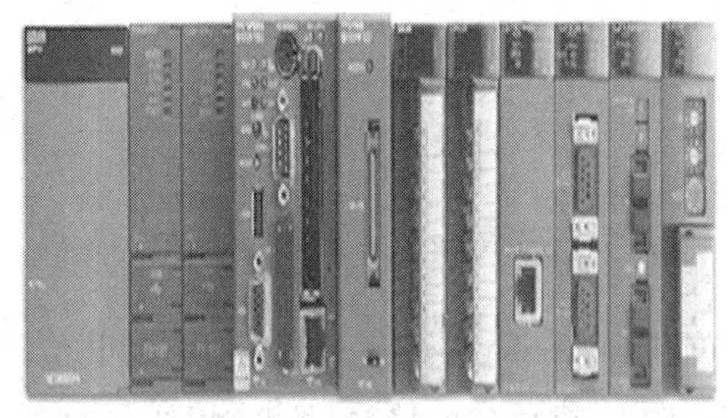

图 1–2–2　中型 PLC

图 1–2–3　大型 PLC

3. 按功能分类

PLC 的应用范围很广，其功能、价格、复杂程度差异很大，按功能可将 PLC 分为低档机、中档机和高档机三类。

（1）低档机

低档机具备微型、小型 PLC 功能，主要用于逻辑控制、顺序控制或少量模拟量控制的单机控制系统。

（2）中档机

中档机除具有低档机功能外，还有较强的模拟量处理、数值运算、数据处理、远程 I/O 及联网通信等功能。有些中档机还增设了中断控制、PID 控制等功能，适用于复杂控制系统。

（3）高档机

高档机除具有中档机所具有的功能外，还增加了带符号算术运算、矩阵运算、位逻辑运算、平方根运算以及其他特殊功能运算和制表、表格传送等功能。高档机具有更强的通信联网能力，可用于大规模过程控制或构成分布式网络控制系统，实现工厂自动化。

三、PLC 硬件组成与工作原理

PLC 的种类繁多，其组成结构和工作原理基本相同。

1. 基本组成

PLC 实际上是一种专用于工业控制的计算机，其硬件结构与微型计算机基本相同，如图 1–2–4 所示。

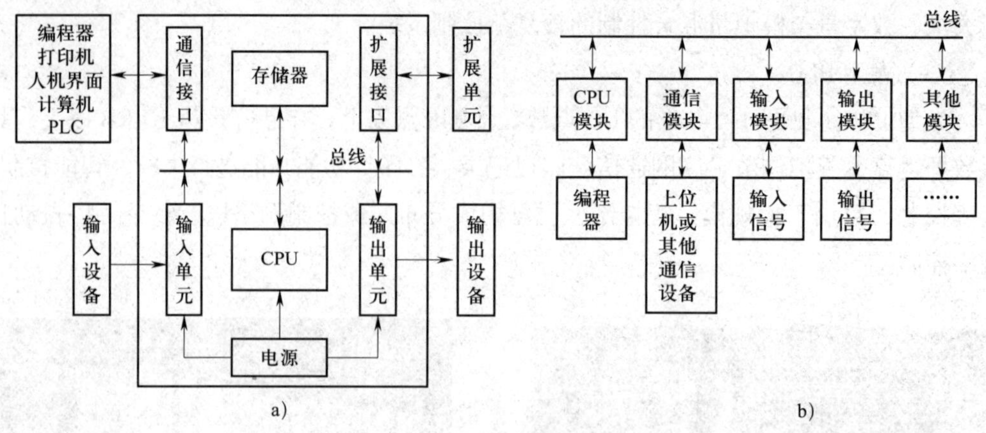

图 1-2-4　PLC 的硬件结构

a）整体式 PLC 组成框图　b）模块式 PLC 组成框图

整体式 PLC 硬件系统主要由中央处理器（CPU）、存储器、输入单元、输出单元、扩展接口、通信接口、电源等部分组成。其中，CPU 是 PLC 的核心；输入单元与输出单元是连接现场 I/O 设备与 CPU 之间的接口电路；通信接口用于与编程器、上位机等外设连接。模块式 PLC 各部件独立封装成模块，各模块通过总线连接，安装在机架或导轨上。尽管整体式 PLC 与模块式 PLC 的结构不太一样，但各部分的功能是相同的。下面对 PLC 主要组成部分进行介绍。

（1）中央处理器（CPU）

中央处理器（CPU）是 PLC 的核心组成部分，一般由控制器、运算器和寄存器组成。CPU 通过数据总线、地址总线和控制总线与存储器、I/O 接口电路连接，CPU 的功能是完成 PLC 内所有的控制和监视操作，整个 PLC 的工作都是在 CPU 的统一指挥和协调下进行的。

（2）存储器

存储器分为系统程序存储器（ROM）和用户程序存储器（RAM）。

系统程序存储器用于存储系统的各类管理程序，如工作程序（监控程序）、模块化应用功能程序、命令解释功能程序以及对应定义（I/O、内部继电器、计时器、计数器、移位寄存器等存储系统）参数等。

用户程序存储器用于存放用户程序和工作数据，使用者可对用户程序进行修改。为保证 PLC 断电时不会丢失信息，一般用锂电池作为备用电池供电。近年来，闪存作为一种新的半导体存储器件，以其独有的特点得到了迅速的发展与应用。

（3）输入、输出模块

输入、输出模块是 CPU 与现场 I/O 装置或其他外部设备之间的连接部件。它主要包括输入单元、输出单元、外设接口以及 I/O 扩展接口等。PLC 提供了具有各种操作电平与驱动能力的 I/O 模块以及各种用途的 I/O 组件供用户选用。

输入电路通常有两种类型，一种是直流输入，另一种是交流输入。PLC 输出电路用来将 CPU 的运算结果变换成一定形式的功率输出，驱动被控负载（电磁铁、继电器、接触器线圈等）。根据输入、输出电路的结构形式不同，输入 / 输出又可分为开关量输入 / 输出和模拟量输入 / 输出两大类。其中，模拟量输入 / 输出要经过 A/D、D/A 转换电路的处理，将模拟量转换成计算机系统所能识别的数字信号。PLC 输入 / 输出单元各种不同结构形式能够适应不同负载的要求。

（4）扩展接口

扩展接口用于连接 I/O 扩展单元，可以用来扩充开关量 I/O 点数和增加模拟量的 I/O 端子。I/O 扩展接口电路采用并行接口和串行接口两种电路形式。根据被控制对象对 PLC 控制系统的技术和要求，确定用户所需的输入 / 输出设备，据此确定 PLC 的 I/O 点数。

（5）通信接口

通信接口用于连接手持编程器或其他图形编程器、文本显示器，并能组成 PLC 的控制网络。PLC 通过 PC/PPI 电缆或使用 MPI 卡的 RS-485 接口和电缆与计算机连接，可以实现编程、监控、联网等功能。

（6）电源

在 PLC 内部，已为 CPU、存储器、I/O 接口等内部电路的正常工作配备了稳压电源，当输入端子为有源接点时，为外部输入元件提供 24 V 直流电源（仅供输入点使用）。输入 / 输出回路中的电源一般相互独立，以避免来自外部的干扰。

2. 工作原理

PLC 采用循环扫描的工作方式，其过程如图 1-2-5 所示。这个过程分为输入刷新（读输入）、用户程序执行、输出刷新（写输出）三个阶段，三个阶段的工作过程如图 1-2-6 所示，整个过程进行一次所需要的时间称为扫描周期。

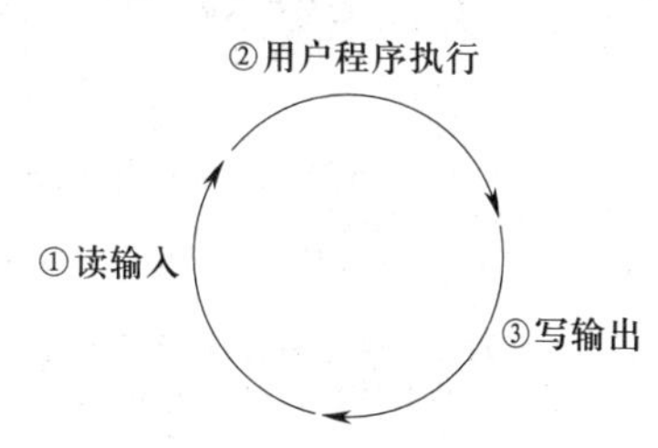

图 1-2-5 循环扫描过程

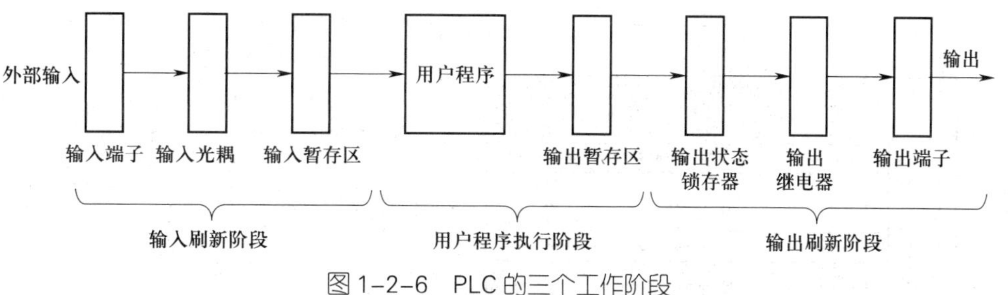

图 1-2-6 PLC 的三个工作阶段

（1）输入刷新阶段

PLC 在输入刷新阶段，以扫描方式依次读入所有输入信号的通 / 断状态，并将它们存入存储器输入暂存区的相应单元内，这部分存储区也被称为输入映像存储区。在读输入结束后，PLC 转入用户程序执行阶段。

（2）用户程序执行阶段

PLC 在用户程序执行阶段，按照先后次序逐条执行用户程序指令，从输入映像存储区中读取输入状态、上一扫描周期的输入状态以及定时器、计数器状态等条件。根据用户程序进行逻辑运算，不断得到运算结果，一步步运算得到的结果并不直接输出，而是将其先存入输出暂存区（也称输出映像区）的相应单元中，直到用户程序全部被执行完。用户程序执行完毕，得到最后的可以输出的结果。

本扫描周期内的用户程序执行阶段结束，PLC 转入输出刷新阶段。

（3）输出刷新阶段

当扫描用户程序结束后，PLC 就进入输出刷新阶段，在此期间 PLC 根据输出暂存区中的对应状态刷新所有输出锁存电路，再经隔离驱动到输出端子，向外界输出控制信号，控制指示灯、电磁阀、接触器等，这才是 PLC 的实际输出。

四、FX_{3U} 系列 PLC 的结构与型号

1. FX_{3U} 系列 PLC 的结构

FX_{3U} 系列 PLC 的面板示意图如图 1–2–7 所示，端盖打开时的外形如图 1–2–8 所示。

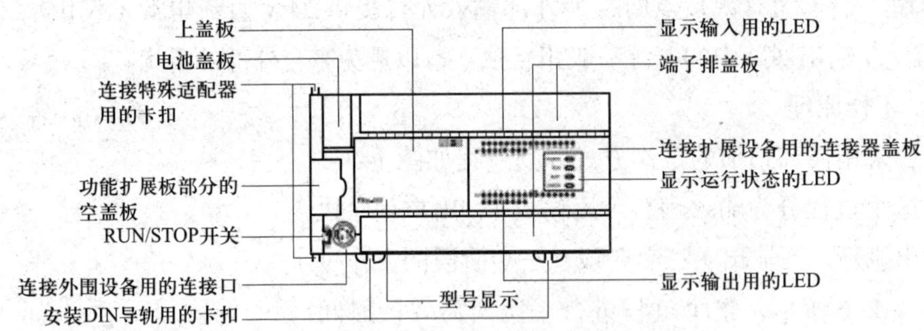

图 1–2–7　FX_{3U} 系列 PLC 的面板示意图

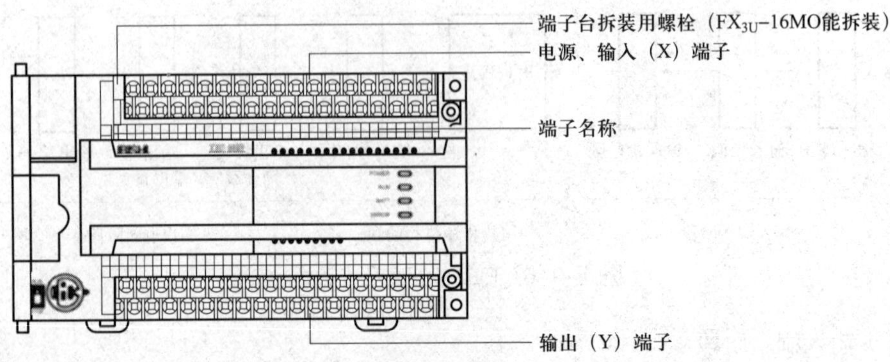

图 1–2–8　FX_{3U} 系列 PLC 端盖打开时的外形图

2. FX_{3U} 系列 PLC 型号的含义（见图 1-2-9）

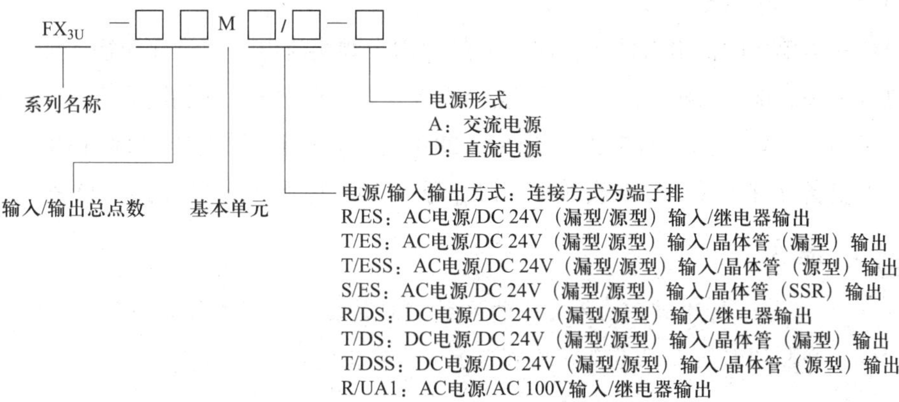

图 1-2-9　FX_{3U} 系列 PLC 型号的含义

五、FX_{3U} 系列 PLC 的安装与接线

1. FX_{3U} 系列 PLC 的安装

FX_{3U} 系列 PLC 的安装方式有底板安装和 DIN 导轨安装两种。

底板安装方式是直接利用机箱上的安装孔，用螺钉将机箱固定在控制柜的背板或面板上。

采用 DIN 导轨安装时，首先推出所有的 DIN 导轨安装用卡扣，如图 1-2-10a 所示，然后将 DIN 导轨安装槽的上侧对准 DIN 导轨后挂上，如图 1-2-10b 所示，最后将产品压入到 DIN 导轨上，在此状态下锁住 DIN 导轨安装用卡扣，如图 1-2-10c 所示。

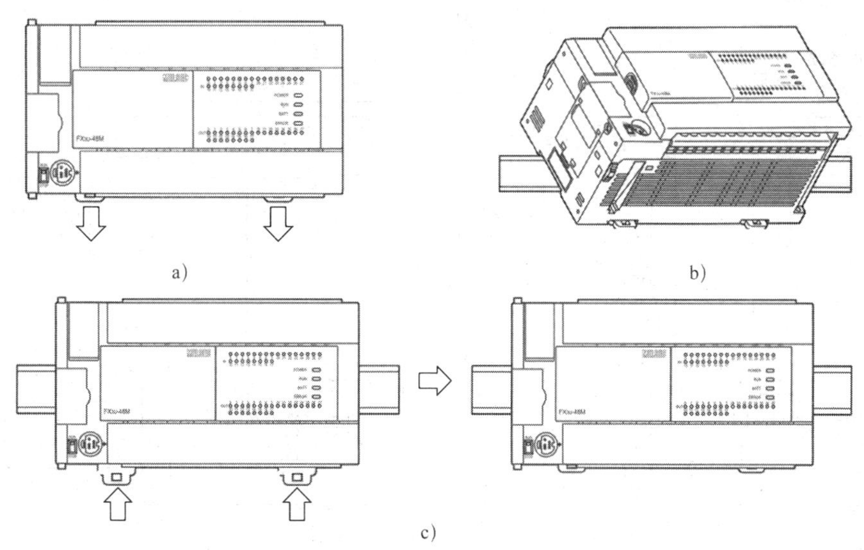

图 1-2-10　DIN 导轨安装示意图

a）推出安装用卡扣　b）安装槽的上侧对准 DIN 导轨　c）将 PLC 压入到 DIN 导轨，锁住卡扣

2. FX_{3U} 系列 PLC 的接线

（1）电源和输入端子接线

PLC 基本单元的供电有两种情况，一是使用工频交流电，通过交流输入端子连接，电源电压为 AC 100 ~ 240 V，允许范围为 AC 85 ~ 264 V；另一种是由直流电源供电，电源电压为 DC 24 V，允许范围为 DC 16.8 ~ 28.8 V，但是当电源电压为 DC 16.8 ~ 19.2 V 时，扩展设备允许连接的台数会减少。FX_{3U} 系列 PLC 电源接线如图 1-2-11 所示。

提示

AC 电源型 PLC 和 DC 电源型 PLC 的输入端子接线是不同的，DC 电源型 PLC 的 24 V、0 V 两个端子上不要接线。

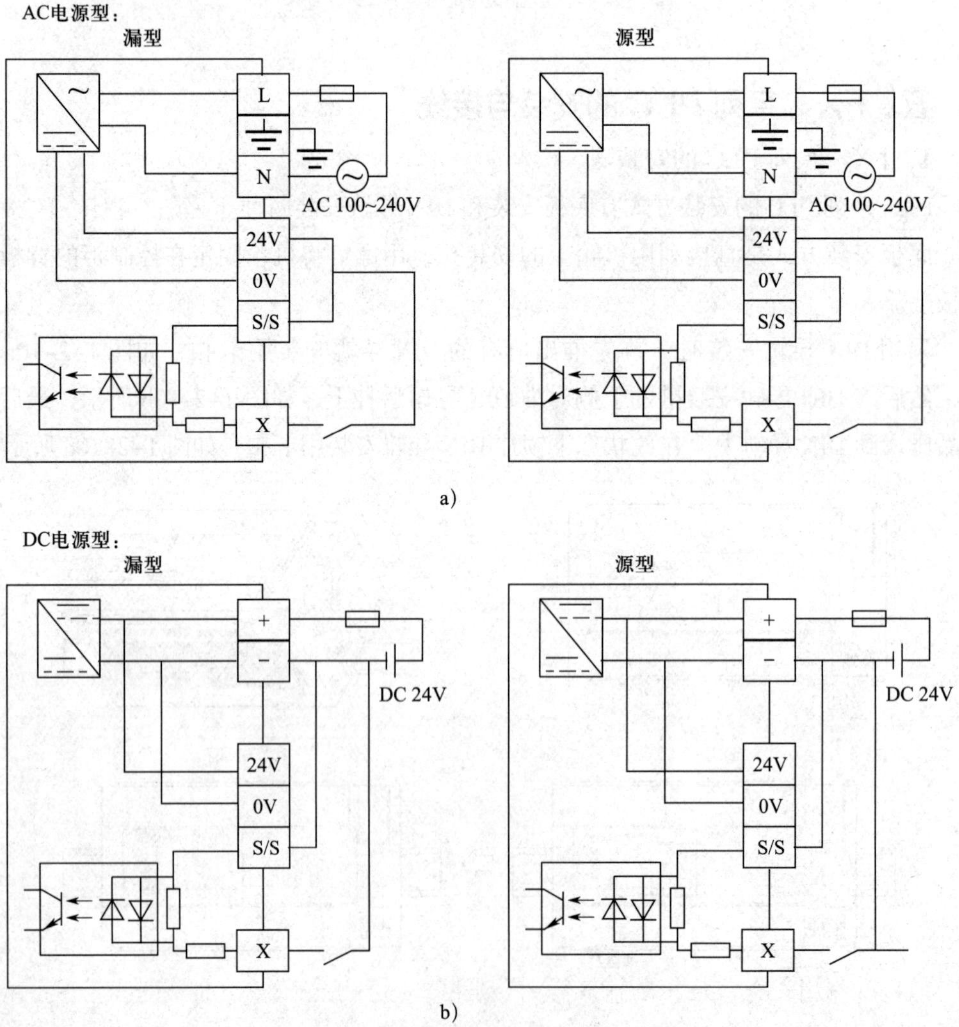

AC电源型：

漏型　　源型

L　N　AC 100~240V　24V　0V　S/S　X

a）

DC电源型：

漏型　　源型

+　−　DC 24V　24V　0V　S/S　X

b）

图 1-2-11　FX_{3U} 系列 PLC 电源接线

a）AC 电源型 PLC 电源接线　b）DC 电源型 PLC 电源接线

提示

三菱 PLC 的漏型输入和源型输入是指直流信号输入的类型。对于 FX_{3U} 系列 PLC 来说，S/S 端子与 24 V 端子连接，DC 电流从 PLC 的输入端 X 流出的，称为漏型输入；S/S 端子与 0 V 端子连接，电流从 PLC 的输入端 X 流入的，称为源型输入。

PLC 的输入接口连接输入信号，主要包括开关、按钮及各种传感器。漏型输入时，在输入 X 与 0 V 端子之间连接无电压触点或者 NPN 三线传感器输出，导通时，输入 X 为 ON 状态。源型输入时，在输入 X 与 24 V 端子之间连接无电压触点或是 PNP 三线传感器输出，导通时，输入 X 为 ON 状态。PLC 输入端子接线如图 1-2-12 所示。

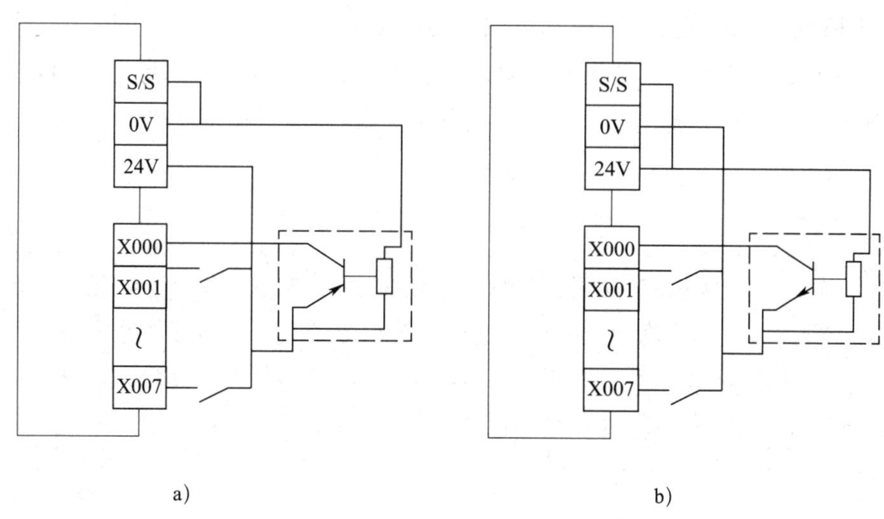

图 1-2-12　PLC 输入端子接线

a）源型输入　b）漏型输入

提示

FX_{3U} 系列 PLC 输入端子既可以接受无源触点输入信号（如按钮、开关），还可以接受漏型输入（连接 NPN 传感器）和源型输入（连接 PNP 传感器）信号。标准配置 S/S 端子可根据用户的使用习惯和输入传感器的种类选择是漏型输入还是源型输入，不会出现不匹配的情况。

（2）输出端子接线

PLC 的输出接口上连接的元器件主要是继电器、接触器、电磁阀的线圈、指示灯等。为了适应不同的负载，PLC 的输出接口有多种形式。FX_{3U} 系列 PLC 与其他大部分 PLC 一样，输出方式有继电器输出方式、晶体管输出方式和双向晶闸管输出方式等。

1）继电器输出方式

继电器输出方式的优点是电压范围宽、导通压降小、价格便宜，既可以控制交流负载，又可以控制直流负载；其缺点是触头使用寿命短，触头断开时有电弧产生，容易产生干扰，转换效率低，响应时间约为 10 ms。负载使用电源为 DC 30 V 以下或是 AC 220 V 以下。其内部结构和端子接线如图 1–2–13 所示。

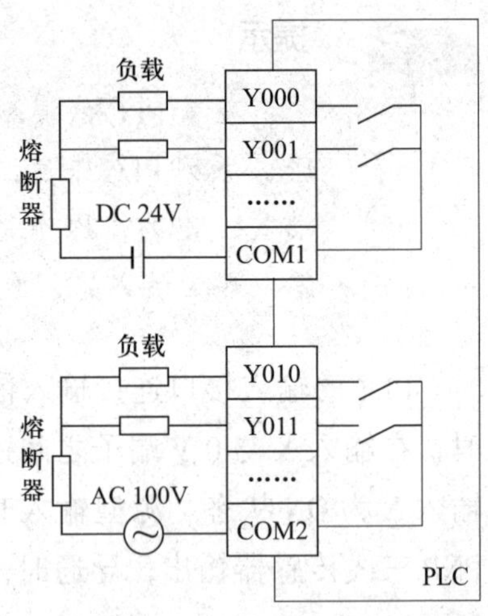

图 1–2–13　继电器输出方式的内部结构和端子接线

2）晶体管输出方式

晶体管输出方式的内部结构和端子接线如图 1–2–14 所示。其优点是使用寿命长、无噪声、可靠性高、响应快，I/O 响应时间为 0.2 ms 以下；其缺点是价格高、过载能力差。驱动负载用的电源为 DC 5 ~ 30 V 的稳压电源。漏型输出时，负载电流流入输出（Y）端子，COM 端子上连接负载电源的负极；源型输出时，负载电流从输出（Y）端子流出，+V 端子上连接负载电源的正极。

提示

三菱 FX_{3U} 系列晶体管输出型 PLC 的输出有漏型输出和源型输出两种类型。漏型输出是指负载电流从输出端子流入，从公共端子流出，如图 1–2–14a 所示；源型输出是指负载电流从输出端子流出，从公共端子流入，如图 1–2–14b 所示。

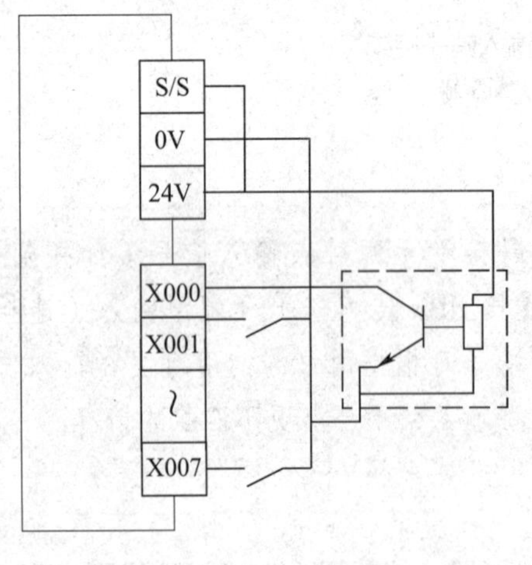

a）

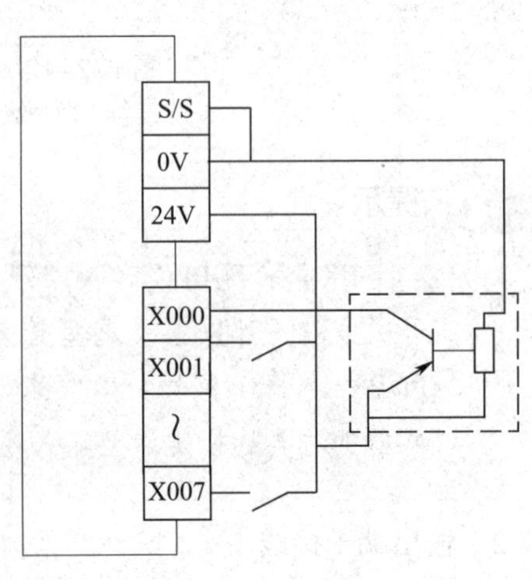

b）

图 1–2–14　晶体管输出方式接线图

a）源型输出接线图　b）漏型输出接线图

3）双向晶闸管输出方式

双向晶闸管输出也是无触点的，双向晶闸管由光耦合器触发，使其截止或导通从而能控制负载。双向晶闸管输出的优点是使用寿命长、无噪声、可靠性高，可驱动交流负载；缺点是价格高、负载能力较差，双向晶闸管输出方式的内部结构和端子接线如图 1–2–15 所示。

提示

三菱 FX 系列 PLC 输入 / 输出分为源型和漏型两种形式，接线时务必注意。本书所介绍的案例除有特殊说明外均按照漏型处理。

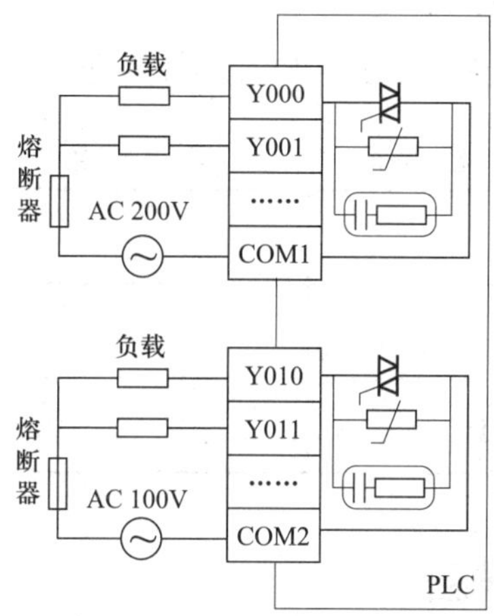

图 1–2–15 双向晶闸管输出方式的内部结构和端子接线

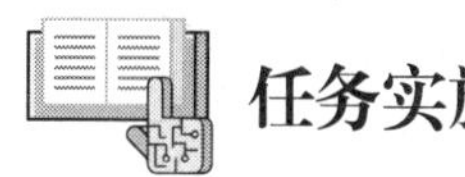

任务实施

一、观察 PLC 实训室设备

在 PLC 实训室中，指出实训设备中 PLC 各部分的结构组成，认识通信电缆，记录 PLC 的品牌及种类，将结果记录在表 1–2–1 中。

表 1–2–1 PLC 品牌及种类记录表

序号	品牌	型号	备注
1			
2			
3			
4			

二、认识 FX_{3U} 系列 PLC

观察 FX_{3U} 系列 PLC 主机，描述 PLC 的结构及其工作原理。

1. 描述 FX_{3U} 系列 PLC 主机的外形和结构。

2. 描述 FX_{3U} 系列 PLC 主机的面板组成。

（1）观察电源输入端口和信号输入接口。

（2）观察电源输出端口和信号输出接口。

（3）观察面板上的各个信号指示灯。

（4）打开面板盖和外围设备接线插座盖板，熟悉各外设接口和 RUN/STOP 开关。

3. 简述 PLC 的工作原理。

4. 对照图 1–2–9，写出表 1–2–2 中 PLC 型号的含义。

表 1–2–2　PLC 型号的含义

序号	型号	含义
1	FX_{3U}–48MT/ES–A	
2	FX_{3U}–48MR/DS–D	

三、画出 PLC 接线图

观看一个用开关控制一盏彩灯的 PLC 控制演示实验板，对照图 1–2–10—图 1–2–14，说出 PLC 的接线方式，画出 PLC 接线图。

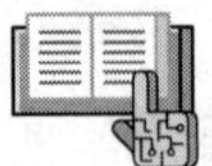

任务测评

对任务实施的完成情况进行过程性检查，并参照表 1–2–3 进行评分。

表 1–2–3　任务评价表

序号	考核内容	考核要求	评分标准	配分	扣分	得分
1	参观 PLC 实训室	1. 记录 PLC 的品牌、型号、主要技术指标及特点，要求书写正确 2. 正确识别手持编程器、通信电缆	1. 记录 PLC 的品牌、型号、主要技术指标及特点时有错误或遗漏项目，每项扣 2 分 2. 不能识别手持编程器、通信电缆，每项扣 5 分	30		

续表

序号	考核内容	考核要求	评分标准	配分	扣分	得分
2	观看影像资料	1. 记录PLC的品牌、型号、主要技术指标及特点，要求书写正确 2. 记录PLC的应用场合及功能正确	1. 记录PLC的品牌、型号、主要技术指标及特点时有错误或遗漏，每项扣2分 2. 记录PLC的应用场合及功能时有错误或遗漏，每项扣2分	30		
3	观察PLC控制演示实验	1. 实验现象描述正确 2. 接线图表述正确	1. 实验现象描述有错误或遗漏，每处扣5分 2. 接线图错误，每处扣5分	30		
4	安全文明生产	劳动保护用品穿戴整齐；遵守操作规程；及时清理场地	1. 违反安全文明生产考核要求的任何一项扣2分，扣完为止 2. 操作结束，不及时清理场地扣5分 3. 操作过程中，出现重大安全事故扣10分	10		
合计				100		

知识拓展

PLC 生产厂家和编程语言简介

一、PLC 生产厂家

随着 PLC 市场的不断扩大，PLC 研发与生产已发展成为一个庞大的产业，目前生产 PLC 的厂家虽较多，但知名厂家仍集中在欧美国家及日本。

国内 PLC 市场龙头企业有信捷电气和汇川技术等，拥有自主研发的技术，目前都集中在小型 PLC 领域，不过已经逐渐进入一些高端应用领域及大型客户供应链体系中。

1. 欧洲的 PLC 产品

德国的西门子（SIEMENS）公司、AEG 公司和法国的施耐德公司是欧洲著名的 PLC 制造商。其中，西门子的电子产品以性能精良而久负盛名，在大、中型 PLC 产品领域与美国的 A-B 公司齐名。

西门子公司的 PLC 及相关产品主要包括 LOGO、S7-1200、S7-1500、S7-300、S7-400、工业网络、HMI 人机界面、工业软件等。目前常用的西门子 S7 系列 PLC 体积小、速度快、标准化程度高，具有网络通信能力，功能更强，可靠性更高。S7 系列

PLC 产品（见图 1-2-16）可分为小规模性能要求的 PLC（如 S7-1200，将替代 S7-200、S7-300）和中、高性能要求的 PLC（如 S7-1500，将替代 S7-300、S7-400）等。

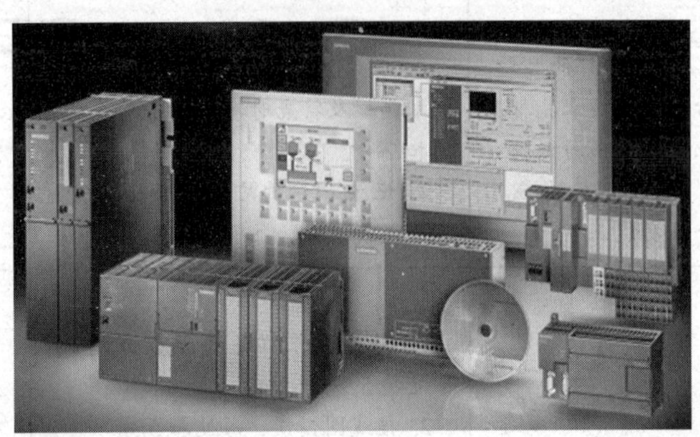

图 1-2-16 德国西门子 S7 系列 PLC

2. 美国的 PLC 产品

美国有 100 多家 PLC 生产厂商，著名的有 A-B（Alien-Bradley）公司、通用电气（GE）公司、莫迪康（MODICON）公司等。其中，A-B 公司是美国最大的 PLC 生产商。

A-B 公司的产品规格齐全、种类丰富，它的 PLC-5 系列产品非常著名，如图 1-2-17 所示。其下有 PLC-5/10、PLC-5/11、PLC-5/250 等多种型号。此外，它还有 ControlLogix 系列大型 PLC、CompactLogix 系列中型 PLC 和 SLC-500 微型 PLC 等。

图 1-2-17 美国 A-B 公司生产的 PLC-5 系列产品

3. 日本的 PLC 产品

日本的 PLC 产品在小型机领域颇负盛名，知名厂家有欧姆龙、三菱、松下、富士、日立等，在全世界 PLC 小型机市场上，日本产品市场占有率曾达到 50% 以上。

在欧姆龙（OMRON）公司的 PLC 产品中，小型 PLC 主要是 P 型、H 型、CPM1A 系列、CPM2A 系列以及 CPM2C、CQM1、CQM1H 等型号，中型机主要是 C200H、CS1 系列，大型机是 C1000H、C2000H、CV 等系列。其在“中、小、微”方面具有特长，在中国及世界市场上都占有相当的份额。如图 1-2-18 所示为欧姆龙 C200 系列 PLC。

图 1-2-18 欧姆龙 C200 系列 PLC

三菱公司的 PLC 产品是较早进入中国市场的。A 系列和 Q 系列是中、大型机的代表。20 世纪 80 年代末推出了 FX 系列，在容量、速度、特殊功能、网络功能等方面都有全面的加强，其中 FX_{3U}（见图 1-2-19）和 FX_{3G} 系列 PLC 容量更大，控制功能更强。

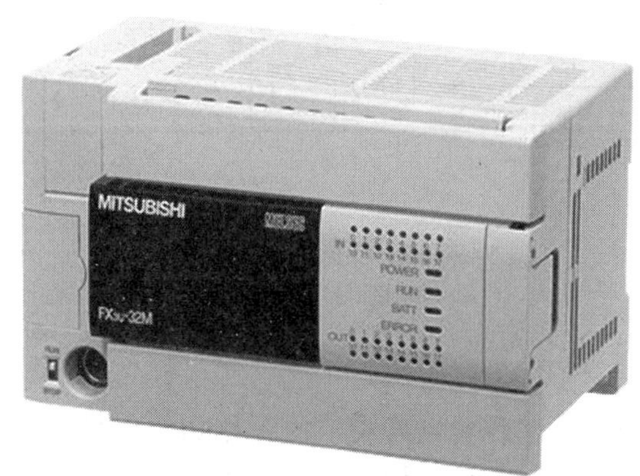

图 1-2-19 三菱 FX_{3U} 系列 PLC

在松下公司的产品中，FP0 系列为微型机，FP1 系列为小型机，结构是箱体式的，尺寸紧凑。FP3 为模块式的中型机，控制规模较大，工作速度很快，FP5/FP10、FP10S、FP20 为大型机。

二、PLC 的编程语言

PLC 的软件系统由系统程序和用户程序组成。系统程序由 PLC 制造厂商设计编写，并存入 PLC 的系统程序存储器中，用户不能直接读写、更改；用户程序是用户通过编程软件，利用 PLC 编程语言，根据系统控制要求编写的程序。

在 PLC 控制系统中，最重要的是利用 PLC 编程语言来编写用户程序，以实现控制目的。由于 PLC 是专门为工业控制而开发的装置，其主要使用者是电气技术人员，为了与他们的传统习惯和掌握能力相一致，编程语言采用相对简单、易懂、形象的专用语言，具体可归纳为两种类型，一是采用字符表达方式，如指令表；二是采用图形符号表达方式，如梯形图、顺序功能图（SFC）等。下面简要介绍几种常见的 PLC 编程语言。

1. 梯形图

梯形图是在传统继电器控制系统中常用的接触器、继电器等图形符号的基础上演变而来的。它与电气控制线路图相似，具有形象、直观、实用等特点，为广大电气技术人员所熟知，是应用最广泛的编程语言。梯形图的示例如图 1-2-20a 所示。

2. 指令表语言（IL）

指令表语言是与汇编语言类似的一种助记符编程语言。在无计算机的情况下，适合采用 PLC 手持编程器对用户程序进行编制。同时，指令表语言与梯形图一一对应，在 PLC 编程软件下可以相互转换。图 1-2-20b 就是与 1-2-20a 梯形图相对应的指令表语言。

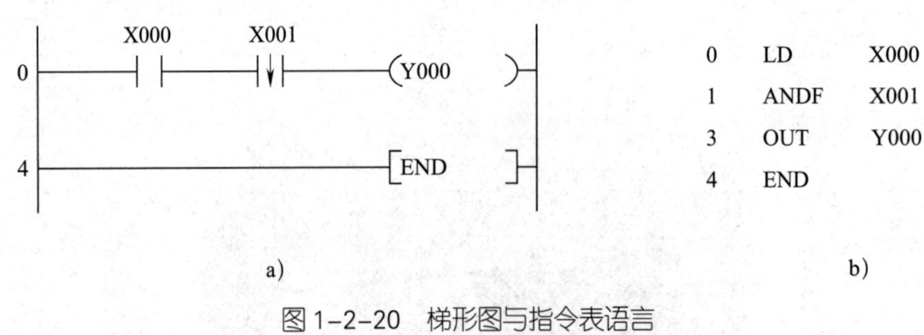

图 1-2-20　梯形图与指令表语言

a）梯形图　b）指令表语言

3. 功能模块图语言（FBD）

功能模块图语言是与数字逻辑电路类似的一种 PLC 编程语言。采用功能模块图的形式来表示模块所具有的功能，不同的功能模块有不同的功能。功能模块图语言用图形形式表达功能，直观性强，对于具有数字逻辑电路基础的设计人员很容易掌握；对规模大、控制逻辑关系复杂的控制系统，由于功能模块图能够清晰地表达功能关系，编程和调试时间大大缩短。图 1-2-21 所示为交流异步电动机正反转控制程序的功能模块图。

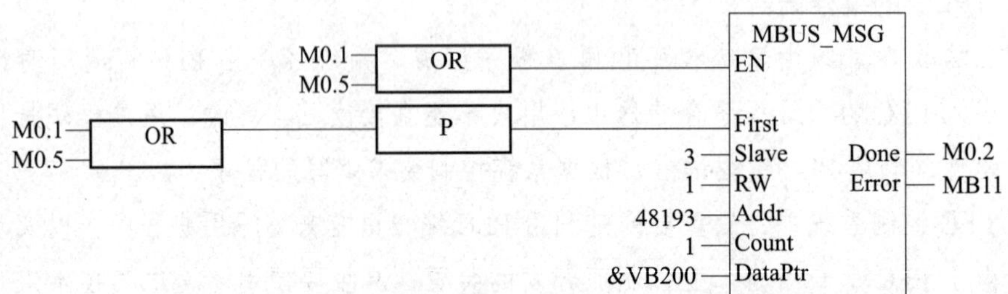

图 1-2-21　交流异步电动机正反转控制程序的功能模块图

4. 顺序功能图语言（SFC）

顺序功能图语言是为了满足顺序逻辑控制而设计的编程语言。编程时将顺序流程动作的过程分成步和转换条件，根据转移条件对控制系统的功能流程顺序进行分配，一步一步地按照顺序动作。每一步代表一个控制功能任务，用方框表示，在方框内含有用于完成相应控制功能任务的梯形图逻辑。这种编程语言使程序结构清晰，易于阅读及维护，大大减轻编程人员的工作量，缩短编程和调试时间，多用于系统规模较大、程序关系较复杂的场合。图 1-2-22 所示为一个简单的顺序功能图语言示意图。

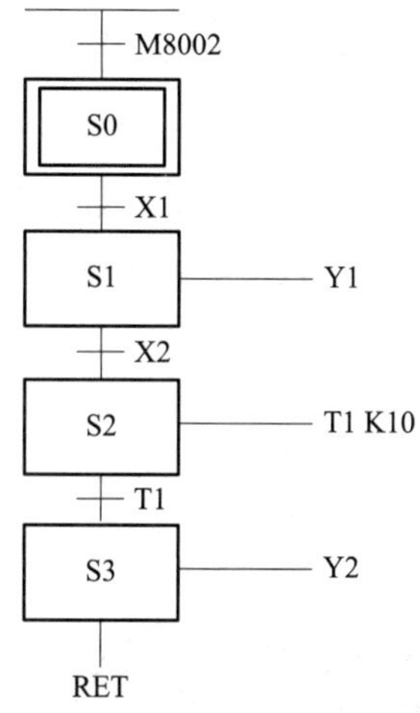

图 1-2-22　顺序功能图语言示意图

5. 结构化文本语言（ST）

结构化文本语言是用结构化的描述文本来描述程序的一种编程语言。它是类似于高级语言的一种编程语言。在大中型 PLC 系统中，常采用结构化文本语言来描述控制系统中各个变量的关系，主要用于其他编程语言较难实现的用户程序的编制。

项目二
三相异步电动机点动与自锁控制线路的安装与调试

在实际生产过程中，点动控制与自锁控制是最常用的控制形式。本项目通过2个任务学习如何分别通过继电器和PLC两种方式来实现三相异步电动机的点动与自锁控制。

任务1 继电器实现的点动与自锁控制线路安装与调试

学习目标

知识目标：

1. 掌握电气控制线路绘图原则和标准。

2. 掌握点动与自锁控制线路的工作原理及安装接线方法。

能力目标：

1. 能根据控制要求，选配适合型号的低压电器。

2. 能识读三相异步电动机点动、自锁控制线路图，绘制位置图和接线图。

3. 能正确分析三相异步电动机点动、自锁控制电路的工作原理。

4. 能按照电气控制线路安装工艺要求安装线路，并调试运行。

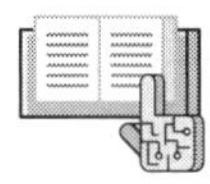

任务引入

在某些生产机械工作中，有时需要电动机短时运行，有时又需要电动机长时间运行以实现连续生产加工。例如，CA6140 型普通车床（见图 2–1–1）的刀架快速移动功能就是采用点动控制以实现加工前快速对刀，车床的主轴电动机则采用连续控制，以实现长时间连续加工的目的。

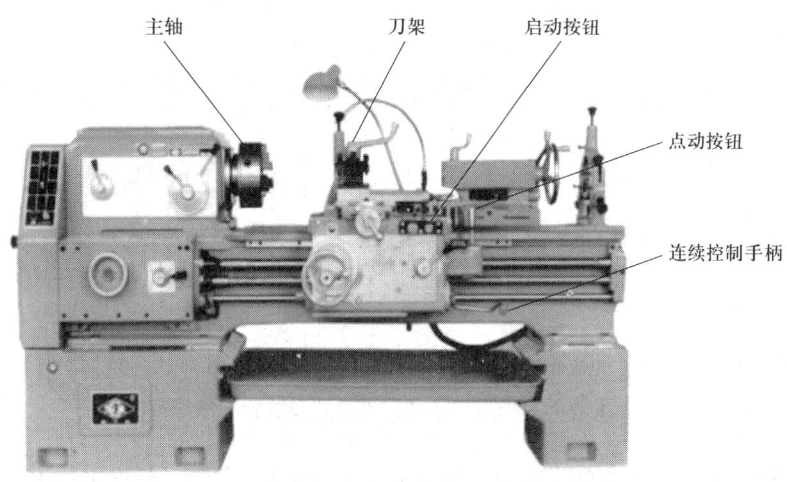

图 2–1–1　CA6140 型普通车床外形图

本任务的内容主要是安装并调试三相异步电动机的点动控制线路和自锁控制线路。通过学习电路图的识读与绘制、元器件的选择与检测，按图接线并调试，最终实现三相异步电动机的点动运行和自锁连续运行。

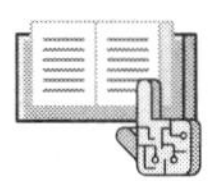

相关知识

一、电气原理图的组成

电气原理图是根据生产机械运动形式对电气控制系统的要求，采用国家标准统一规定的电气图形符号和文字符号，按照电气设备和电器的工作原理把它们排列起来，详细表示电气设备、电器或成套装置的全部组成和连接关系，能充分反映电气设备和电器的用途及线路的工作原理，而不涉及其结构尺寸、型号、安装位置和实际接线方法的一种简图。它是电气线路安装、调试和维修的理论依据。图 2–1–2 所示是三相异步电动机点动控制线路电气原理图。

电气控制线路一般由电源电路、主电路和辅助电路三部分组成。

电源电路根据电气设备所需电源种类不同，一般分为交流电源电路和直流电源电路两类，其中交流电源电路又分为单相交流电源电路和三相交流电源电路两种。图 2–1–2 所示线路上方水平画出的 L1、L2、L3 即为三相交流电源电路。

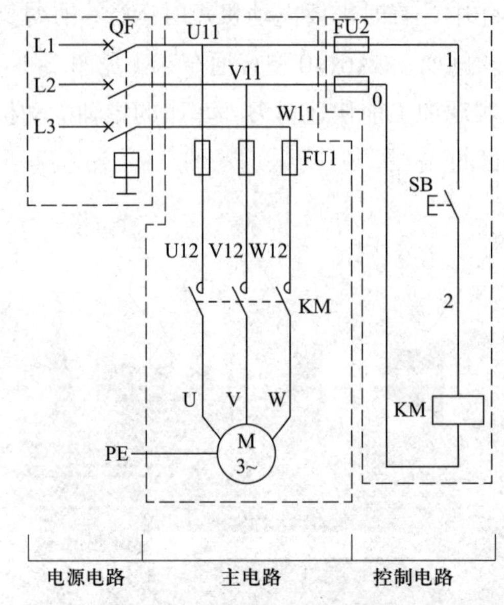

图 2–1–2　三相异步电动机点动控制线路电气原理图

主电路是指受电的动力装置及控制、保护电器的支路等，是电源向负载提供电能的电路，一般由主熔断器、接触器的主触头、热继电器的热元件以及电动机等组成。主电路在图纸上垂直于电源电路绘制于电路图的左侧。

辅助电路一般包括控制主电路工作状态的控制电路、显示主电路工作状态的指示电路和提供机床设备局部照明的照明电路等，一般由起短路保护的熔断器、主令电器的触头、接触器的辅助触头及线圈、继电器的触头及线圈、指示灯和照明灯等组成。图 2–1–2 所示线路中的辅助电路较为简单，只包括控制电路。

二、电路图的识读与绘制原则

1. 电源电路一般画成水平线，位于电路图的上方。三相交流电源按 L1、L2、L3 相序自上而下依次画出，若有中性线 N 和保护地线 PE，则依次画在相线下方；直流电源的“+”极在上，“–”极在下，依次画出。电源开关水平画出。

2. 主电路通过的是电动机等大容量负载的工作电流，电流比较大，必要时可在图纸上用粗实线表示，绘制于电路图的左侧并垂直于电源电路。

3. 辅助电路通过的电流较小，一般不超过 5 A。辅助电路要跨接在两相电源之间，一般按控制电路、指示电路和照明电路的顺序，用细实线依次垂直画在主电路的右侧，并且耗能元件要画在电路图的下方，如接触器和继电器的线圈、指示灯、照明灯等，而电器的触头要画在耗能元件上方。为读图方便，一般应按照从左到右、自上而下的顺序排列来表示电路动作过程。

4. 在电路图中，电气元件不画实际的外形图，而是采用国家标准规定的电气符号表示，电气符号由电气图形符号和文字符号两部分组成。

同一电器的各元件不按它们的实际位置画在一起，而是按其在线路中所起的作用分画在电路中不同的位置，但它们的动作相互关联，必须用同一文字符号标注。若同一电路图中有多个相同的电器时，需要在电气元件文字符号后面加注不同的数字加以区别。电路图中各电器的触头状态都按电路未通电或电器未受外力作用时的常态位置画出，分析原理时也应从触头的常态位置开始进行分析。

5. 电路图通常采用电路编号法，即对电路中的各个节点用字母或数字进行编号，以便于电路安装接线和故障检修。

（1）主电路在电源开关的出线端按相序依次编号为 U11、V11、W11，然后按从上到下、从左到右的顺序，每经过一个电气元件后，编号要依次加 1，如 U12、V12、W12，U13、V13、W13，…。单台三相交流异步电动机的三根引出线按相序依次编号为 U、V、W，对于多台电动机引出线的编号，为了不引起误解和混淆，可在字母前用不同的数字加以区别，例如 1U、1V、1W，2U、2V、2W，…。

（2）辅助电路编号按“等电位”原则，按从上到下、从左到右的顺序用数字依次编号，每经过一个电气元件后，编号要依次加 1。控制电路编号的起始数字从 1 开始，其他辅助电路编号的起始数字从 101 开始，依次递增 100。例如，照明电路编号从 101 开始，指示电路编号从 201 开始。

6. 在电路图中，导线、电缆线及电气元件和设备的引线均称为连接线。绘制连接线一般应采用实线，而且应尽量减少不必要的连接线，避免线条交叉和弯折。对有直接电联系的交叉连接导线的连接点，要用小黑圆点表示；无直接电联系的交叉跨越导线则不画小黑圆点，T 字型连接不画小黑圆点也表示有电联系，如图 2-1-3 所示。

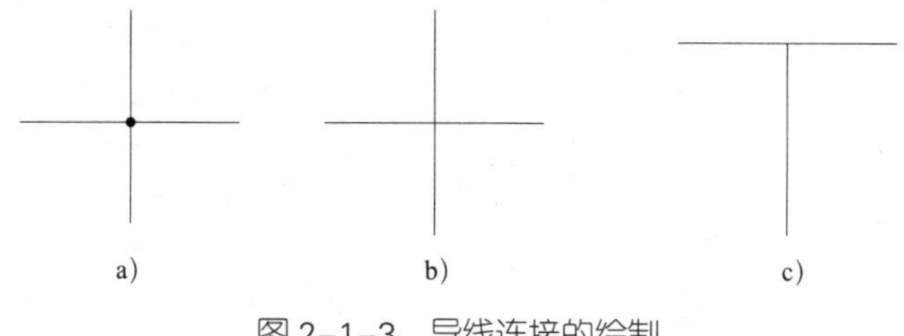

图 2-1-3 导线连接的绘制

a）交叉连接 b）交叉跨越 c）T 字型连接

三、点动控制线路的识读与分析

点动控制是指按下按钮，电动机得电运转；松开按钮，电动机失电停转。

图 2-1-2 所示的点动控制线路的工作原理如下：

先合上低压断路器 QF，交流接触器 KM 线圈并不能得电，电动机 M 也不能得电启动运转，只有再按下启动按钮 SB，使交流接触器 KM 线圈通电，KM 主触头闭合，才能使电动机 M 得电启动运转。若松开启动按钮 SB，交流接触器 KM 线圈失电，其主触头断开复位，电动机 M 立即失电停转。

低压断路器 QF 作为电源隔离开关；熔断器 FU1、FU2 分别作为主电路和控制电路的短路保护；启动按钮 SB 控制交流接触器 KM 的线圈得电与失电；交流接触器 KM 的主触头控制电动机 M 的启动和停止。

为了简洁明了地分析各种控制线路，一般使用文字符号和箭头配少量说明文字的方法来表达线路的工作原理。如图 2–1–2 所示点动控制线路的工作原理可叙述如下：

先合上电源开关 QF。

启动：按下 SB → KM 线圈得电→ KM 主触头闭合→电动机 M 启动运转。

停止：松开 SB → KM 线圈失电→ KM 主触头分断→电动机 M 失电停转。

停止使用时，断开电源开关 QF。

四、自锁控制线路的识读与分析

在生产实践中，许多生产机械需要按下启动按钮后使电动机能够连续运转，以实现工件的长时间连续加工。为了实现连续控制，就要求电动机必须在启动按钮松开后仍然能够得电运行，这就出现了自锁控制线路，其电气原理图如图 2–1–4 所示。

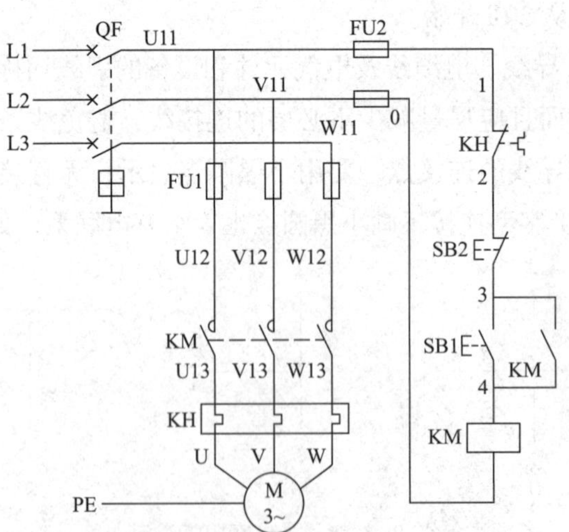

图 2–1–4　电动机自锁控制线路电气原理图

1．电路的结构组成及作用

电源电路：低压断路器 QF，实现三相交流电源接通与关断。

主电路：熔断器 FU1，对主电路实现短路保护；交流接触器 KM 主触头，控制电动机 M 得电与失电；热继电器 KH 热元件，实现对电动机过载保护。

控制电路：熔断器 FU2，对控制电路实现短路保护；热继电器 KH 常闭触头，在电动机过载时用于切断接触器 KM 线圈电源；停止按钮 SB2，按下时切断接触器 KM 线圈电源；启动按钮 SB1，按下时使接触器 KM 线圈得电；接触器 KM 辅助常开触头，当手松开启动按钮后，使接触器 KM 线圈保持得电；接触器 KM 线圈，通过线圈得失电，带动其主触头通断，从而实现电动机 M 运行与停止。

2. 电路工作原理

线路的工作原理分析如下：

先合上电源开关 QF。

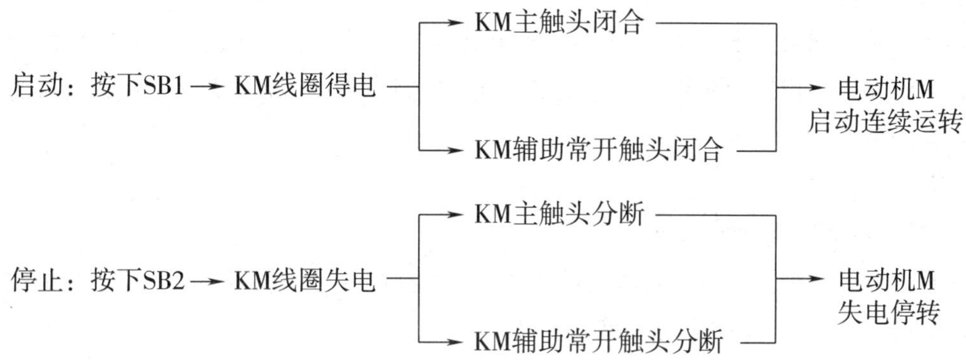

停止使用时，断开电源开关 QF。

由以上分析可知，当松开启动按钮 SB1 后，SB1 的常开触头虽然恢复分断，但接触器 KM 的辅助常开触头已经闭合，此时已将 SB1 短接，使控制电路仍保持通路，接触器 KM 线圈继续保持得电，电动机 M 实现了连续运转。

像这种松开启动按钮后，接触器通过自身的辅助常开触头使其线圈保持得电的现象称为自锁。与启动按钮并联起自锁作用的辅助常开触头称为自锁触头。手松开启动按钮后，接触器通过自锁作用使电动机继续保持运转的控制方式，称为自锁控制。图 2-1-4 所示的控制线路称为接触器自锁控制线路。

3. 电路保护

在图 2-1-4 所示接触器自锁控制线路中，除了有短路、过载保护以外，还有欠压和失压（或零压）保护功能。

（1）欠压保护

当线路电压下降到某一数值时，电动机能自动脱离电源停转，避免电动机在欠压状态下运行而导致损坏的保护称为“欠压保护”。

（2）失压（或零压）保护

电动机在正常运行中，由于外界某种原因引起突然断电时，能自动切断电动机电源；当重新供电时，保证电动机不能自行启动的一种保护称为“失压（或零压）保护”。

想一想

本电路中实现欠压和失压保护的元器件是哪一种？熔断器和热继电器都是保护电器，在电动机控制线路中两者能不能相互代替使用？

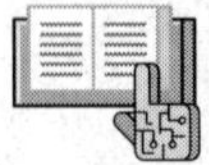

任务实施

本任务根据图 2–1–2 和图 2–1–4 完成点动控制线路和自锁控制线路的安装与调试。通过对比可以发现，两线路结构基本相同，在图 2–1–2 所示线路基础上增加少量元器件并调整接线后即可得到图 2–1–4 所示自锁控制线路。实训中，可按照教师要求，直接完成自锁控制线路，也可先完成点动控制线路，然后再稍做调整，转换为自锁控制线路。

一、设备及器材选用

根据电气原理图及控制要求选择设备、元器件和线材。如图 2–1–4 所示自锁控制线路的设备及器材选用明细表见表 2–1–1。

表 2–1–1　设备及器材选用明细表

序号	名称	代号	型号及规格	单位	数量
1	三相异步电动机	M	Y112M–4、4 kW、380 V、△形接法、8.8 A、1 440 r/min 或自定（元器件需重新确定）	台	1
2	配线板	—	木工板、600 mm × 500 mm × 20 mm	块	1
3	断路器	QF	DZ5–20/330	个	1
4	熔断器	FU1	RL1–60/25	个	3
5	熔断器	FU2	RL1–15/2	个	2
6	交流接触器	KM	CJ10–20、线圈电压 380 V、20 A 或自定	个	1
7	热继电器	KH	JR36–20	个	1
8	按钮	SB1、SB2	LA10–3H	个	1
9	主电路导线	—	BV1.5 mm^2（黑色）	m	若干
10	控制电路导线	—	BV1 mm^2（红色）	m	若干
11	按钮线	—	BVR0.75 mm^2（红色）	m	若干

续表

序号	名称	代号	型号及规格	单位	数量
12	接地线	—	BVR1.5 mm^2（黄绿双色）	m	若干
13	端子排	XT	JX2-1015，500 V、10 A、15 节	条	1
14	紧固件和编码套管	—	—	—	若干

二、检测设备及器材

1. 按表 2-1-1 配齐所用设备及器材，并检查其数量、型号、规格以及技术参数是否符合控制要求。

2. 检查各设备及器材的外观是否完好无损，附件和配件是否齐全，运动部件是否灵活，有无卡阻现象。

3. 利用仪表检测接触器线圈、电动机绕组的阻值和绝缘电阻是否正常，额定电压为 380 V 的接触器线圈阻值一般为 1.5 kΩ，绝缘阻值大于 0.5 MΩ。

4. 用仪表检测断路器、接触器、按钮的触头通断是否良好。

三、绘制位置图、接线图

1. 位置图

位置图主要用来表明电气设备上所有电动机、电器的实际位置，为设备的制造、安装、维护、维修提供必要的资料。根据设备的复杂程度，位置图可集中绘制在一张图上，也可将控制柜与操作台的电气元件位置图分别绘制。

绘制位置图时应注意：

（1）各电气元件的位置、方向和间距要正确；

（2）位置图中各电器图形符号旁要标注文字符号，而且要与电路图中标注一致。

2. 接线图

接线图是电气施工的主要图纸，主要用于安装接线、线路的检查与故障处理。它能为各个安装接线项目之间的电气连接提供详细信息，包括连接关系、线缆种类和敷设线路。接线图根据电气元件布置最合理、连接导线最经济等原则，按照电气元件的实际位置和实际接线绘制。

绘制接线图时应注意：

（1）接线图中各电气元件的位置要反映实际位置关系，可参考其位置图；

（2）接线图中各电气元件要按国家标准规定的电气符号集中画在一起，且文字符号的标注必须与电路图中的一致；

（3）同一通道的导线可以按导线束画成一根，到接线端子板和电器连接点时再分开画出，但是，必须注明导线的种类和根数；

（4）各电气元件连接点都要标注接点编号，而且必须与电路图中编号一致。

3. 位置图和接线图的绘制

根据电气原理图画出元器件位置图；根据电气原理图和元器件位置图绘制接线图。

图 2-1-4 所示自锁控制线路对应的元器件位置图如图 2-1-5 所示，接线图如图 2-1-6 所示。点动控制线路的元器件位置图和接线图可参照两图自行绘制。

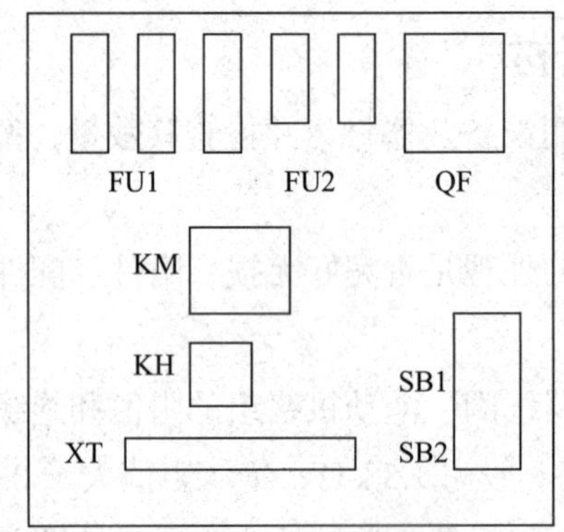

图 2-1-5　自锁控制线路元器件位置图

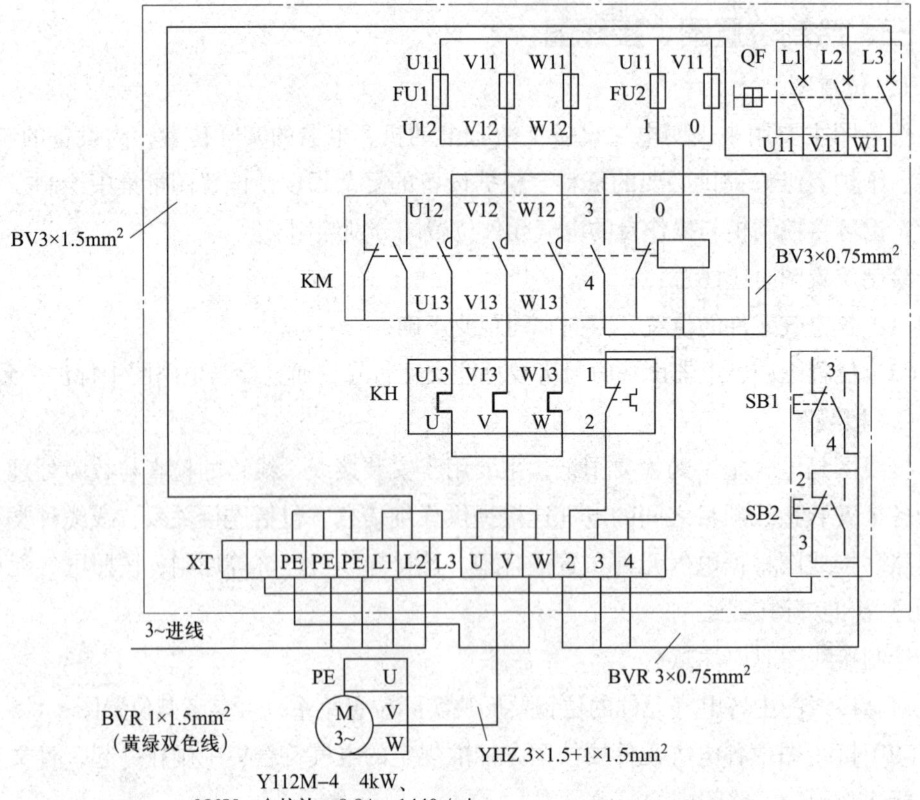

图 2-1-6　自锁控制线路接线图

四、安装电气元件

根据位置图进行各电气元件安装，具体要求如下：

1. 各电气元件的安装位置应垂直、整齐、不得歪斜，间距与位置图要求一致，以便于线路安装和元件的检修与更换。

2. 紧固电气元件时，用力要适当，紧固程度合理。在紧固熔断器、接触器等易碎元件时，应该用手按住元件，一边用旋具轮换旋紧对角线上的螺钉，一边轻轻摇动，直到手摇不动后，再适当加固旋紧些即可。

3. 断路器、熔断器的进电端子应安装在控制板的外侧，并使熔断器的进电端为底座的中心端。

五、接线

根据接线图进行板前明敷布线，具体工艺要求如下：

1. 布线通道要尽可能少，同路并行导线按主电路、控制电路分类集中，单层密排，紧贴板面布线。

2. 布线应横平竖直，分布均匀。

3. 同一平面的导线应高低、前后一致，不能交叉；必须交叉时，该根导线应在接线端子引出时，水平架空跨越，且应当走线合理。

4. 布线时严禁损伤线芯和导线绝缘层，同一根导线中间不允许有接头。

5. 布线顺序一般以接触器为中心，按由里向外、由低至高、先控制电路后主电路的顺序进行，以不妨碍后续布线为原则。

6. 在每根安装导线的两端应套上编码套管。

7. 导线与接线端子连接时，要安装牢固，接触良好，不压绝缘层、不反圈、不露铜且过长。

8. 一个电气元件接线端子上的连接导线不得多于两根，每节接线端子排上的连接导线一般只允许连接一根。

9. 安装电动机，连接电动机和按钮金属外壳的保护接地线，连接电源、电动机等控制板外部的导线。

六、自检

线路安装结束，应根据电路图或接线图进行正确性、安全性检查。具体检查方法如下：

1. 目视检查电路接线正确性。

（1）按电路图或接线图，从电源端开始逐段核对接线和接线端子处线号是否正确，有无漏接、错接之处。

（2）检查导线接点是否符合要求，压接是否牢固，接触是否良好，以避免带负载通电运转时产生闪弧现象。

2. 用万用表检查接线正确性。

（1）先检查电路电源开关 QF，应为断开状态，然后将万用表调到倍率适当的电阻挡（一般选用 R×100 挡），并进行欧姆调零，以防线路有短路故障。检查控制电路时，将两表笔分别搭接在 U11、V11 线端上，此时读数应为"∞"；按下启动按钮时，读数应为接触器线圈的直流电阻值。

（2）检查主电路时，可人为用手动来代替接触器动作，再逐相检查主电路有无开路现象以及两相之间有无短路现象。

3. 检查电动机接地线安装是否良好。

4. 用兆欧表检查电动机绝缘电阻的阻值，应不小于 0.5 MΩ。

七、交验及通电试车

自检完毕，可以向教师申请通电试车，经教师检查同意后方可通电试车。

具体通电调试步骤及要求如下：

1. 为保证人身安全，在通电试车时，要认真执行安全操作规程的有关规定，一人监护，一人操作。

2. 试车前，应检查与通电试车有关的电源设备是否存在不安全因素，若查出应立即整改，整改后方能通电试车。

3. 通电试车前，必须得到教师的同意，并由指导教师接通三相电源，同时在现场监护。合上电源开关 QF 后，用测电笔检查熔断器出线端，氖管亮（数字显示 220 V）说明电源接通，然后按下启动按钮，观察接触器动作是否正常，是否符合线路功能要求，接触器有无卡阻及噪声过大等现象，电动机运行情况是否正常等。当电动机运转平稳后，用钳形电流表测量三相电流是否平衡。对于点动控制线路，松开启动按钮后，接触器应随即失电复位，电动机停转。

提示

试车过程中，若发现有异常现象，应立即切断电源。

4. 通电试车完毕，首先切断电源，然后再拆除三相电源线，最后拆除电动机线。

提示

若试车过程中出现故障，应独立进行检修。若需带电检查时，教师必须在现场监护。检修完毕，如再次试车，教师也要在现场监护，并做好故障、时间记录。

任务测评

对任务实施的完成情况进行检查，并参照表 2–1–2 进行评分。

表 2–1–2　任务评价表

序号	考核内容	考核要求	评分标准	配分	扣分	得分
1	选用工具、仪表及器材	1. 工具、仪表选择正确 2. 电气元件选择正确	1. 工具、仪表少选或错选，每个扣 2 分 2. 电气元件选错型号和规格，每个扣 4 分 3. 选错元件数量或型号规格没有写全，每个扣 2 分	15		
2	绘图	接线图绘制规范	接线图绘制不规范扣 3 分，不正确扣 5 分	5		
3	电器检测	1. 电器型号、规格及参数检查正确 2. 准确判断电器好坏	1. 电器型号、规格及参数检查不正确，每个扣 3 分 2. 没有检测出电器好坏，每个扣 5 分	10		
4	元器件安装	1. 电器布置合理 2. 电气元件安装规范 3. 不损坏电气元件 4. 走线槽安装符合要求	1. 电器布置不合理扣 5 分 2. 电气元件安装不牢固，每个扣 4 分 3. 电气元件安装不整齐、不匀称、不合理，每个扣 3 分 4. 损坏电气元件扣 15 分 5. 走线槽安装不符合要求，每处扣 2 分	20		
5	布线	1. 按电路图或接线图规范布线 2. 布线操作规范，不损伤导线绝缘层或线芯 3. 接线正确	1. 不按电路图或接线图接线扣 5 分 2. 布线不符合要求，每处扣 3 分 3. 接点不牢固、露铜过长、反圈等，每处扣 1 分 4. 损伤导线绝缘层或线芯，每处扣 3 分 5. 编码套管未装扣 5 分，套装不正确，每处扣 1 分 6. 接线不正确，每处扣 5 分 7. 漏接接地线扣 5 分	20		

续表

序号	考核内容	考核要求	评分标准	配分	扣分	得分
6	通电试车	按正确方法通电试车，运行成功	1. 通电方法步骤不正确扣 5 分 2. 第一次试车不成功扣 10 分 3. 第二次试车不成功扣 15 分 4. 第三次试车不成功扣 20 分	20		
7	安全文明生产	劳动保护用品穿戴整齐；遵守操作规程；及时清理场地	1. 不遵守安全操作规程扣 10 分 2. 出现安全事故以不及格处理	10		
合计				100		

知识拓展

三相异步电动机点动与连续混合正转控制线路

三相异步电动机点动与连续混合正转控制线路电气原理图如图 2-1-7 所示。

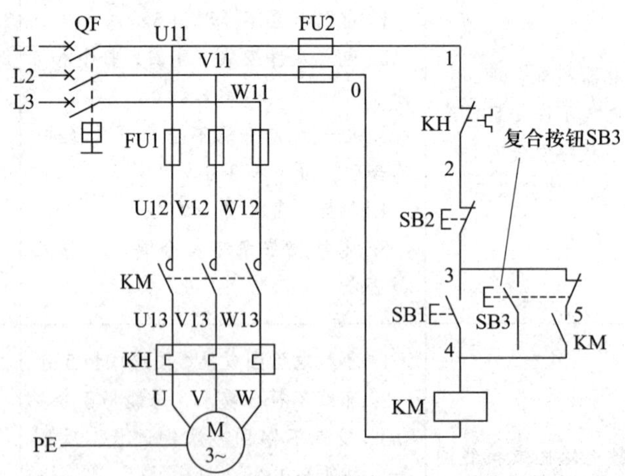

图 2-1-7　三相异步电动机点动与连续混合正转控制线路电气原理图

该电路是在启动按钮 SB1 的两端并接了一个复合按钮 SB3 来实现点动与连续混合正转控制的，SB3 的常闭触头应与 KM 自锁触头串接。线路的工作原理分析如下：

先合上电源开关 QF。

1. 连续控制

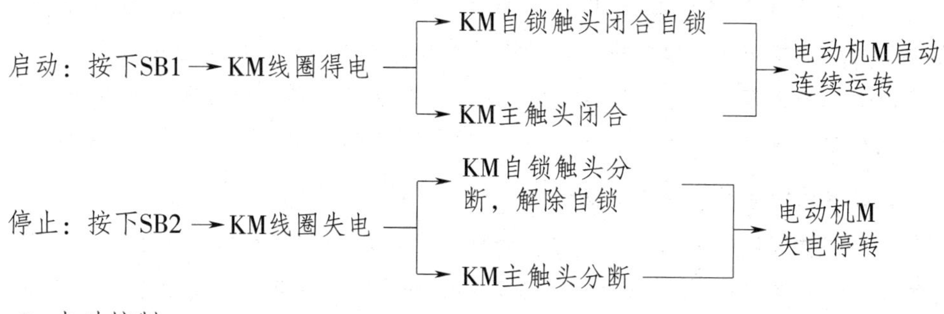

2. 点动控制

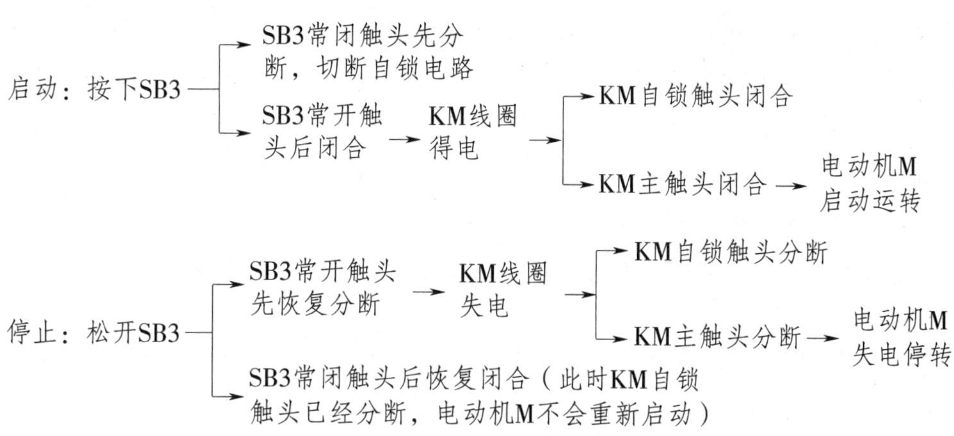

停止使用时，断开电源开关 QF。

电气原理图和接线图的识读

一、识读电气原理图的方法

1. 区分出主电路和辅助电路

主电路是给用电设备供电的电路，是受辅助电路控制的电路。主电路一般画在图纸的左边或上部。

辅助电路是给控制元件供电的电路，是控制主电路动作的电路。辅助电路一般画在图纸的右边或下部。

识读电气原理图时，应先看主电路，后看辅助电路。

2. 识读电气原理图的步骤

（1）识读主电路的具体步骤

第一步：看用电设备。首先看清主电路中有几个用电设备，它们的类别、用途、接线方法以及一些不同的要求等。如图 2–1–7 所示电路中用电设备是一台电动机。

第二步：看清主电路中的用电设备用几个控制元件控制。如图 2–1–7 所示电路中电动机是用接触器控制其启动和停止的。

第三步：看清主电路除用电设备外还有哪些元器件及这些元器件的作用。如图 2–1–7 所示电路中，主电路中除电动机外还有断路器 QF 和熔断器 FUI。

第四步：看电源。了解电源的种类和电压等级，分清是直流电源还是交流电源。如图 2–1–7 所示电路中是三相交流电源。

（2）识读辅助电路的具体步骤

第一步：看辅助电路的电源，分清辅助电路电源的种类和电压等级。如果将交流控制元件用于直流电路，通电后会烧坏交流线圈；如果将直流元件用于交流电路，通电后控制元件不工作。

第二步：明确辅助电路中每个控制元件的作用，以及辅助电路和控制元件对主电路用电设备的控制关系。如图 2–1–7 所示电路中，按下启动按钮 SB1，电动机启动连续运转，按下停止按钮 SB2，电动机停转。

第三步：明确辅助电路中各个控制元件之间的制约关系。图 2–1–7 所示电路中，SB1 是控制 KM 通电的元件之一。

识读辅助电路时，必须参照整个电气原理图，按照从左向右或自上而下的顺序进行分析。

首先应按列或行一个支路、一个支路的依照顺序读通，有时性质不同的支路是交错画在一起的，要跳过无关的支路，找到有关的支路，在整个电路图中，把与这个支路有联系的所有支路都读到。在读具体支路时，要先找到继电器线圈的启动支路，然后寻找该继电器的触点支路。一个继电器有几对触点时，不要遗漏。要注意的是，同一元件的不同部分是分开布置的，元件的触点和线圈可能接在不同的回路中。

二、识读接线图的步骤

识读接线图时要先分析电气原理图，结合电气原理图看接线图是看懂接线图的最好办法。

第一步：分析电气原理图中主电路和辅助电路所含有的元器件，明确每个元器件的动作原理和作用，辅助电路控制元件之间的关系，辅助电路中控制元件与主电路的关系。

第二步：明确电气原理图和接线图中元器件的对应关系。同一个元器件在两种图中的绘制方法可能不同，在电气原理图中同一元件的线圈和触点画在不同位置，而在接线图中同一元件的线圈和触点画在一起。

第三步：明确接线图中接线导线的根数和所用导线的具体规格。

第四步：根据接线图中的线号确定主电路的线路走向。

第五步：根据线号确定辅助电路的走向。在实际接线中主电路和辅助电路是按先后顺序接线的，另外，主电路和辅助电路所用导线型号规格也不相同。

任务 2 PLC 实现的点动与自锁控制线路安装与调试

学习目标

知识目标：

1. 熟悉 GX Works2 编程软件的基本功能和主界面组成。

2. 掌握 LD、LDI、AND、ANI、OR、OUT 以及 END 等基本指令的功能和使用方法。

能力目标：

1. 能根据继电器控制电路与 PLC 梯形图的对应关系，完成电动机自锁控制程序梯形图的设计。

2. 能熟练使用 GX Works2 软件编写、调试电动机自锁控制程序并监控其运行。

3. 能完成三相异步电动机点动与自锁控制线路的安装与运行。

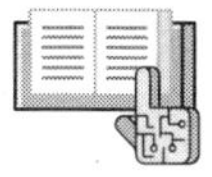

任务引入

本任务将电动机点动控制线路和自锁控制线路由继电器控制改造为 PLC 控制。

用 PLC 实现电动机的点动控制和自锁控制仍然需要启动按钮、停止按钮、热继电器、交流接触器，只是原电路中各电气元件接线的逻辑关系需由 PLC 的软件编程来实现。因此，PLC 外围电路和程序的设计是本次任务的重点。

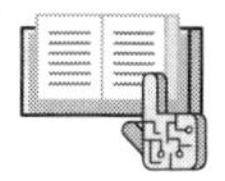

相关知识

一、输入继电器（X）和输出继电器（Y）

输入输出元件与 PLC 的连接、PLC 程序的编写都离不开输入继电器（X）和输出继电器（Y）。它们并不是物理意义上的实物继电器，而是由电子电路和存储器所组成的虚拟元件，称为“软继电器”。软继电器实际上是 PLC 内部存储器某一位的状态，状态为“1”时，“继电器”线圈接通，状态为“0”时，“继电器”线圈断开。

输入、输出继电器的编号是由基本单元固有的地址号和按照与这些地址号相连接的顺序给扩展设备分配的地址号组成的。这些地址号使用 8 进制，因此不存在 8、9 这样的地址号，见表 2–2–1。

表 2–2–1　FX_{3U} 系列 PLC 的输入 / 输出继电器地址号

型号	FX_{3U}–16M	FX_{3U}–32M	FX_{3U}–48M	FX_{3U}–164M	FX_{3U}–80M	FX_{3U}–128M	扩展时
输入	X000 ~ X007 8 点	X000 ~ X017 16 点	X000 ~ X027 24 点	X000 ~ X037 32 点	X000 ~ X047 40 点	X000 ~ X077 64 点	X000 ~ X267 184 点
输出	Y000 ~ Y007 8 点	Y000 ~ Y017 16 点	Y000 ~ Y027 24 点	Y000 ~ Y037 32 点	Y000 ~ Y047 40 点	Y000 ~ Y077 64 点	Y000 ~ Y267 184 点

1．输入继电器（X）

输入继电器（X）与 PLC 输入端子相连接，专门用来接收 PLC 外部开关量信号，如图 2–2–1 所示。PLC 通过输入接口将外部输入信号的状态（外部电路接通时为“1”，断开时为“0”）读入并存储在输入映像寄存器中。输入继电器必须由外部信号驱动，不能用程序驱动，所以输入继电器的线圈不可能在程序中出现。由于输入继电器反映输入映像寄存器的状态，所以其触点的使用次数不限。

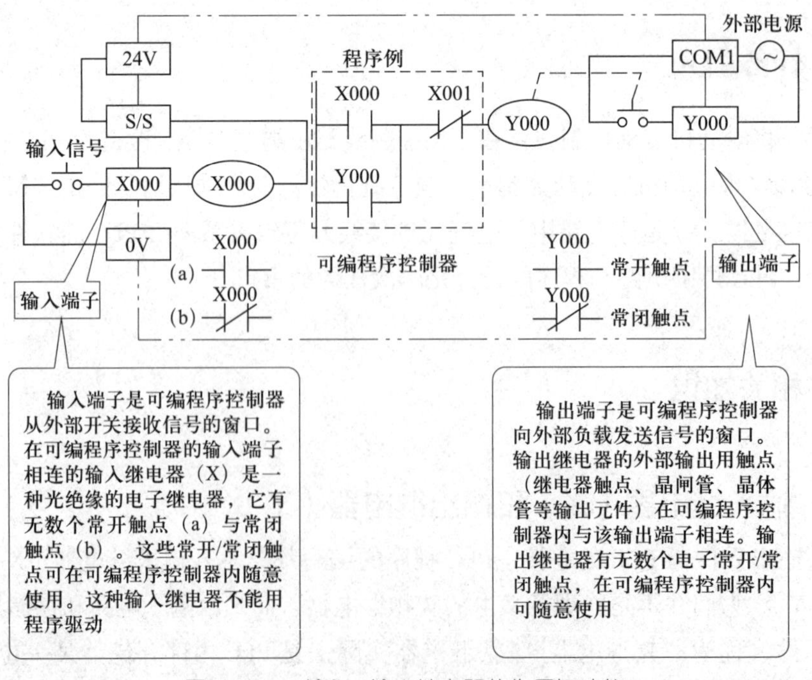

图 2–2–1　输入 / 输出继电器的作用与功能

2. 输出继电器（Y）

输出继电器（Y）是用来将 PLC 内部信号输出给外部负载（用户输出设备）的元件。通过输出继电器（Y）输出 PLC 中程序的执行结果，启动一外部设备或负载，如电磁阀、控制单元等，如图 2-2-1 所示。输出继电器（Y）的 ON 和 OFF 状态作为控制信号输出。每个输出继电器在输出单元中都对应唯一的一个实际的常开触点，但在程序中供编程使用的输出继电器，无论是常开触点还是常闭触点，都是软触点，可以使用无限次。作为一项规定，当输出继电器被指定为 OUT 或 KP 指令运算结果的目标输出时，一般在程序中限定使用一次（禁止双重输出）。

提示

基本单元输入继电器、输出继电器的编号是固定的，扩展单元和扩展模块是从与基本单元最靠近的编号开始，顺序进行编号。例如，基本单元 FX_{3U}-48M 的输入继电器编号为 X0 ~ X27，如果接有扩展单元或者扩展模块，则扩展的输入继电器从 X30 开始编号。在实际使用中，输入、输出继电器的数量要视系统的具体配置情况而定。

二、基本指令

三菱 FX_{3U} 系列 PLC 共有 29 条基本指令，可以完成基本的逻辑控制、顺序控制等程序的编写，同时也是编写复杂程序的基础指令，下面结合具体的任务要求说明相关指令的含义和编程方法。

1. LD、LDI 和 OUT 指令

（1）指令概述

LD：常开触点与左母线连接，开始逻辑运算。

LDI：常闭触点与左母线连接，开始逻辑运算。

OUT：线圈驱动指令，将运算结果输出到指定的继电器。

（2）操作数

操作数用来表明参与操作的对象。LD、LDI、OUT 指令的操作数为 X（输入继电器）、Y（输入继电器）、M（辅助继电器）、S（步进继电器）、T（定时器）和 C（计数器）触点。

（3）编程实例

梯形图是 PLC 应用最广泛的编程语言，其两侧平行的竖线为母线，母线间是由许多触点和编程线圈组成逻辑行。在各逻辑行中，用符号表示各种元件，“—|/|—”表示常闭触点，“—| |—”表示常开触点，“—(　)—”表示线圈，各元件间按照逻辑关系用直线相连。

LD、LDI、OUT 指令的应用实例如图 2-2-2 所示。

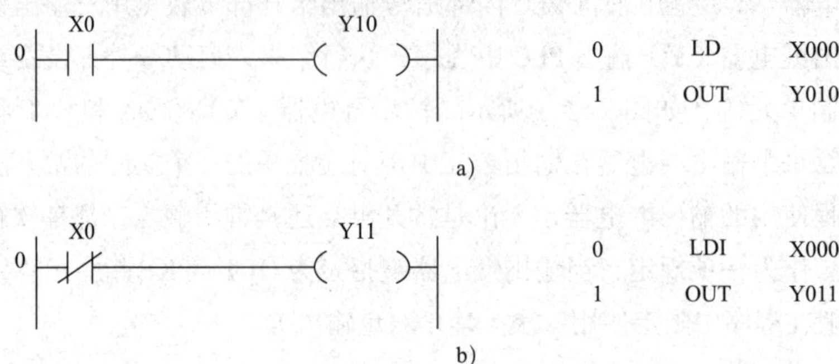

图 2-2-2　LD、LDI、OUT 指令的应用实例
a）LD 和 OUT 指令　b）LDI 和 OUT 指令

其时序图如图 2-2-3 所示。

当 X0=ON 时，Y10 接通，Y11 不接通。

当 X0=OFF 时，Y10 不接通，Y11 接通。

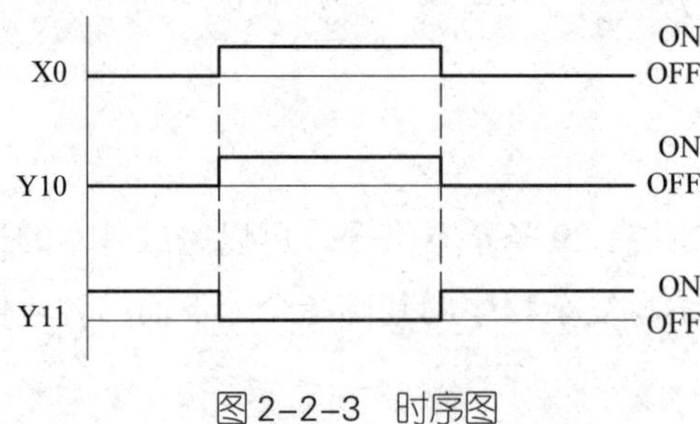

图 2-2-3　时序图

（4）指令使用说明

LD 指令开始逻辑运算，输入的触点作为常开触点。

LDI 指令开始逻辑运算，输入的触点作为常闭触点。

OUT 指令将逻辑运算的结果输出到指定的线圈。

（5）编程时的注意事项

1）LD 和 LDI 指令必须由左母线开始。

2）OUT 指令不能由左母线开始。

3）某些输入设备，如紧急停止开关，通常应使用常闭触点。当对常闭触点的紧急停止开关进行编程时，一定要使用 LD 指令。

2. AND 和 ANI 指令

（1）指令概述

AND：串联常开触点指令，把原来的操作结果与指定的继电器内容相“与”，并把这一逻辑操作结果存入寄存器中。

ANI：串联常闭触点指令，把原来被指定的继电器内容取“反”，然后与结果寄存器的内容相“与”，并把这一逻辑操作结果存入寄存器中。

（2）操作数

X、Y、M、S、T、C 触点。

（3）编程实例

AND 和 ANI 指令的应用实例如图 2-2-4 所示。

其时序图如图 2-2-5 所示。

当 X0=ON、X1=ON，且 X2=OFF 时，Y10 接通。

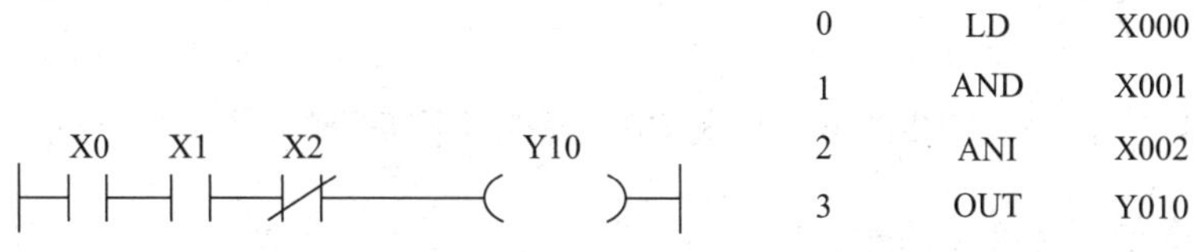

图 2-2-4 AND 和 ANI 指令的应用实例梯形图

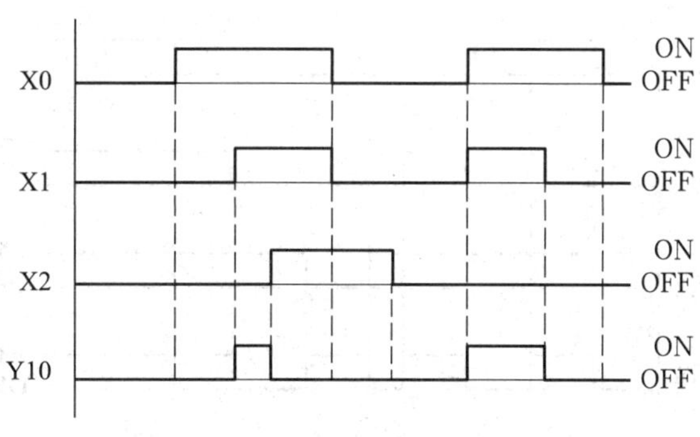

图 2-2-5 时序图

（4）指令使用说明

与前面直接串联的逻辑运算的结果，执行逻辑“与”运算。

（5）编程时的注意事项

1）当常开触点串联时，使用 AND 指令。

2）当常闭触点串联时，使用 ANI 指令。

3）AND 和 ANI 指令可连续使用。

3. OR 和 ORI 指令

（1）指令概述

OR：并联常开触点指令，把寄存器的内容与指定继电器的内容进行逻辑“或”运算，并把这一逻辑操作结果存入寄存器中。

ORI：并联常闭触点指令，把原来被指定的继电器内容取“反”，然后与寄存器的内容相“或”，并把这一逻辑操作结果存入寄存器中。

（2）操作数

X、Y、M、S、T、C 触点。

（3）编程实例

OR 和 ORI 指令的应用实例梯形图如图 2-2-6 所示。

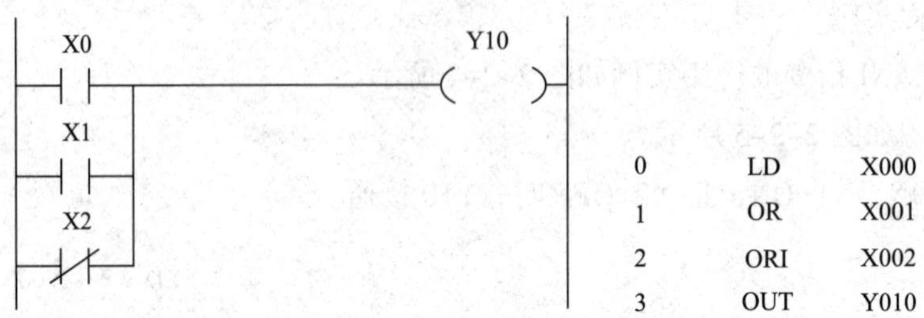

图 2-2-6　OR 和 ORI 指令的应用实例梯形图

其时序图如图 2-2-7 所示。

当 X0 或 X1 之一为 ON，或 X2=OFF 时，Y10 接通。

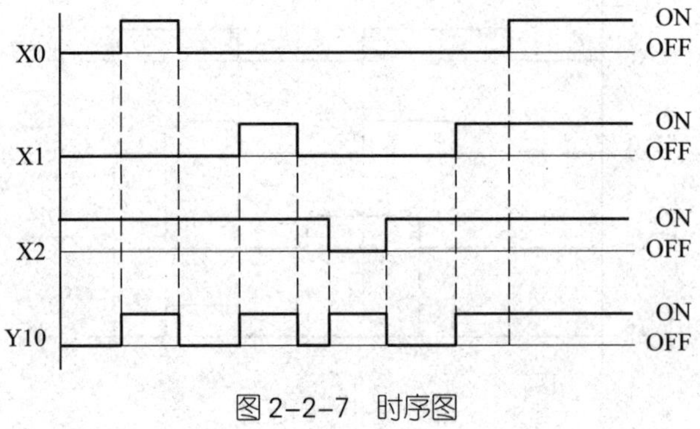

图 2-2-7　时序图

（4）指令使用说明

与并联的触点进行逻辑“或”运算。

（5）编程时的注意事项

1）当常开触点并联时，使用 OR 指令。

2）当常闭触点并联时，使用 ORI 指令。

3）OR 指令由母线开始。OR 和 ORI 指令可连续使用。

4. END 指令

（1）指令概述

END：PLC 运行程序时会循环反复进行输入处理、程序执行和输出处理，读取到 END 指令，则 END 以后的程序不再执行，直接进行输出处理。

（2）编程实例

END 指令的应用实例梯形图如图 2-2-8 所示。

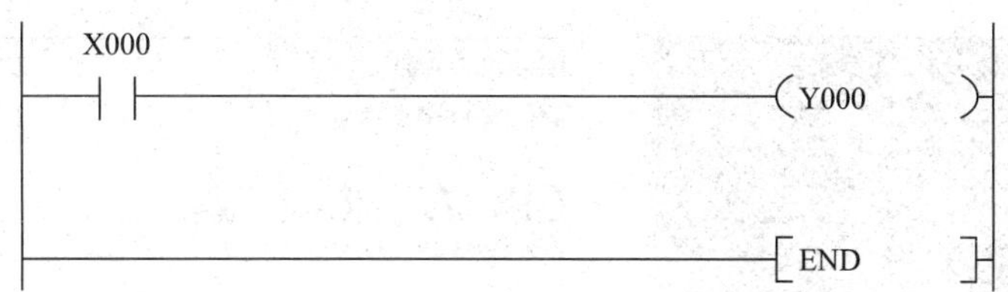

图 2-2-8　END 指令的应用实例梯形图

其具体功能如图 2-2-9 所示。

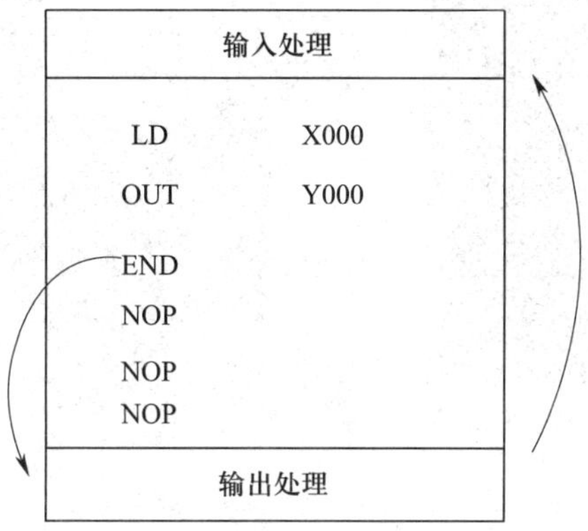

图 2-2-9　END 指令功能示意图

（3）指令使用说明

可编程序控制器重复执行“输入处理→执行程序→输出处理”过程，若在程序中写入 END 指令，则不执行此后的剩余程序步，而直接进行输出处理。

（4）编程时的注意事项

1）在程序中没有 END 指令时，PLC 一直处理到最终的程序步，然后从 0 步开始重复处理程序。

2）在程序调试阶段，在各段程序中插入 END 指令，可依次检查各程序段的动作，在确认前程序正确无误后，依次删除 END 指令。

3）PLC 从 RUN 开始时的首次执行是从执行 END 指令开始的。

三、GX Works2 编程软件的使用

1．启动编程软件

如图 2-2-10 所示，依次单击“开始”→“程序”→“MELSOFT 应用程序”→“GX Works2”即可打开程序。

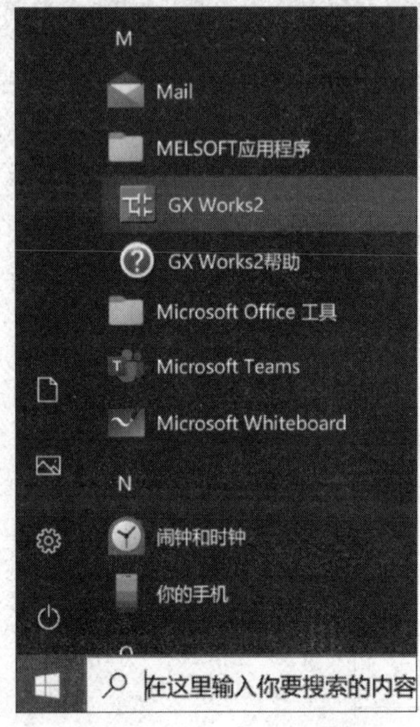

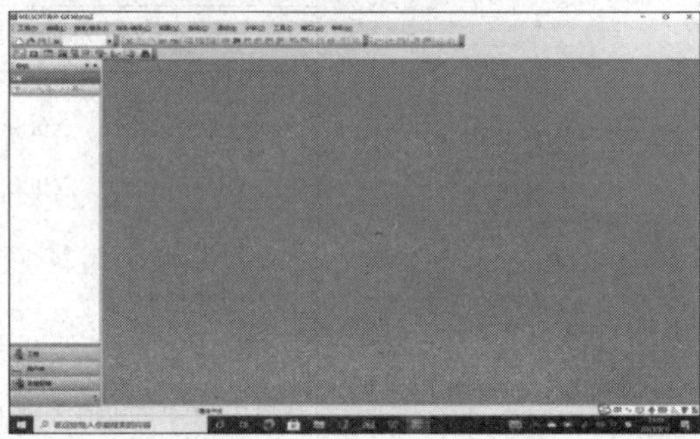

图 2–2–10　启动 GX Works2 编程软件

2. 新建工程

依次单击“工程（F）”→“新建工程（N）”或单击“工程”下面的第一个图标 🗋，即出现“新建工程”对话框，如图 2–2–11 所示。

在“新建工程”对话框中，“工程类型”选择“简单工程”，“PLC 系列”选择“FXCPU”，“PLC 类型”选择“FX3U/FX3UC”，“程序语言”选择默认的“梯形图”，然后单击“确定”按钮或者按回车键完成设置。单击“取消”按钮则不新建工程。设置完成后，出现如图 2–2–12 所示界面。

图 2–2–12 所示界面中引出线所示的名称、内容说明见表 2–2–2。

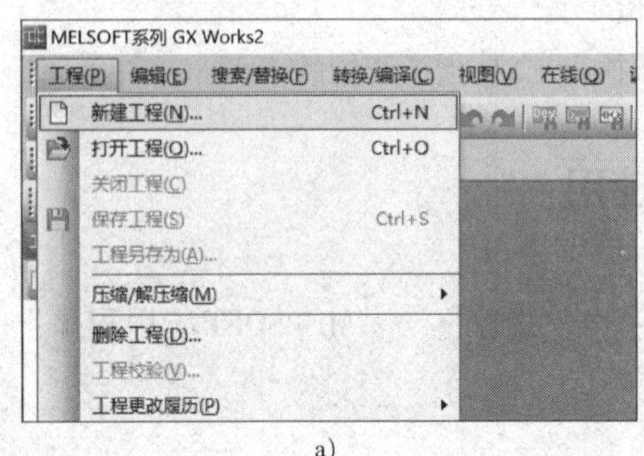

a）

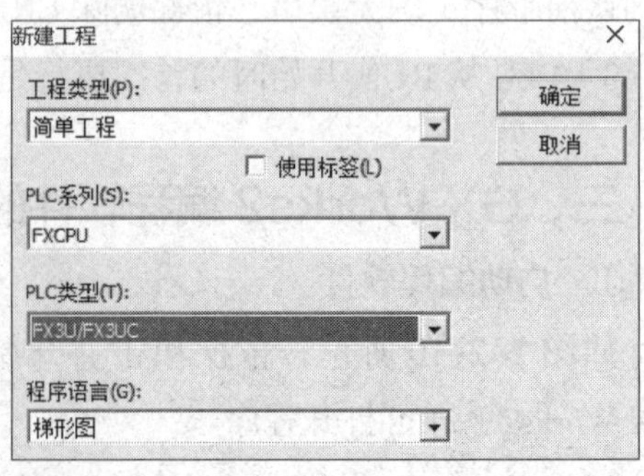

b）

图 2–2–11　新建工程

a）“新建工程”命令　b）“新建工程”对话框

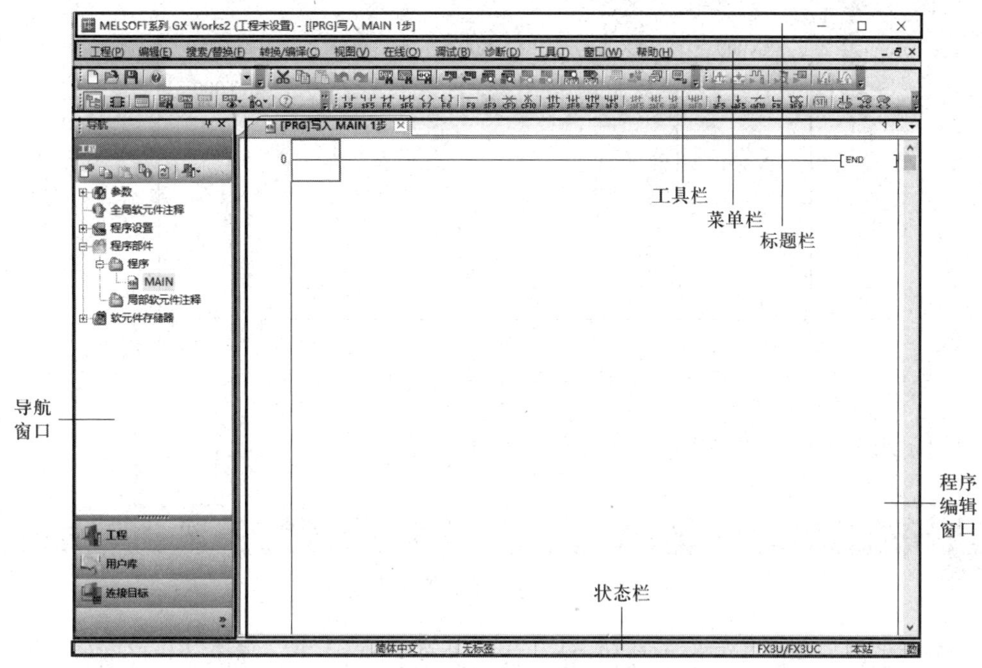

图 2-2-12 GX Works2 编程软件操作界面

表 2-2-2 操作界面说明

序号	名称	内容
1	标题栏	显示打开的工程文件名称、编程软件名称和其他信息
2	菜单栏	将 GX Works2 的全部功能按各种不同的用途组合起来，以菜单的形式显示。通过单击主菜单各选项及下拉子菜单中的命令，可进行相应的操作。菜单栏包含工程、编辑、搜索 / 替换、转换 / 编译、视图、在线、调试、诊断、工具、窗口、帮助共 11 个菜单
3	工具栏	将经常使用的功能以按钮的形式集中显示，工具栏内的按钮是执行各种操作的快捷方式之一，也可以通过“视图”→“工具栏”来选择要显示的快捷按钮
4	导航窗口	位于主窗口的左边，显示一个工程的分层树形结构，包括工程、用户库和连接目标，其中工程包括参数、程序设置、软元件存储器等
5	程序编辑窗口	位于主窗口的右边，是编辑梯形图和助记符程序的区域，完成程序的编辑、修改、监控等。当建好一个新的工程或者把一个新的 PLC 添加到工程中时，程序编辑窗口将显示一个空的梯形图视图
6	状态栏	位于窗口的底部，状态栏显示即时帮助、PLC 在线 / 离线状态、PLC 工作模式、连接的 PLC 和 CPU 类型、显示光标在程序窗口中的位置。可以通过“视图”→“状态栏”来打开和关闭状态栏

3. 输入梯形图

输入梯形图有两种方法，一种是利用工具栏中的快捷按钮输入，另一种是直接用键盘输入。下面以图 2-2-13 所示的一段简单程序为例说明这两种输入方法。

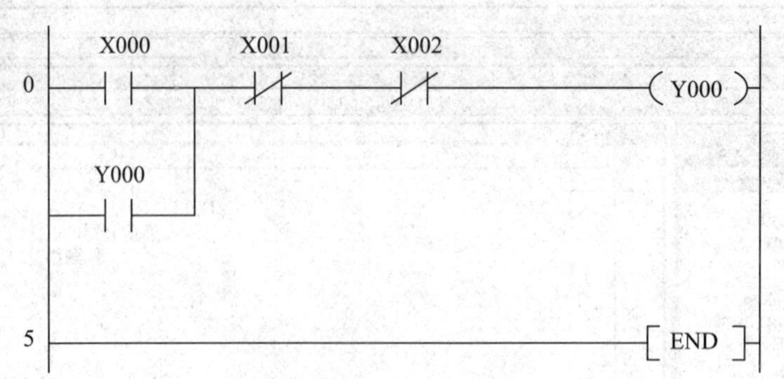

图 2-2-13　示例程序

（1）用工具栏中的快捷按钮（见图 2-2-14）输入

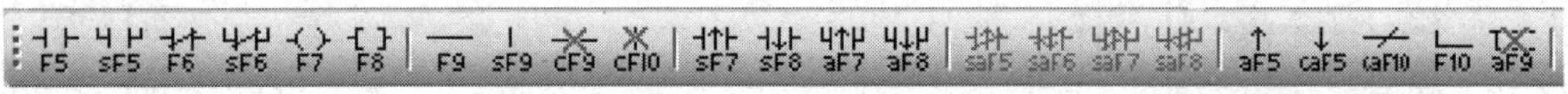

F5 sF5 F6 sF6 F7 F8 F9 sF9 cF9 cF10 sF7 sF8 aF7 aF8 saF5 saF6 saF7 saF8 aF5 caF5 caF10 F10 aF9

图 2-2-14　输入指令的快捷按钮

单击工具栏中的常开触点按钮 F5，或按键盘上的 F5 键，弹出“梯形图输入”对话框。在对话框中输入 X0，单击“确定”按钮，即可完成触点输入，如图 2-2-15 所示。用同样的方法输入 2 个常闭触点。

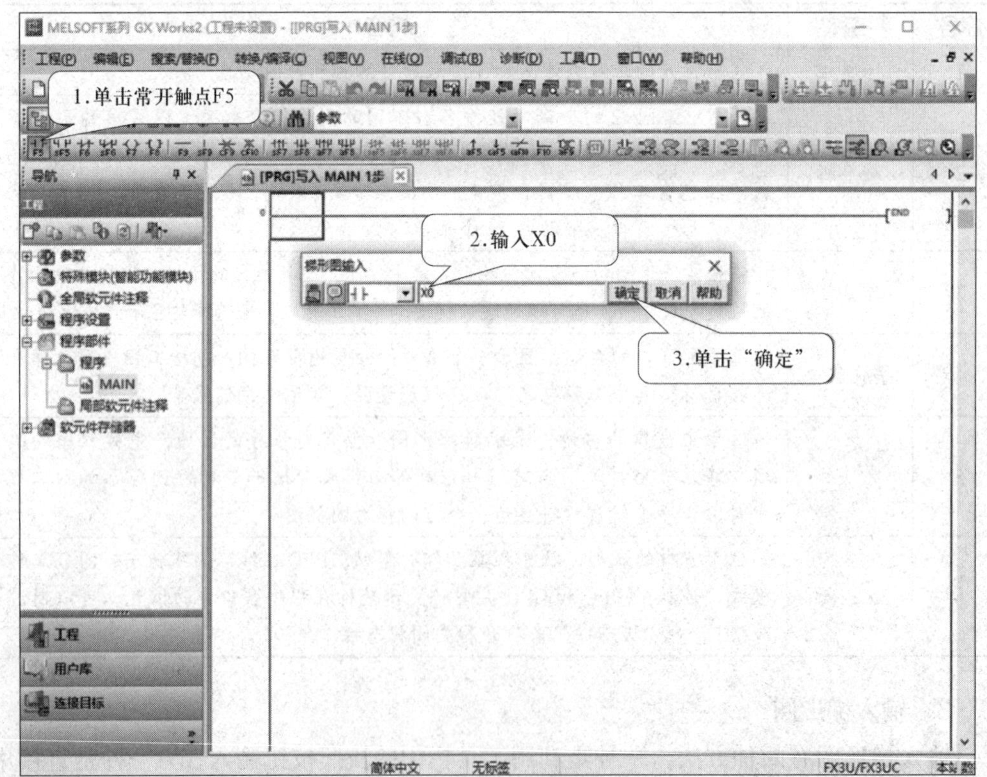

图 2-2-15　梯形图快捷键输入方法

单击工具栏中的线圈按钮 F7，或按键盘上的F7键，弹出“梯形图输入”对话框，在对话框中输入Y0，单击“确定”按钮，即可完成线圈输入，如图2-2-16所示。

单击常开触点按钮 sF5，或按键盘上的Shift+F5键，输入触点Y0。

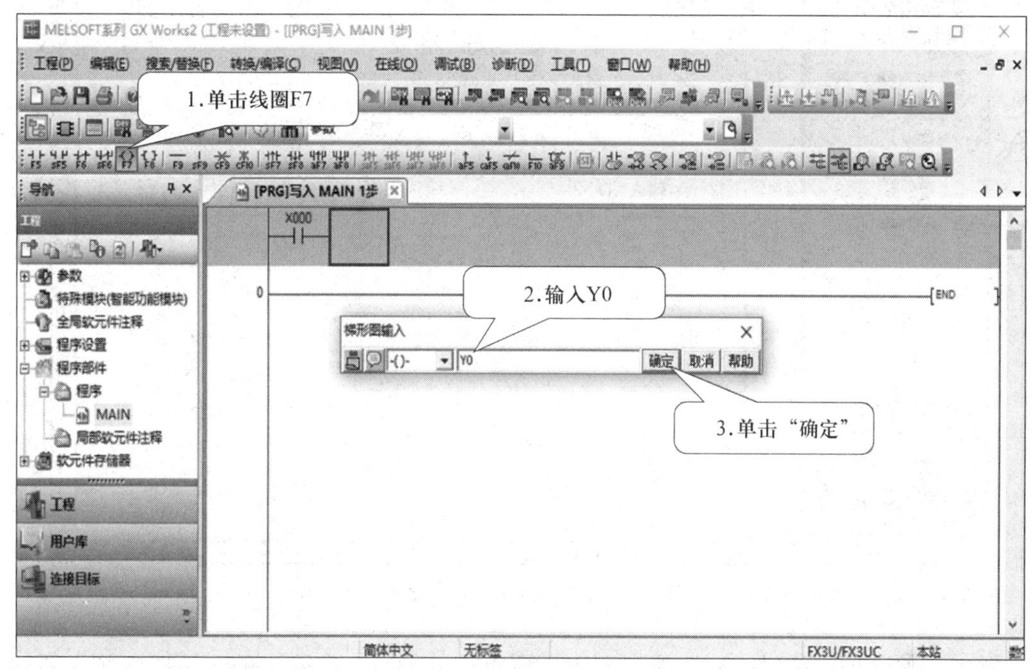

图2-2-16 梯形图快捷键输入方法

（2）从键盘输入

如果命令使用熟练，则可直接从键盘输入，效率更高。首先使光标处于第一行的首端。在键盘上直接输入“LD X0”，自动弹出“梯形图输入”对话框，再按回车键（Enter）即可完成触点输入，如图2-2-17所示，用同样的方法输入触点X1、X2。接着输入“OUT Y0”，再按回车键（Enter）完成线圈Y0输入。最后输入“OR Y0”，按回车键完成触点Y0的输入。

用键盘输入时，可以不管程序中各触点的连接关系，常开触点用LD，常闭触点用LDI，线圈用OUT，功能指令直接输入助记符和操作数，但要注意助记符和操作数之间用空格隔开。对于出现分支、自锁等关系，可以直接用竖线 sF9 补全。通过一定的练习和摸索，就能熟练地掌握程序输入的方法。

4. 编辑梯形图

在输入梯形图时，常需要对梯形图进行编辑，如插入、删除、添加注释等操作。

（1）触点的修改、添加和删除

1）修改：把光标移在需要修改的触点上，直接输入新的触点，按回车键确认，新

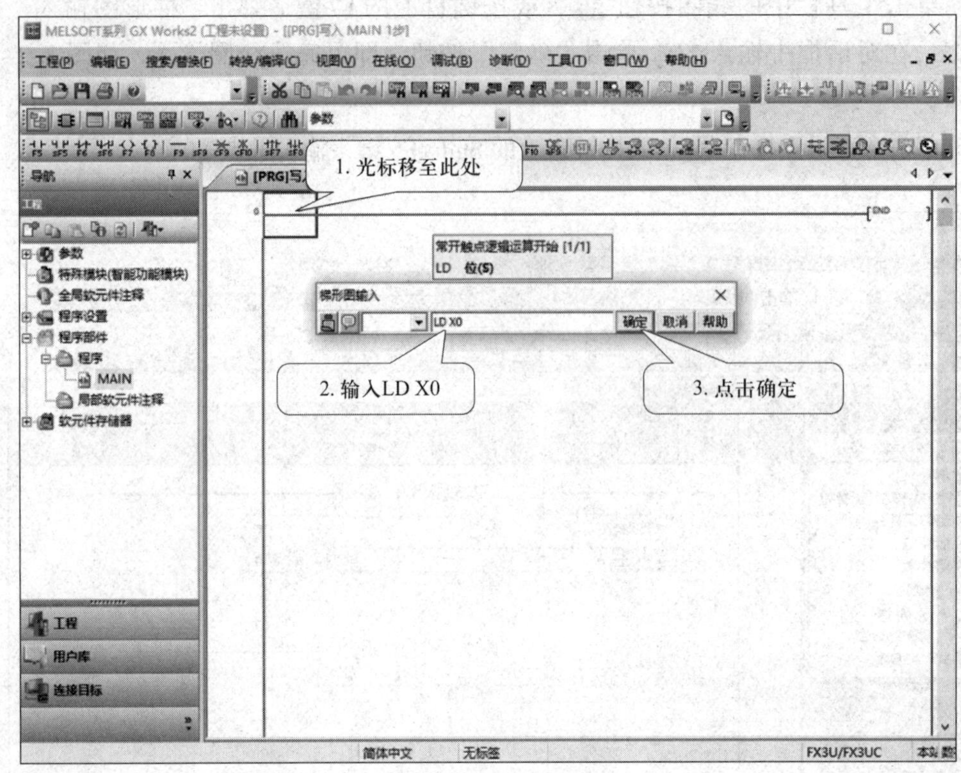

图 2-2-17 梯形图键盘输入法

的触点将覆盖原来的触点；也可以双击需要修改的触点，在弹出的对话框中输入新触点的标号，按回车键确认。

2）添加：把光标移在需要添加的触点处，直接输入新的触点，按回车键确认。

3）删除：把光标移在需要删除的触点上，按键盘上的 Delete 键，即可删除，再单击直线 F9，按回车键确认，用直线覆盖原来的触点。

（2）行插入和行删除

在进行程序编辑时，通常要插入或删除一行或几行程序，操作方法如下。

1）行插入：先将光标移到要插入行的位置，单击“编辑（E）”菜单，再单击“行插入（N）”，则在光标处出现一个空行，即可输入一行新的程序。

2）行删除：先将光标移到要删除行的位置，单击“编辑（E）”菜单，再单击“行删除（E）”，即可删除一行。需要注意的是，“END”是不能删除的。

（3）添加注释

双击左侧“导航”窗口中的“全局软元件注释”，出现如图 2-2-18 所示界面，在“软元件名”后输入元件名，按回车键确认，在列表中显示相关元件，在其后空格中即可编辑注释内容。注释完成后，回到程序界面，单击“视图”菜单下的“注解显示”，如图 2-2-19 所示，即可显示注释，如图 2-2-20 所示。

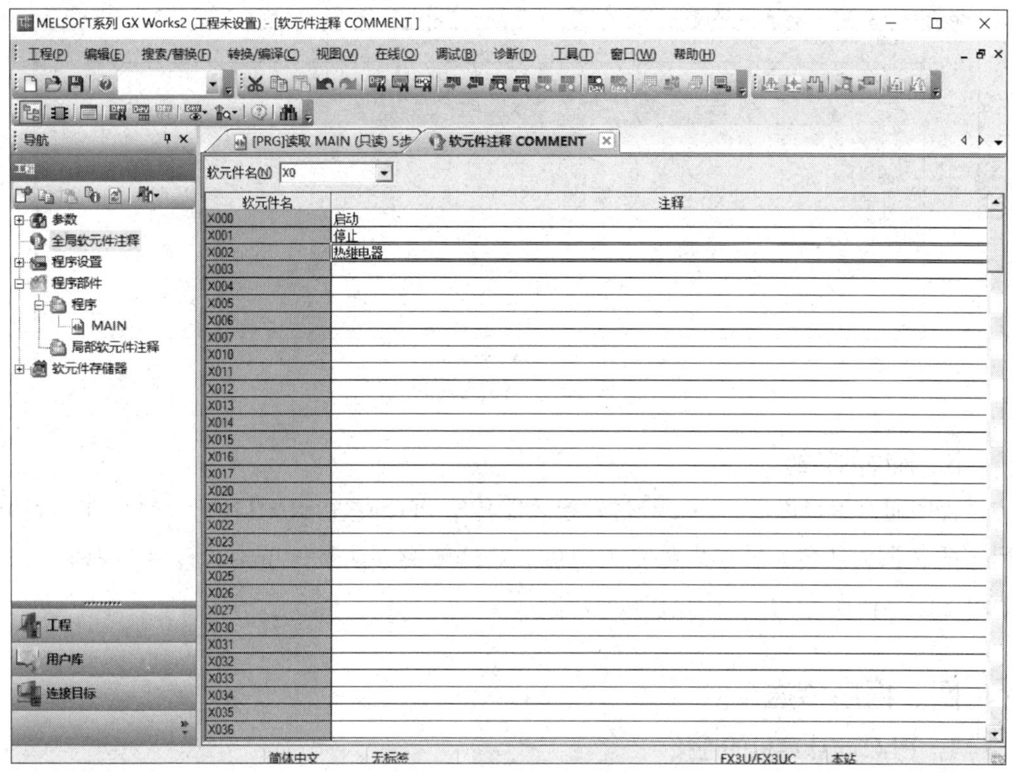

图 2-2-18 输入信号注释窗口

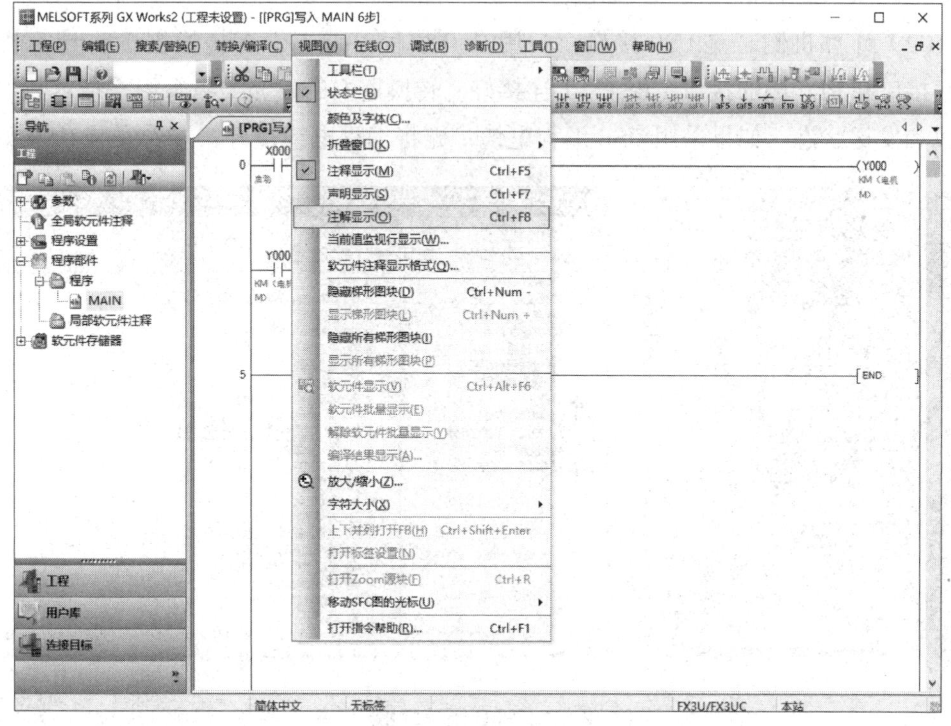

图 2-2-19 注释窗口

图 2-2-20 注释结果显示

5．程序的转换

程序通过编辑以后，还要经过转换才能传给 PLC 或进行仿真运行。转换前界面中程序的底色为灰色，转换后将变为白色。具体转换方法是，单击“转换 / 编译（C）”菜单下的“转换（B）”，或直接按 F4 键。

四、程序传送

1．PLC 与计算机的连接

（1）计算机侧若是串口（RS232 接口），用专用编程电缆将计算机的 RS232 接口和 PLC 的 RS422 接口连接好，如图 2-2-21a 所示。

（2）计算机侧若是 USB 接口，则用 USB 编程电缆（带有转换器）将计算机的 USB 接口和 PLC 侧的接口（RS422）连接好。转换器上的发光二极管用来指示数据的接收和发送状态。如果采用 USB 编程电缆，先将编程电缆接好，接着安装 USB 驱动

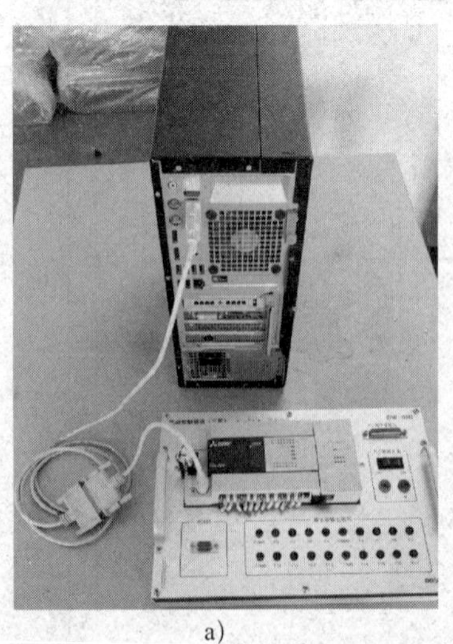

a)

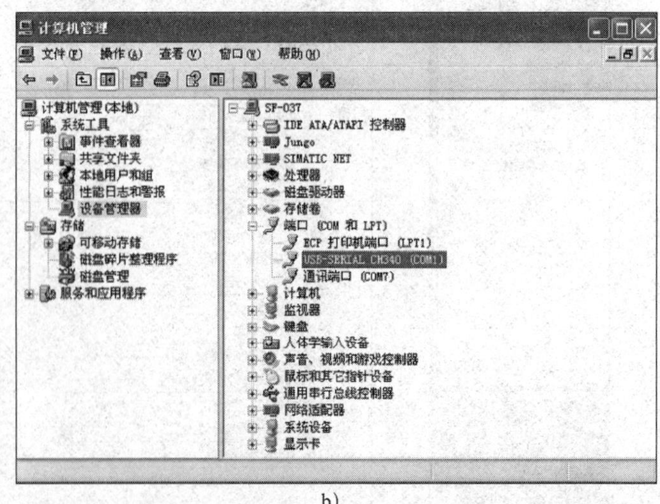

b)

图 2-2-21 PLC 与计算机的连接

a）接线示意图 b）设备管理器窗口

后才能使用，驱动安装后在计算机的设备管理器里会出现一个相对应的COM端口，如图2–2–21b所示。

2. 通信设置

程序编制完成后，单击左侧“导航”窗口中的“连接目标”，双击“当前连接目标”下的“Connection1”，出现如图2–2–22所示窗口，双击“Serial USB”，弹出串口详细设置对话框，选择计算机串口（注意保持与设备管理器里串口一致），其他项保持默认。单击“通信测试”，会弹出连接成功的小窗口，单击“确定”按钮，完成通信设置。

3. 程序的写入和读出

若要将计算机中编制好的程序写入到PLC，可单击“在线”菜单中的“PLC写入”，在弹出的对话框中选中“参数＋程序”，再单击“执行”按钮即可，如图2–2–23所示。将PLC中的程序读出到计算机中的操作与写入相似。

提示

程序通过编辑以后，若计算机界面的底色是灰色的，则要通过转换变成白色才能传给PLC或进行仿真运行。

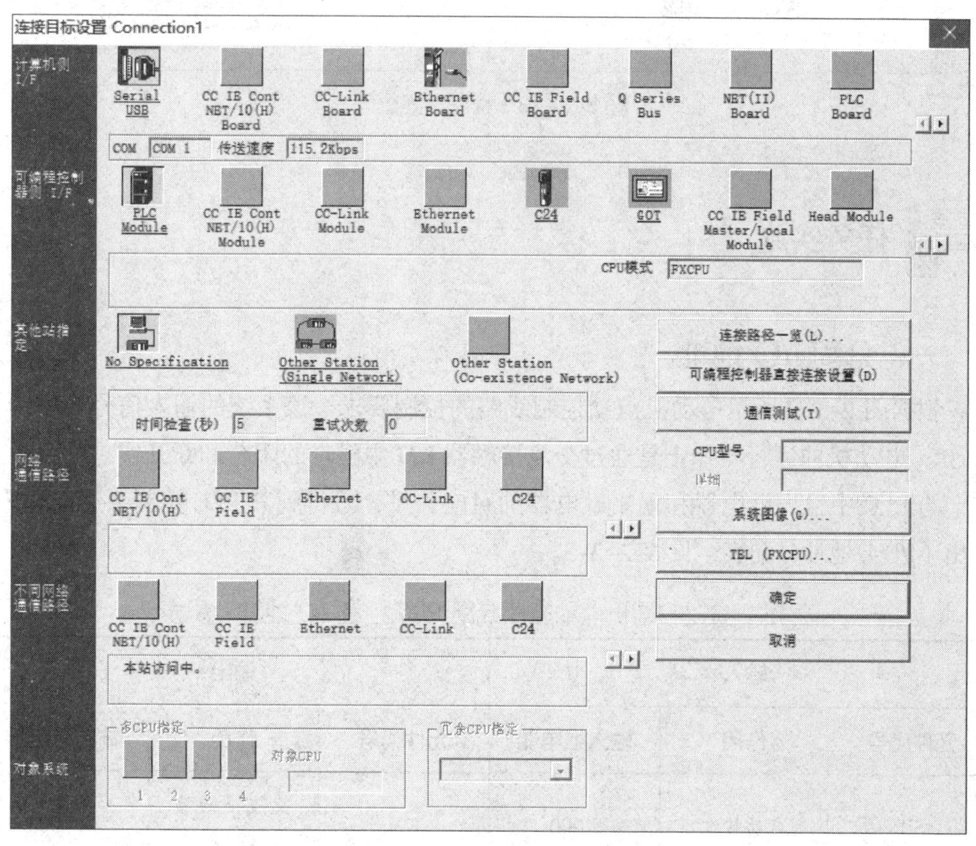

图2–2–22 传输设置画面

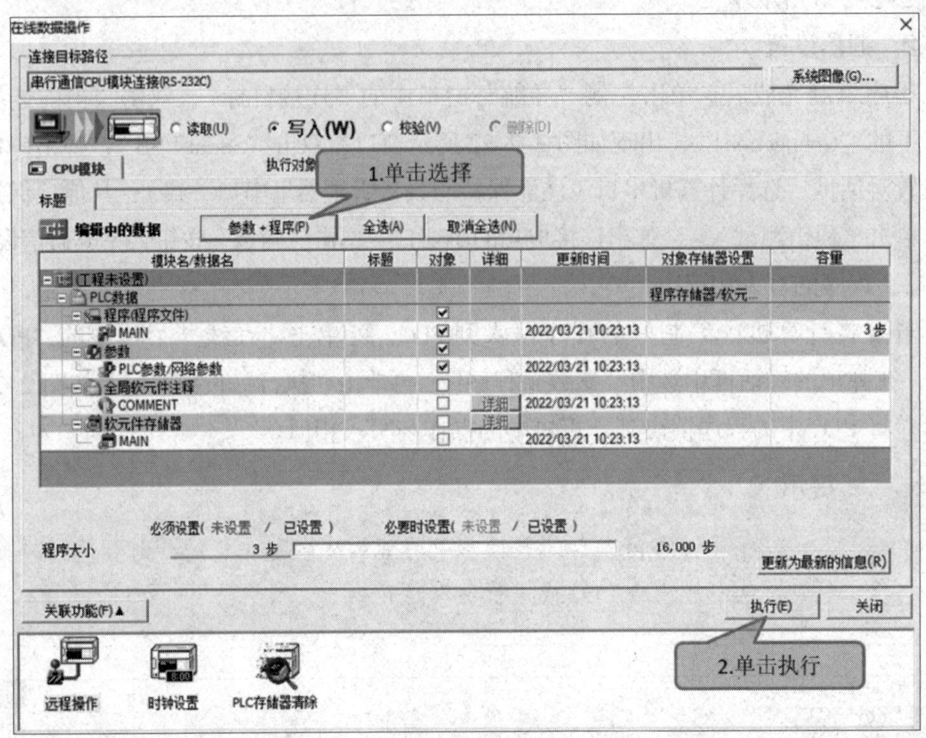

图 2–2–23　程序写入画面

任务实施

一、分配 I/O 地址

根据图 2–1–2 所示电动机点动控制线路的控制要求，该系统的输入信号为启动按钮 SB，电动机的运行与停止是通过交流接触器 KM 主触点的闭合和断开实现的，根据它们与 PLC 中输入继电器和输出继电器的对应关系，可得到其 PLC 控制系统的输入 / 输出（I/O）地址分配表，见表 2–2–3。

表 2–2–3　电动机点动控制线路 PLC 控制 I/O 地址分配表

输入			输出		
元件代号	作用	输入继电器	元件代号	作用	输出继电器
SB	启动按钮	X000	KM	交流接触器线圈	Y000

对比电动机点动控制线路和图 2–1–4 所示电动机自锁线路的控制要求，可知电动机自锁控制线路的输入信号在点动控制线路的基础上增加停止按钮 SB2、热继电器的保护触点 KH，输出信号不变，因此，根据它们与 PLC 中输入继电器和输出继电器的对应关系，可得到其 PLC 控制系统的输入 / 输出（I/O）端口地址分配表，见表 2–2–4。

表 2–2–4 电动机自锁控制线路 PLC 控制 I/O 地址分配表

输入			输出		
元件代号	作用	输入继电器	元件代号	作用	输出继电器
SB1	启动按钮	X000	KM	交流接触器线圈	Y000
SB2	停止按钮	X001			
KH	热继电器保护触点	X002			

二、绘制 PLC 硬件接线图

根据图 2–1–2 分析电动机点动控制线路控制要求可知，进行电动机点动控制线路的 PLC 系统改造，主电路不变，只需要将原控制电路部分改为 PLC 控制。按照表 2–2–3 电动机点动控制线路 PLC 控制 I/O 地址分配表，画出该系统 PLC 的外部接线图，如图 2–2–24 所示。

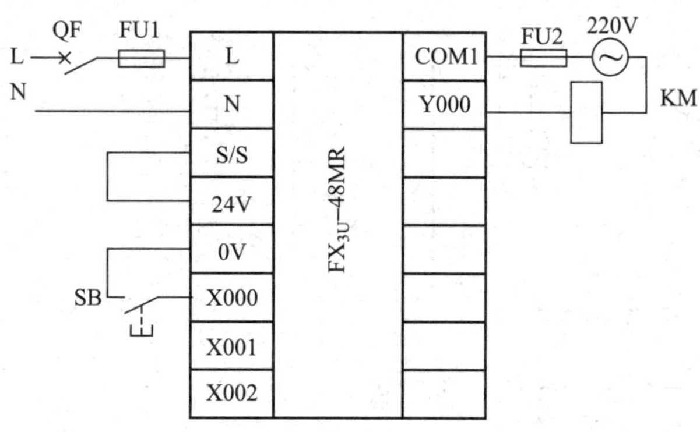

图 2–2–24 点动控制线路 PLC 外部接线图

在此基础上，增加按钮 SB2 和热继电器 KH，即可得到自锁控制线路，其外部接线如图 2–2–25 所示。需注意，此处连接的用于操作的按钮 SB2 应使用常开触点按钮。

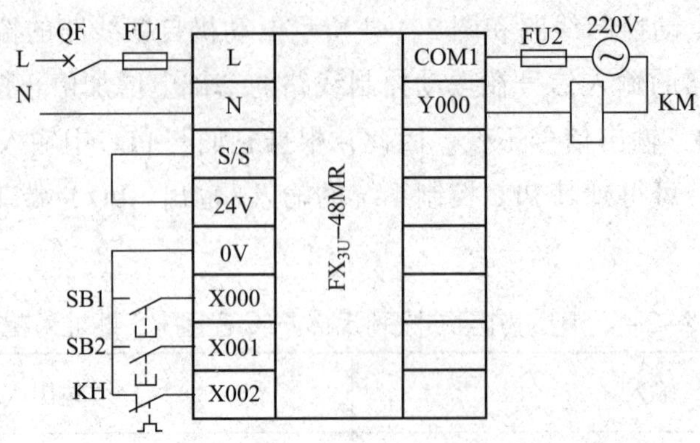

图 2–2–25　自锁控制线路 PLC 外部接线图

三、设计梯形图程序

梯形图编程语言是由继电器控制线路电气原理图演变而来的，它沿用了其中的触点、线圈、串并联等术语和图形符号，具有形象、直观、实用的特点，电气技术人员容易接受，是目前使用最多的一种 PLC 编程语言。二者的对应关系如图 2–2–26 所示。

根据图 2–1–2、图 2–1–4 所示控制线路，结合图 2–2–26 所示图形符号对应关系所设计的梯形图如图 2–2–27、图 2–2–28 所示。注意程序中 X001 与继电器控制电气原理图对应，为常闭触点，即无操作时 SB2 常开，X001 外电路断开，线圈不得电，触点保持常闭状态。

四、系统安装、运行与调试

1. 完成主电路的连接，再按照图 2–2–24、图 2–2–25 完成 PLC 控制电路的连接。

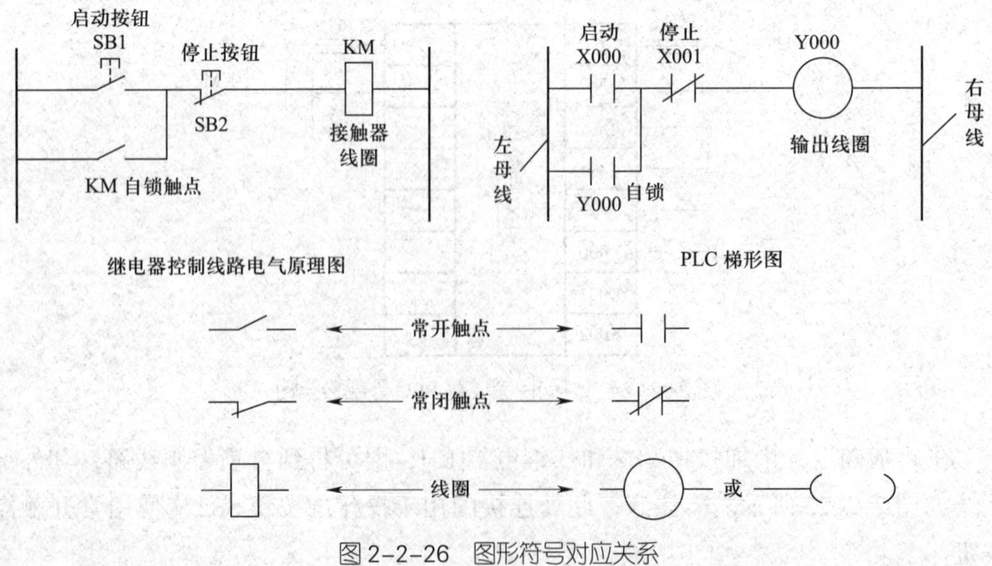

图 2–2–26　图形符号对应关系

SB
X000
输出
Y000
END

0 LD X000
1 OUT Y000
2 END

图 2-2-27 电动机点动控制线路 PLC 程序

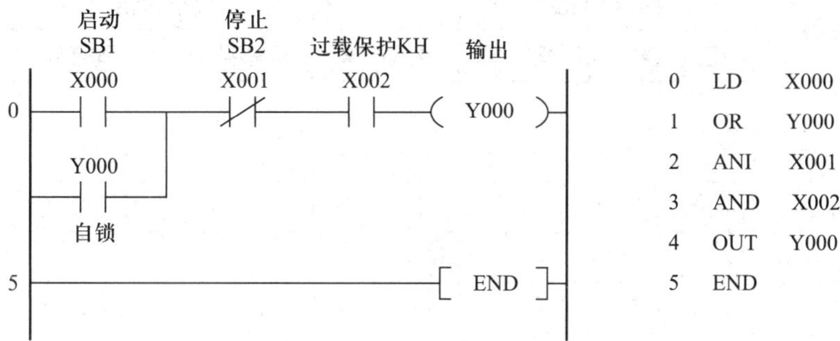

图 2-2-28 电动机自锁控制线路 PLC 程序

提示

接线时应注意：

（1）要核对 PLC 的电源规格。三菱 PLC 的电源电压为 AC 100 ~ 240 V，电压允许范围为 AC 85 ~ 264 V，频率为 50/60 Hz。

（2）从安全方面考虑，配线长度应控制在 20 m 以内。并且 PLC 的输入 / 输出线应与其他动力线分开 30 ~ 50 mm 以上进行配线。

2. 在断电情况下，连接好 PLC 编程电缆（PC/PPI 电缆）。

3. 接通电源，PLC 电源指示灯点亮，说明 PLC 已通电。将运行模式选择开关置于 STOP 位置，此时 PLC 处于停止状态，可以进行程序编写。

4. 在计算机上运行 GX Works2 编程软件，编写程序并下载到 PLC 中。

5. 调试运行。

（1）点动控制

将运行模式选择开关置于 RUN 位置，按下按钮 SB，输入继电器 X000 得电，Y000 线圈得电，PLC 的输出指示灯 Y000 点亮，交流接触器 KM 线圈得电，主触点闭合，电动机运转。松开按钮 SB，输入继电器 X000 失电，Y000 线圈失电，PLC 的输出指示灯 Y000 熄灭，交流接触器 KM 线圈失电，主触点断开，电动机停转。

（2）自锁控制

将运行模式选择开关置于 RUN 位置，按下启动按钮 SBl，输入继电器 X000 得电，Y000 线圈得电，PLC 的输出指示灯 Y000 点亮，交流接触器 KM 线圈得电，主触点闭合，电动机运转。当按下停止按钮 SB2，输入继电器 X001 得电，X001 常闭触点断开，Y000 线圈失电，交流接触器 KM 失电，电动机停转。

6. 记录程序调试过程及结果（见表 2-2-5）

表 2-2-5　系统调试运行情况记录表

操作步骤	操作内容	观察内容					
		指示 LED		输出设备			
		正确结果	观察结果	正确结果	观察结果	正确结果	观察结果
点动控制							
1	按下 SB1	Y000 点亮		KM 吸合		连续运行	
2	松开 SB1	Y000 熄灭		KM 释放		停止运行	
自锁控制							
1	按下 SB1	Y000 点亮		KM1 吸合		连续运行	
2	按下 SB2	Y000 熄灭		KM1 断开		停止运行	
3	KH 常闭触点断开	X002 熄灭		KM1 断开		停止运行	
问题及处理方法							
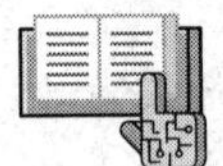 安全提示		运行与调试结束后必须关断电源					

任务测评

对任务实施的完成情况进行检查，并参照表 2-2-6 进行评分。

表 2-2-6　任务评价表

序号	考核内容	考核要求	评分标准	配分	扣分	得分
1	电路设计	根据任务，设计电路电气原理图，列出 PLC 控制 I/O 口元件地址分配表，根据加工工艺，设计梯形图及 PLC 控制 I/O 口接线图	1. 电气控制原理设计功能不全，每缺一项功能扣 3 分 2. 电气控制原理设计错误，扣 20 分 3. 输入 / 输出地址遗漏或搞错，每处扣 3 分	30		

续表

序号	考核内容	考核要求	评分标准	配分	扣分	得分
1	电路设计	根据任务，设计电路电气原理图，列出 PLC 控制 I/O 口元件地址分配表，根据加工工艺，设计梯形图及 PLC 控制 I/O 口接线图	4. 梯形图表达不正确或画法不规范，每处扣 1 分 5. 接线图表达不正确或画法不规范，每处扣 2 分			
2	安装与接线	按 PLC 控制 I/O 口接线图正确安装与接线	1. 布线不符合要求，不美观，主电路、控制电路每根扣 1 分 2. 接点松动、露铜过长、压绝缘层，标记线号不清楚、遗漏或误标，引出端无别径压端子，每处扣 1 分	20		
3	运行与调试	正确地将所编程序输入 PLC；按照被控设备的动作要求进行模拟调试，达到设计要求	1. 不会正确输入 PLC 程序，扣 5 分 2. 不会在线调试、修改程序，扣 5 分 3. 运行调试达不到设计要求，每项功能扣 5 分	40		
4	安全文明生产	劳动保护用品穿戴整齐；遵守操作规程；及时清理场地	1. 违反安全文明生产考核要求的任何一项扣 2 分，扣完为止 2. 操作结束，不及时清理场地扣 5 分 3. 操作过程中，出现重大安全事故扣 10 分	10		
合计				100		

知识拓展

停止按钮及热继电器保护触点的处理

一、停止按钮的处理

在本次任务的实施过程中，停止按钮使用的是常开触点，但是在继电器控制线路中停止按钮一般采用常闭触点，如果在 PLC 系统设计时停止按钮也采用常闭触点，梯形图程序应如何处理？

图 2-2-29 所示为停止按钮接常闭触点时的接线图和梯形图。正常运行时，SB2 没有按下，X001 的外电路接通，X001 的线圈得电，其常开触点为闭合状态。当按下 SB2 时，X001 的外电路断开，X001 的线圈失电，其常开触点复位，Y000 失电，电动机停转。

通过分析图 2-2-28、图 2-2-29 可知，PLC 外接的停止按钮既可以接常开触点，也可以接常闭触点。若输入为常闭触点，则在程序中触点要采用常开触点；若输入为常开触点，则在程序中触点要采用常闭触点。

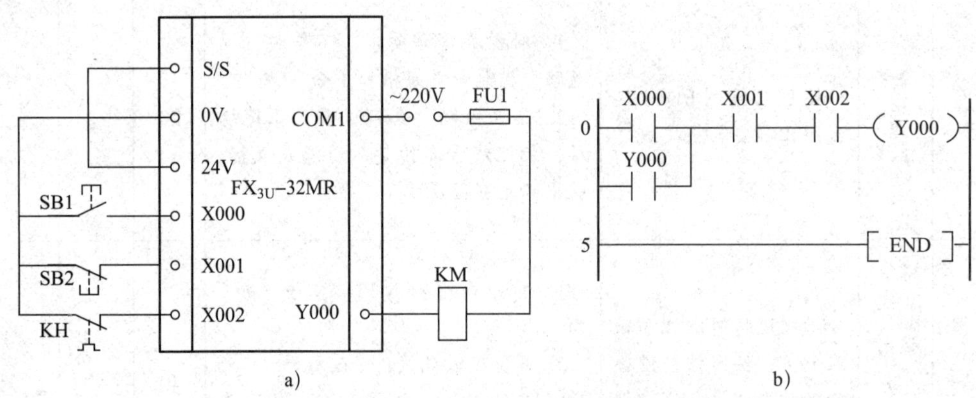

图 2-2-29　停止按钮接常闭触点时的接线图和梯形图

a）接线图　b）梯形图

二、热继电器保护触点的处理

为了节省成本，应尽量少占用 PLC 的 I/O 点数，因此有时也将热继电器的常闭触点串联在其他常闭触点或 PLC 负载输出回路上。在图 2-2-30a 中，将热继电器的常闭触点与停止按钮的常闭触点串联后接在 X001 上；在图 2-2-30b 中，将热继电器的常闭触点与输出端交流接触器的线圈串联。这两种接法都可以节省一个输入点。

需要注意的是，如果热继电器属于自动复位型，其动作后电动机停转，其串联在主电路中的热元件冷却后，其触点会自动恢复原状。如果按照图 2-2-30b 的接法，这种热继电器的常闭触点仍然接在 PLC 的输出电路中，电动机停转一段时间后会因热继电器的触点恢复原状而自动重新运转，可能会造成设备和人身伤害事故。因此，有自动复位功能的热继电器的常闭触点不能接在 PLC 的输出电路，必须将它的触点接在 PLC 的输入端，借助于梯形图程序来实现过载保护。

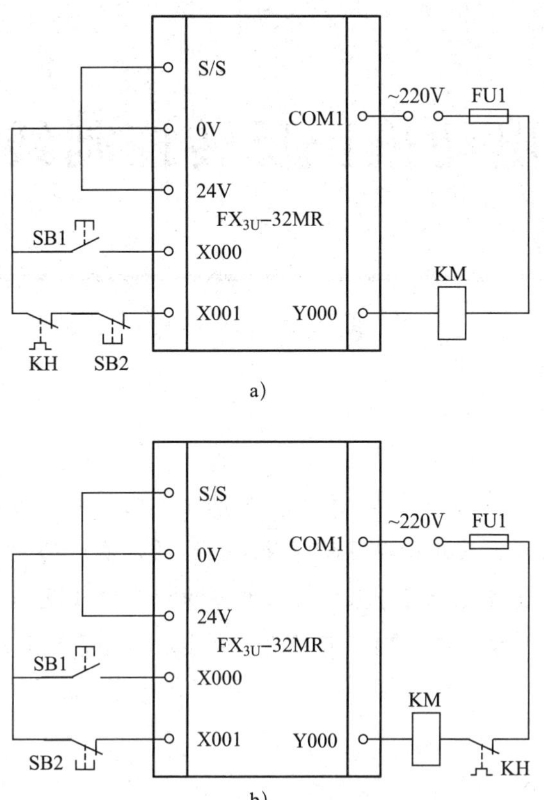

图 2-2-30 热继电器保护触点接线图

a）热继电器常闭触点与停止按钮串联 b）热继电器常闭触点与输出端交流接触器线圈串联

项目三
三相异步电动机正反转控制线路的安装与调试

在实际生产中，经常需要电动机作正、反两个方向转动。例如，起重机吊钩的升降运动、铣床铣刀的正、反向旋转运动以及工作台的左右运动等，都是通过电动机正反转实现的。本项目通过2个任务来学习三相异步电动机正反转控制线路的安装与调试，学习如何分别通过继电器和PLC两种方式来实现三相异步电动机的正反转。

任务1 继电器实现的正反转控制线路安装与调试

学习目标

知识目标：

1. 掌握正反转控制线路的分析方法。
2. 学会正反转控制线路的工作原理和安装调试方法。

能力目标：

1. 能根据控制要求，选择合适型号的低压电器。
2. 能正确绘制接触器互锁正反转控制线路的位置图和接线图。
3. 能按照工艺要求正确安装接触器互锁正反转控制线路。
4. 能根据故障现象，正确检修接触器互锁正反转控制线路。

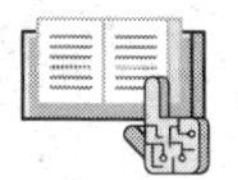

任务引入

在生产与生活中，经常遇到要求电动机具有正、反转控制功能的情况。例如，电动伸缩门、起重机吊钩的升降运动、机床工作台的前进与后退、电梯的上升与下降等均需要对电动机进行正、反转控制，如图 3–1–1 所示。本任务就是安装并调试三相异步电动机正反转控制线路。

a)

b)

图 3–1–1　电动机正反转控制线路应用示例

a）自动伸缩门　b）电梯

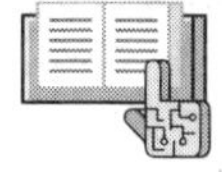

相关知识

根据电动机的工作原理可知，只要改变电动机电源相序即可实现其正转和反转的转换。在图 3–1–2 所示接触器互锁正反转控制线路中，采用了两个接触器，分别控制电动机的正转与反转。从主电路中可以看出，这两个接触器的主触头所接通的电源相序不同，接触器 KM1 按 L1—L2—L3 相序接线，接触器 KM2 则按 L3—L2—L1 相序接线，这两个接触器实现了三相异步电动机三相交流电源的换相，即实现了电动机正反转。相应地，控制电路有两条：一条是由按钮 SB1 和接触器 KM1 线圈等组成的正转控制电路；另一条是由按钮 SB2 和接触器 KM2 线圈等组成的反转控制电路。

一、接触器互锁正反转控制线路

1．工作原理分析

接触器互锁正反转控制线路的工作原理如下：

先合上电源开关 QF。

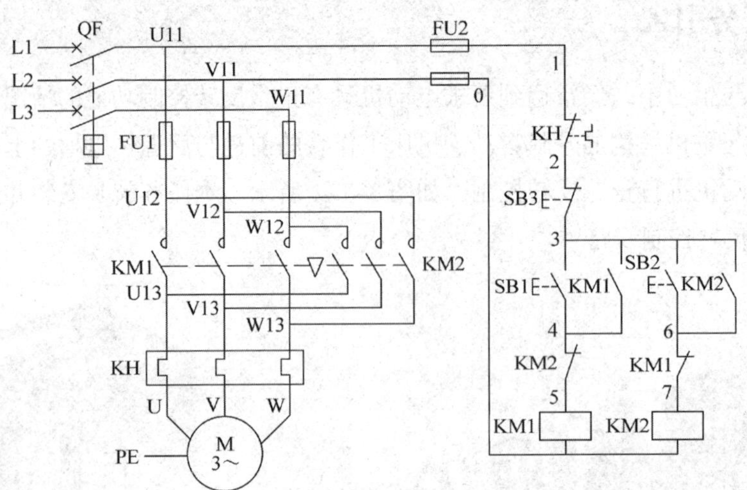

图 3-1-2　三相异步电动机接触器互锁正反转控制线路

（1）正转控制

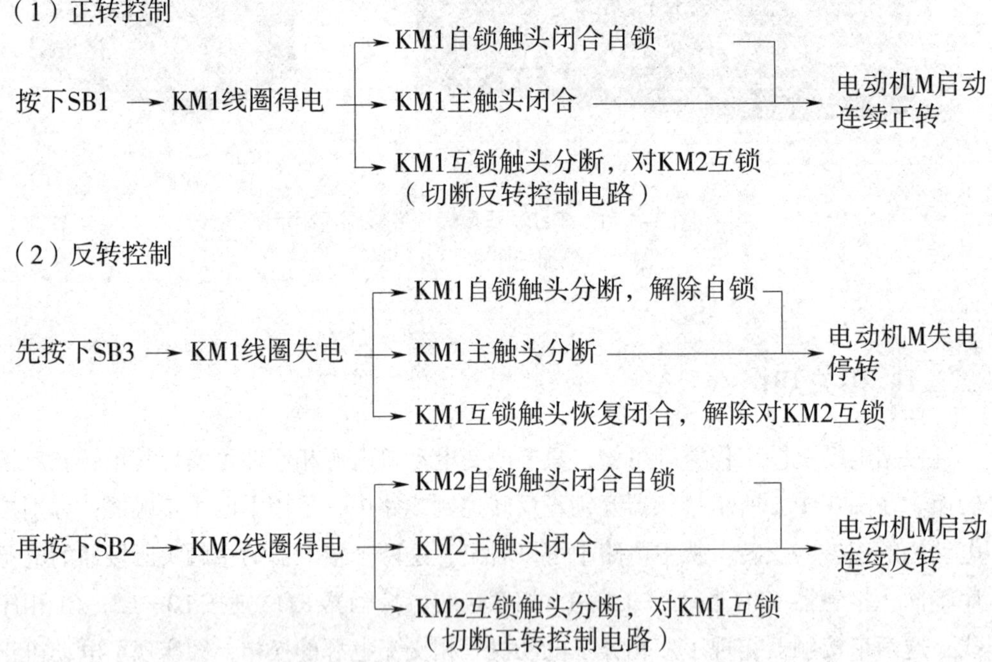

（3）停止控制

按下停止按钮SB3→控制电路失电→KM1（或KM2）主触头分断→电动机M失电停转

停止使用时，断开电源开关 QF。

此电路的优点是工作安全、可靠，即使一个接触器发生熔焊故障，主电路也不会发生电源相间短路事故；缺点是操作不便，因电动机从正转变为反转时，必须先按下停止按钮后，才能按反转启动按钮；否则由于接触器的互锁作用，电动机不能实现反转。

提示

从接触器互锁正反转控制线路的工作原理分析可知，接触器 KM1 和 KM2 的主触头绝不允许同时闭合，否则将造成两相电源（L1 相和 L3 相）相间短路事故。为了避免两个接触器 KM1 和 KM2 同时得电动作，在正、反转控制线路中分别串接了对方接触器的一对辅助常闭触头，这样，当一个接触器得电动作时，通过其辅助常闭触头使另一个接触器不能得电动作。接触器之间这种相互制约的作用称为接触器互锁（或联锁）。实现互锁作用的接触器辅助常闭触头称为互锁触头（或联锁触头），互锁符号用“▽”表示。

2. 常见故障及其处理

三相异步电动机接触器互锁正反转控制线路常见的故障现象及故障点见表 3–1–1。

表 3–1–1 常见的故障现象及故障点

故障现象	故障点
按下 SB2，电动机不运转；按下 SB1，电动机运转正常	KM1 线圈断路或 SB2 损坏产生断路
按下 SB2 电动机正常运转，但先按下 SB3 再按下 SB1 后电动机不反转	KM2 线圈断路或 SB1 损坏产生断路
按下 SB3 不能停车	SB3 熔焊
合上 QF 后，熔断器 FU2 熔断	KM1 或 KM2 线圈、触点短路
合上 QF 后，熔断器 FU1 熔断	KM1 或 KM2 短路；电动机相间短路；正反转主电路换相线接错
按下 SB2 后电动机正转运行，先按下 SB3 再按下 SB1，FU1 熔断	正反转主电路换相线接错

二、接触器、按钮双重联锁正反转控制线路

在接触器、按钮双重联锁正反转控制线路中，采用了两个复合按钮，它是在接触器互锁正反转控制线路的基础上，在接触器线圈回路中分别串接了对方复合按钮的常闭触头，得到了如图 3–1–3 所示的控制线路，请读者自行分析其工作原理。

通过分析接触器、按钮双重联锁正反转控制线路工作原理可知，该线路的优点是电动机从正转变为反转时，无须先按下停止按钮，直接按下反转启动按钮就能实现反转，增加了线路操作方便性和工作安全可靠性；缺点是在直接进行电动机正、反转切换时，电动机的反接电流很大，会影响电动机的使用寿命，因此，双重联锁正反转控制线路仅适用小容量电动机的控制。

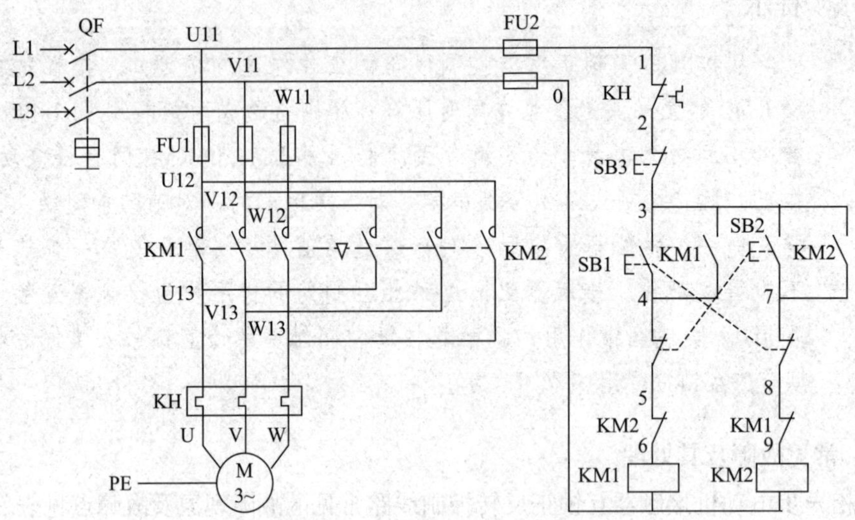

图 3-1-3　接触器、按钮双重联锁正反转控制线路

三、电气线路的检修方法

1. 电压测量法

电压测量法是指利用万用表测量电气线路上某两点间的电压值来判断故障点的范围或故障元件的方法。电压测量法有分阶测量法和分段测量法两种方法，如图 3-1-4 所示。

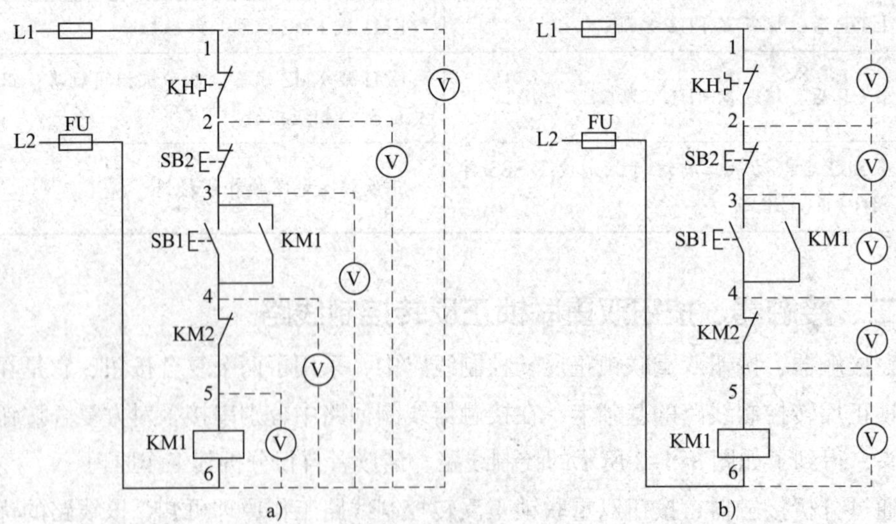

图 3-1-4　电压测量法
a）分阶测量法　b）分段测量法

（1）分阶测量法

使用电压的分阶测量法检查的步骤如下：

先用万用表测量 1–6 两点间的电压，若电源电压正常，应为 380 V。

按住启动按钮 SB1 不放，同时将黑色表笔接到点 6 上，红色表笔按 5、4、3、2 标号依次向前移动，分别测得 6–5、6–4、6–3、6–2 各阶的电压。电路正常的情况下，各阶的电压值均为 380 V。如测到某阶无电压，说明前面电路存在断路故障，此时可以将红色表笔向前移动，当移至某点（如点 2）时电压正常，说明该点以后的触点或接线有电路故障。

（2）分段测量法

使用电压的分段测量法检查的步骤如下：

1）先用万用表测试 1–6 两点间的电压，若电压值为 380 V，说明电源电压正常。

2）将红、黑两根表笔逐段测量相邻两标号点 1–2、2–3、3–4、4–5、5–6 间的电压。

3）按下启动按钮 SB1 后，上述任何相邻两点间的电压值均为零，则电路正常。

4）按下启动按钮 SB1 后，接触器 KM1 不吸合，说明发生断路故障，此时可用电压表逐段测试各相邻两点间的电压。如测量到某相邻两点间的电压为 380 V 时，说明这两点间所包含的触点、连接导线接触不良。

2. 电阻测量法

电阻测量法是指利用万用表测量电气线路上某两点间的电阻值来判断故障点的范围或故障元件的方法。电阻测量法也有分阶测量法与分段测量法两种方法，如图 3–1–5 所示。

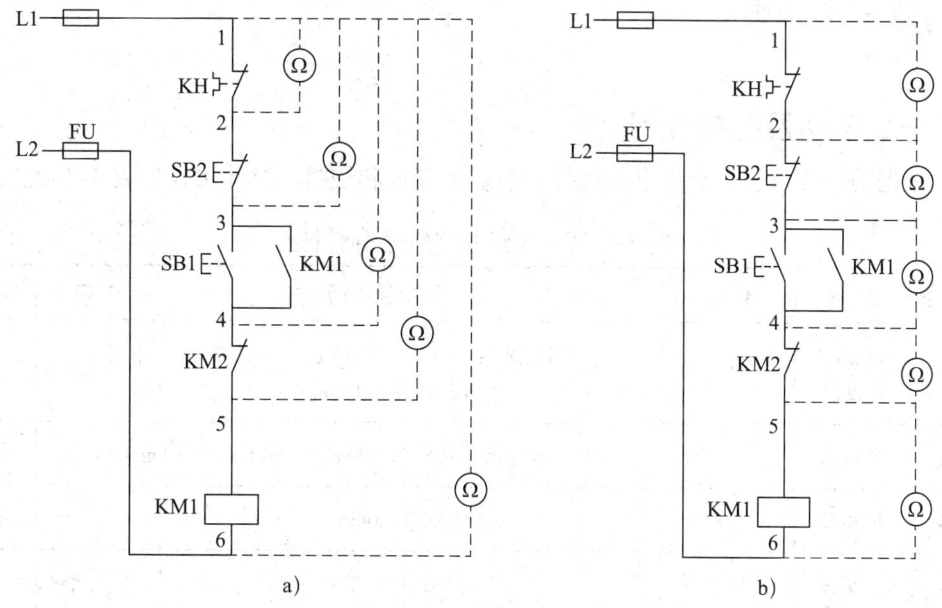

图 3–1–5 电阻测量法

a）分阶测量法 b）分段测量法

（1）分阶测量法

如按下启动按钮 SB1 后，接触器 KM1 不吸合，说明该电器回路有断路故障。

用万用表的电阻挡检测前应先断开电源，然后按下 SB1 不放，先测量 1–6 两点间的电阻，如电阻值为无穷大，说明 1–6 之间的电路存在断路现象。然后分阶测量 1–2、1–3、1–4、1–5、1–6 各点间电阻值。若电路正常，则所测两点间的电阻值为 0。若测量到某标号间的电阻值为无穷大，则说明表笔刚跨过的触头或连接导线断路。

（2）分段测量法

用万用表的电阻挡检查时，先切断电源，按下启动按钮 SB1，然后依次逐段测量相邻两标点 1–2、2–3、3–4、4–5、5–6 间的电阻，如某两点间电阻值为无穷大，说明这两点间的触点或连接导线断路。例如，当测得 2–3 两点间的电阻为无穷大时，说明停止按钮 SB2 或连接 SB2 的导线断路。

提示

1. 用电阻测量法检查故障时一定要断开电源。

2. 如被测的电路与其他电路并联时，必须将该电路与其他电路断开，否则所测得的电阻值是不准确的。

3. 测量高电阻值的电气元件时应将万用表的选择开关旋转至合适的电阻挡。

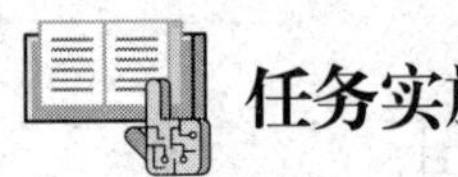

任务实施

一、设备及器材选用

根据图 3–1–2 及控制要求来选择设备、元器件和线材。具体选择见表 3–1–2。

表 3–1–2　设备及器材选用明细表

序号	名称	代号	型号及规格	单位	数量
1	三相异步电动机	M	Y112M–4、4 kW、380 V、△形接法、8.8 A、1 440 r/min	台	1
2	配线板	—	网孔板或木工板，尺寸为 600 mm × 500 mm × 20 mm	块	1
3	断路器	QF	DZ5–20/330	个	1
4	熔断器	FU1	RL1–60/25	个	3
5	熔断器	FU2	RL1–15/2	个	2

续表

序号	名称	代号	型号及规格	单位	数量
6	交流接触器	KM1、KM2	CJ10–20、线圈电压 380 V、20 A	个	2
7	热继电器	KH	JR36–20，整定电流 8.8 A	个	1
8	按钮	SB1、SB2、SB3	LA10–3H	个	1
9	主电路导线	—	BV1.5 mm^2 或 BVR1.5 mm^2（黑色）	m	若干
10	控制线路导线	—	BV1 mm^2（红色）	m	若干
11	按钮线	—	BVR0.75 mm^2（红色）	m	若干
12	接地线	—	BVR1.5 mm^2（黄绿双色）	m	若干
13	端子排	XT	JX2–1015，500 V、10 A、15 节	条	1
14	紧固件和编码套管	—	—	—	若干

二、检测设备及器材

电气设备及器材选择后，要检查其数量是否齐全，外观、触头是否完好，是否符合任务中技术参数要求，如存在问题，应予以维修或更换。

三、绘制位置图和接线图

绘制出接触器互锁正反转控制线路的位置图和接线图，如图 3–1–6 和图 3–1–7 所示。

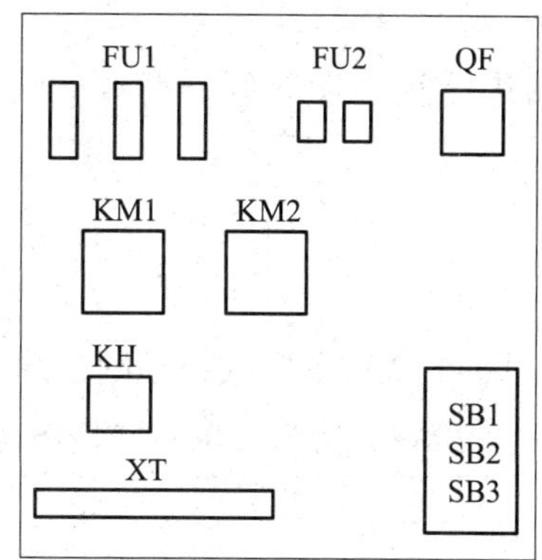

图 3–1–6　接触器互锁正反转控制线路位置

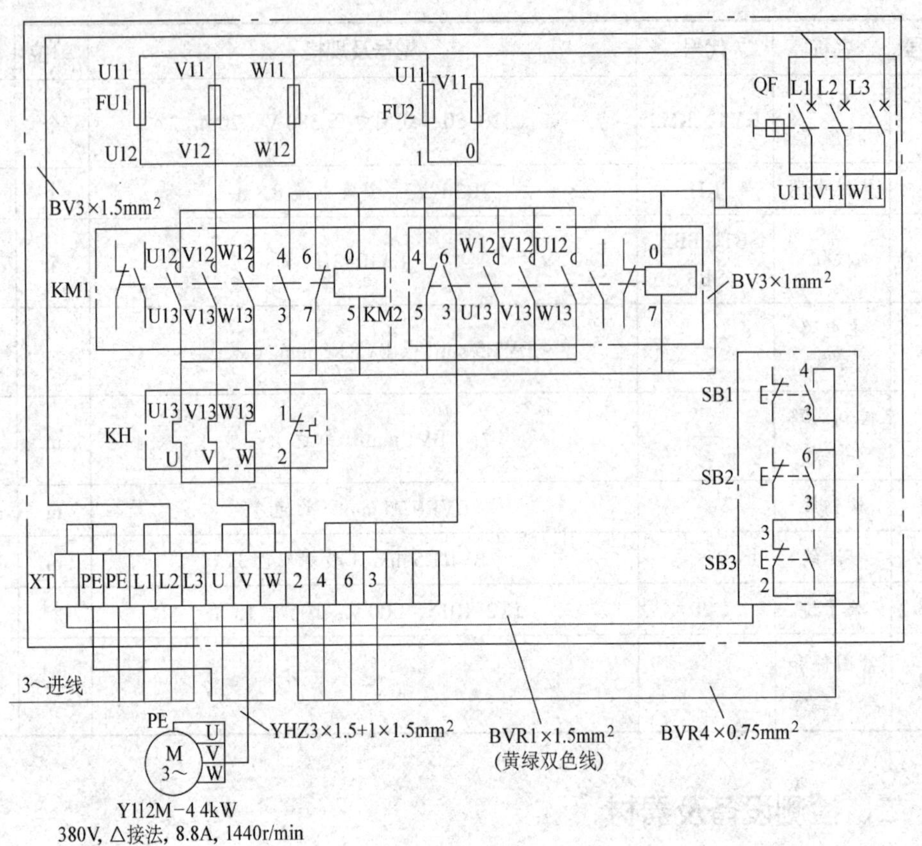

图 3-1-7　接触器互锁正反转控制线路接线

四、安装电气元件

按图 3-1-6 所示位置图在控制板上安装电气元件，并贴上醒目的文字符号。电器布置及安装要求见项目二任务 1。

五、接线

按图 3-1-7 所示接线图进行板前明布线，套编码套管。工艺要求见项目二任务 1。

六、自检

线路安装完毕，可根据图 3-1-2 所示电气原理图或图 3-1-7 所示接线图，利用万用表检查控制板布线的正确性。检查方法参考项目二任务 1。

提示

1. 主电路接触器 KM1 和 KM2 的回路均要检查。

2. 检查控制电路时，需要人为使 KM1 或 KM2 分别处于吸合状态，测得阻值都应等于接触器线圈阻值，否则说明自锁回路不通；人为使 KM1 和 KM2 同时处于吸合状态，测得阻值应为无穷大，否则说明控制电路不互锁。检查结束，再装上熔断器的熔芯。

七、交验及通电试车

自检完毕，向指导教师提出通电申请，经指导教师检查同意后，在指导教师现场监护下，按通电试车的方法、步骤独立完成。

提示

1. 接触器互锁控制线路中的两对主触头接线必须正确，否则会造成主电路中两相电源短路事故。

2. 安装电动机时应做到安装牢固、平稳，以防止在换向时产生振动而引起事故。

3. 应可靠连接电动机和按钮金属外壳的保护接地线。

4. 通电试车时，应先合上 QF，再按下 SB1（或 SB2）及 SB3，看控制是否正常，并在按下 SB1 后再按下 SB2，观察有无互锁作用。

5. 训练应在指导教师规定的定额时间内完成，同时要做到安全操作和文明生产。

试车正常后，还可由指导教师在主电路和控制电路中，人为设置自然电气故障各一处，参照表 3-1-2 进一步进行检修训练，并将表 3-1-3 的内容填写完整。

表 3-1-3 异常情况分析及处理方法

序号	故障现象	原因分析	检查要点与处理方法
1			
2			

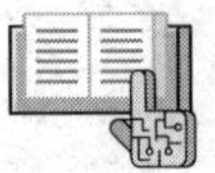

提示

必须在断电情况下设置故障，故障点通常设置为线路断路或电气元件触头故障，不可改变接线。

任务测评

对任务实施的完成情况进行检查，并参照表 2-1-2 进行评分。

任务 2　PLC 实现的正反转控制线路安装与调试

学习目标

知识目标：

1. 掌握 ORB、ANB 指令的功能及其应用。
2. 熟悉梯形图的编程规则。
3. 掌握继电器控制电路图转换设计法。

能力目标：

1. 能根据控制要求，使用基本指令编制 PLC 梯形图程序。
2. 能使用 GX Works2 编程软件完成梯形图程序的写入、监控与调试。
3. 能完成三相异步电动机正反转控制线路的安装与调试。

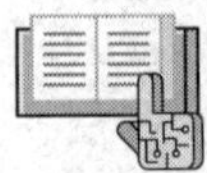

任务引入

本任务要求用 PLC 对图 3-1-2 所示三相异步电动机接触器互锁正反转控制线路进行改造，用 PLC 实现三相交流异步电动机的正反转控制，并具有短路保护和过载保护等必要的联锁保护措施。

分析图 3-1-2 可知，用 PLC 实现三相交流异步电动机的正反转控制线路的改造，主电路部分不变，只需要将控制电路部分用 PLC 来代替即可。分析控制电路的原理可知，接触器 KM1 和 KM2 不能同时得电动作，否则会使三相电源短路。为此，电路中采用接触器常闭触点串接在对方线圈回路作电气联锁，使电路工作可靠。这些控制要求都应在梯形图程序中予以体现。

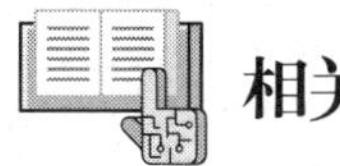

相关知识

一、基本指令（ORB、ANB）

1. ORB 指令

（1）编程实例

如图 3-2-1 所示，X000 与 X001、X002 与 X003 两条支路中任一电路块接通，Y000 接通。

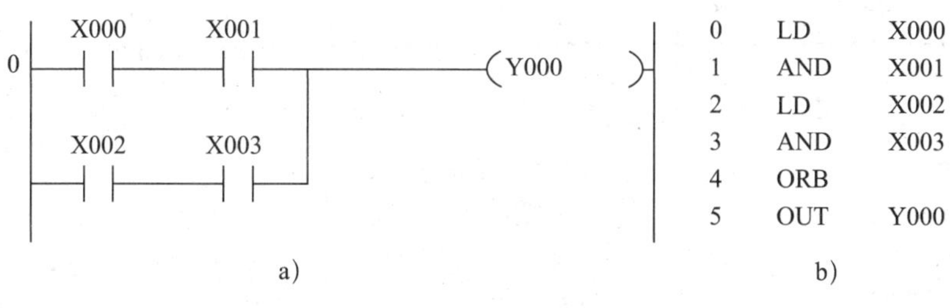

0	LD	X000
1	AND	X001
2	LD	X002
3	AND	X003
4	ORB	
5	OUT	Y000

图 3-2-1　ORB 指令举例
a）梯形图　b）指令表

（2）指令说明

1）两个或两个以上接点串联连接的电路称为串联电路块。当串联电路块与前面的电路并联连接时，使用 ORB 指令。

2）ORB 指令无操作元件。

3）串联电路块的分支开始用 LD、LDI 指令，分支结束用 ORB 指令，以表示与前面电路的并联。

4）多个电路块并联时，可以分别使用 ORB 指令，如图 3-2-2 所示。

2. ANB 指令

（1）编程实例

如图 3-2-3 所示，X000 或 X001 接通、X002 与 X003 接通或 X004 接通，Y000 都可以接通。

a）

0	LD	X000
1	ANI	X001
2	LDI	X002
3	AND	X003
4	ORB	
5	LD	X004
6	ANI	X005
7	ORB	
8	OUT	Y000

b）

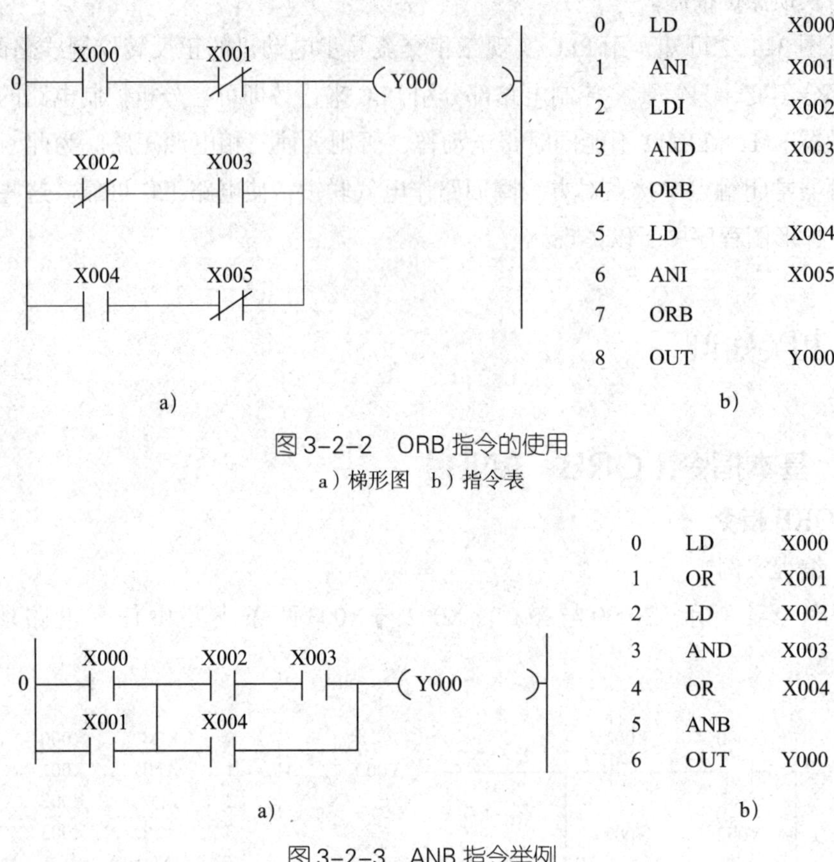

图 3-2-2　ORB 指令的使用

a）梯形图　b）指令表

a）

0	LD	X000
1	OR	X001
2	LD	X002
3	AND	X003
4	OR	X004
5	ANB	
6	OUT	Y000

b）

图 3-2-3　ANB 指令举例

a）梯形图　b）指令表

（2）指令说明

1）两个或两个以上接点并联连接的电路称为并联电路块。当并联电路块与前面的电路串联连接时，使用 ANB 指令。

2）ANB 指令无操作元件。

3）并联电路块的分支开始用 LD、LDI 指令，分支结束后需使用 ANB 指令，以表示与前面电路的串联。

4）多个电路块串联时，可以分别使用 ANB 指令，如图 3-2-4 所示。

二、梯形图编程规则

PLC 编程应该遵循以下基本规则：

1. 外部输入继电器、输出继电器、内部继电器、定时器、计数器等元器件的接点可多次重复使用，无须用复杂的程序结构来减少接点的使用次数。

2. 梯形图每一行都从左母线开始，线圈接在最右边，接点不能放在线圈的右边，如图 3-2-5 所示。

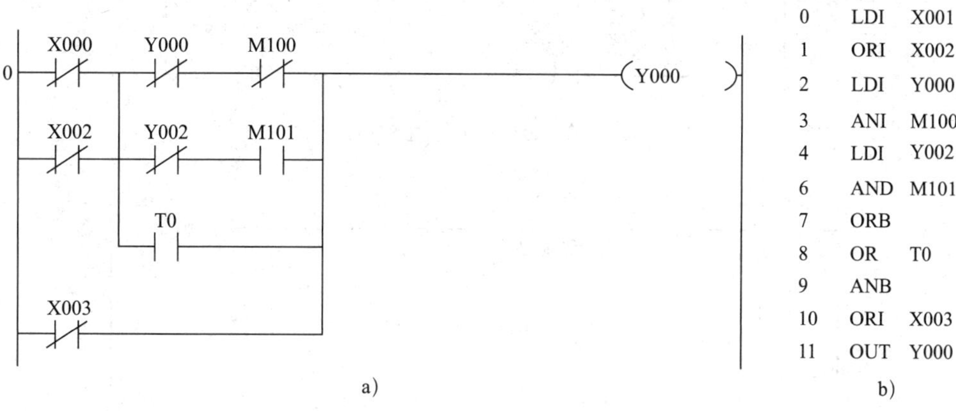

图 3-2-4　ANB 指令的使用

a）梯形图　b）指令表

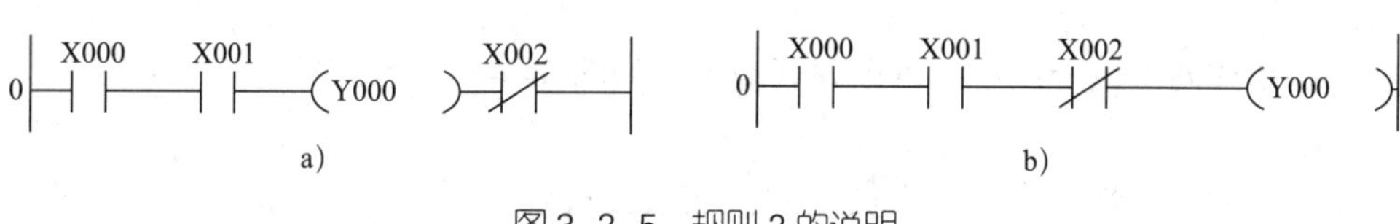

图 3-2-5　规则 2 的说明

a）不正确电路　b）正确电路

3. 线圈不能直接与左母线相连。如果需要，可以通过一个没有使用的内部继电器的常闭接点或者特殊内部继电器 M8000（常 ON）的常开接点来连接，如图 3-2-6 所示。

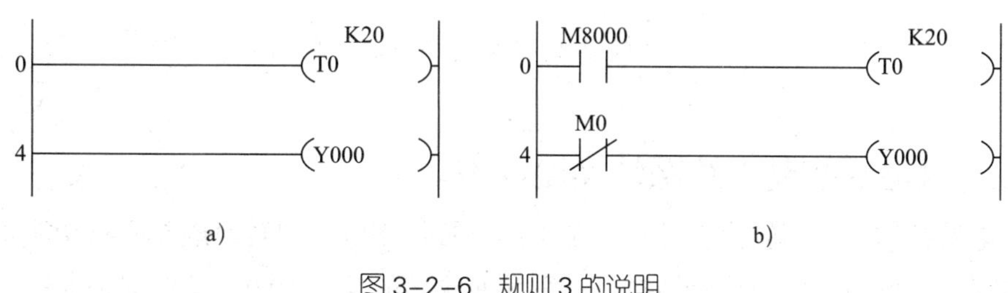

图 3-2-6　规则 3 的说明

a）不正确电路　b）正确电路

4. 同一编号的线圈在一个程序中使用两次称为双线圈输出。双线圈输出容易引起误操作，应尽量避免线圈重复使用。

5. 梯形图程序必须符合顺序执行的原则，即从左到右、从上到下执行，不符合顺序执行原则的电路不能直接编程，如图 3-2-7 所示的桥式电路就不能直接编程。

6. 在梯形图中串联触点、并联触点的使用次数没有限制，可无限次使用，如图 3-2-8 所示。

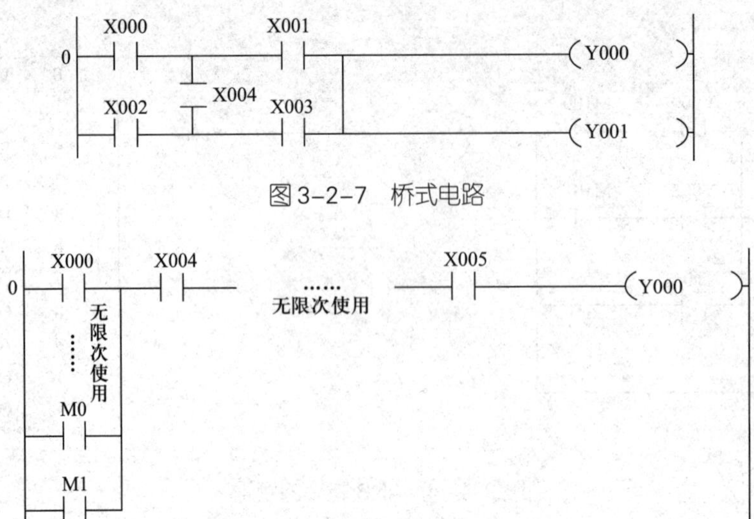

图 3–2–7 桥式电路

图 3–2–8 规则 6 的说明

7. 两个或两个以上的线圈可以并联输出，如图 3–2–9 所示。

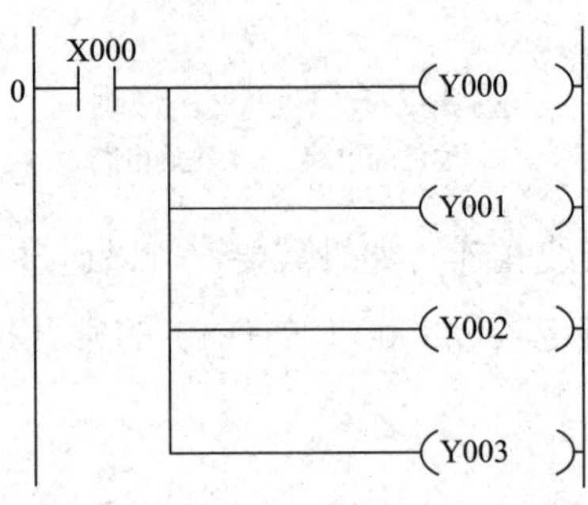

图 3–2–9 规则 7 的说明

三、继电器控制电路图转换设计法

继电器控制电路图转换设计法就是将继电器控制电路图转换成与原有功能相同的 PLC 内部的梯形图。这种等效转换是一种简便快捷的编程方法，其关键是要抓住它们的一一对应关系，即控制功能的对应、逻辑功能的对应以及继电器等硬件元件和 PLC 软件元件的对应。转换设计步骤如下：

1. 了解和熟悉被控设备的工艺过程和机械的动作情况，根据继电器控制电路图分析和掌握控制系统的工作原理，做到设计和调试系统时心中有数。

2. 确定 PLC 的输入信号和输出信号，画出 PLC 的外部接线图。继电器控制电路图中的交流接触器和电磁阀等执行元件用 PLC 的输出继电器来替代，它们的硬件线圈接在 PLC 的输出端。各类按钮、开关及传感器等用 PLC 的输入继电器替代，给 PLC 提供控制命令和反馈信号，它们的触点接在 PLC 的输入端。在确定了 PLC 的各输入信号和输出信号对应的输入继电器和输出继电器的元件号后，画出 PLC 的外部接线图。

3. 确定 PLC 梯形图中的辅助继电器（M）和定时器（T）的元件号。中间继电器和时间继电器的功能用 PLC 内部的辅助继电器和定时器来替代，并确定其对应关系。

4. 根据上述对应关系画出 PLC 的梯形图。第 2 步和第 3 步建立了继电器控制电路中的硬件元件和梯形图中的软件元件之间的对应关系，将继电器控制电路图转换成对应的梯形图。

5. 根据被控设备的工艺过程、机械动作情况以及梯形图编程的基本规则，优化梯形图，使梯形图既符合控制要求，又具有合理性、条理性和可靠性。

任务实施

一、分配 I/O 地址

电路的具体工作原理参见项目三任务 1。通过分析可以发现，电动机的启动和停止仍然由接触器控制，因此在用 PLC 控制时，主电路和图 3-1-2 完全相同，无须更改，控制电路的功能则要通过 PLC 来实现。

其输入信号有 SB1、SB2、SB3、KH，输出信号有 KM1 和 KM2。可设其对应关系为：SB1（常开触点）用 PLC 中的输入继电器 X000 来代替，SB2（常开触点）用 PLC 中的输入继电器 X001 来代替、SB3（常闭触点）用 PLC 中的输入继电器 X002 来代替，KH（常闭触点）用 PLC 中的输入继电器 X003 来代替。正转接触器 KM1 用 PLC 中的输出继电器 Y001 来代替，反转接触器 KM2 用 PLC 中的输出继电器 Y002 来代替。

通过以上分析，可确定 PLC 需要 4 个输入点、2 个输出点，其 I/O 地址分配见表 3-2-1。

表 3-2-1 I/O 地址分配表

输入			输出		
元件代号	作用	输入继电器	元件代号	作用	输出继电器
SB1	正转启动	X000	KM1	电动机正转	Y001
SB2	反转启动	X001	KM2	电动机反转	Y002
SB3	停止	X002			
KH	过载保护	X003			

二、绘制 PLC 硬件接线图

根据图 3-1-2 所示的电路图及 I/O 分配表，绘制 PLC 硬件接线图，如图 3-2-10 所示。

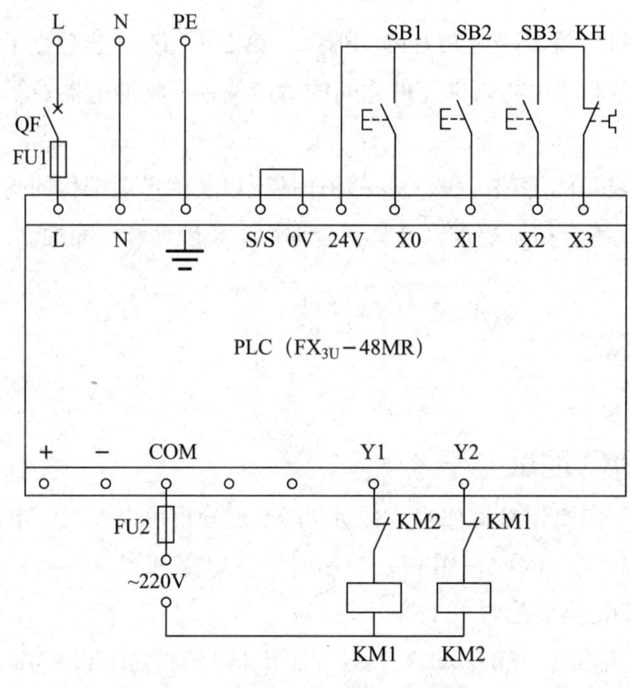

图 3-2-10　PLC 硬件接线图

三、设计梯形图程序

在原继电器控制线路的基础上进行等效变化，如图 3-2-11 所示。

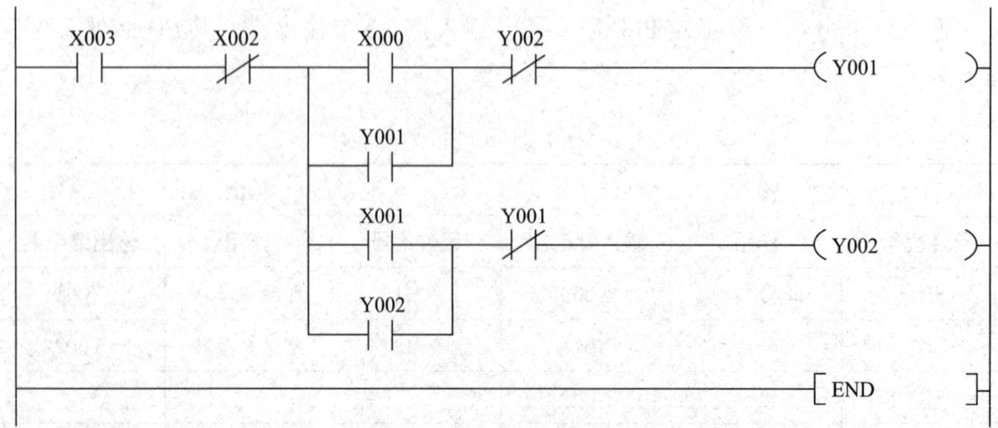

图 3-2-11　根据继电器控制线路直接转化的梯形图

根据梯形图相关规则自行进行优化，优化后得到的梯形图如图 3–2–12 所示。

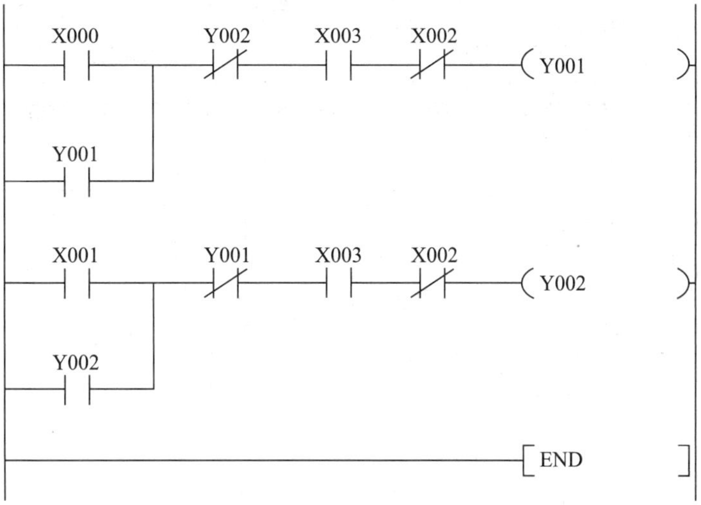

图 3–2–12　根据继电器控制线路直接转化的梯形图（优化后）

四、系统安装、调试与运行

1. 识图、安装与接线

根据图 3–1–2、图 3–2–10 所示的电路图和接线图，在表 3–1–1 的基础上，补充、调整相应的设备及元器件，并在配电板上进行元器件与线路安装。

（1）元器件检查。检查元器件规格是否符合技术要求，并检查电气元件是否完好。

（2）固定元器件。在配电板上合理布置并固定本任务所需的电气元器件。

（3）配线安装。根据配线原则和工艺要求，进行配线安装。

（4）自检。对照接线图检查接线是否正确，确认无误后方可通电调试。

2. 程序下载

线路安装完成并检查无误后，接通电源，将程序下载到 PLC 中。

3. 运行调试

（1）在指导教师指导下进行通电调试。

（2）接通系统电源开关，将 PLC 运行方式置于“RUN”位置，然后通过 GX Works2 软件监视程序运行情况，再按表 3–2–2 进行操作，观察并记录系统运行情况。如出现异常情况，应立即切断电源，分析原因，检查硬件电路和程序，解决问题后再重新调试；若是程序问题且不影响安全运行，可通过在线修改程序进行调试，直至系统功能全部调试成功为止，最后关闭系统电源开关。

表 3-2-2　系统调试运行情况记录表

操作步骤	操作内容	观察内容					
		指示 LED		输出设备			
		正确结果	观察结果	正确结果	观察结果	正确结果	观察结果
1	按下 SB1	Y001 点亮		KM1 吸合		正转	
2	按下 SB3	Y001 熄灭		KM1 断开		停转	
3	按下 SB2	Y002 点亮		KM2 吸合		反转	
4	按下 SB3	Y002 熄灭		KM2 断开		停转	
问题处理方法							
 安全提示		运行与调试结束后必须关断电源					

提示

常见问题：在设计正反转控制 I/O 接线图时，往往因在梯形图控制程序中设置了 Y001（KM1）和 Y002（KM2）的软元件联锁，而遗漏接触器 KM1 和 KM2 的接触器的外部联锁。

后果及原因：在实际控制过程中，当接触器 KM1 或接触器 KM2 任何一个接触器的主触头熔焊时，若没有外部硬件的联锁，只在梯形图中加入“软继电器”的联锁，会造成主电路电源相间短路。

预防措施：在设计正反转控制 I/O 接线图时，为了防止接触器 KM1 或接触器 KM2 任何一个接触器的主触头因熔焊时造成主电路电源相间短路，必须进行 PLC 输出端外部硬件联锁。

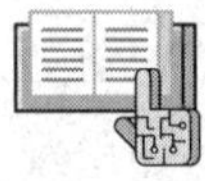

任务测评

对任务实施的完成情况进行检查，并参照表 2-2-6 进行评分。

知识拓展

PLC 控制系统与继电器控制系统的比较

1. 组成的元器件不同。继电器控制系统由若干硬件继电器等组成，而 PLC 则由许多“软继电器”组成。传统的继电器控制系统有很强的抗干扰能力，但其使用了大量的机械触点，因物理性能疲劳、尘埃的隔离性及电弧的影响，系统可靠性大大降低。PLC 采用无机械触点的逻辑运算微电子技术，复杂的控制由 PLC 内部运算器完成，故其使用寿命长、可靠性高。

2. 触点的数量不同。继电器、接触器的触点数较少，一般只有 4 ~ 8 对，而“软继电器”可供编程的触点数有无限对。

3. 控制方法不同。继电器控制系统是通过元器件之间的硬接线来实现的，控制功能就固定在线路中。PLC 控制功能是通过软件编程来实现的，只要改变程序，功能即可改变，控制灵活。

4. 工作方式不同。在继电器控制系统中，当电源接通时，线路中各继电器都处于受制约状态。在 PLC 中，各“软继电器”都处于周期性循环扫描接通中，每个“软继电器”受制约接通的时间是短暂的。继电器控制系统是按“并行”方式工作的，也就是按同时执行的方式工作的，只要形成电流通路，就可能有几个继电器同时动作。而 PLC 是以反复扫描的方式工作的，它循环地、连续逐条执行程序，任一时刻它只能执行一条指令，也就是说 PLC 是以“串行”方式工作的。这种工作方式可以避免继电器控制系统的触点竞争和时序失配问题。

项目四
三相异步电动机自动往返控制线路的安装与调试

在实际生产过程中，许多生产机械（如摇臂钻床、万能铣床、刨床、桥式起重机等）的某些运动部件的行程或位置要受到限制，而有些生产机械的工作台则要求在一定行程范围内做自动往返运动，以便实现对工件的连续加工，提高生产效率，实现控制过程自动化，如磨床工作台以及刨床刨头的自动往返运动等。本项目通过2个任务学习三相异步电动机自动往返控制线路的安装与调试，学习如何分别通过继电器和PLC两种方式来实现三相异步电动机的自动往返控制。

任务1 继电器实现的自动往返控制线路安装与调试

学习目标

知识目标：

1. 掌握三相异步电动机自动往返控制线路的分析方法。
2. 熟悉板前线槽布线的工艺。

能力目标：

1. 能正确分析自动往返控制线路工作原理。
2. 能根据电气原理图画出元器件位置图和接线图。
3. 能正确安装并调试自动往返控制线路。

任务引入

在生产过程中，一些生产机械运动部件的行程或位置要受到限制，如自动门开关的停止位置需要设置限位；使用钻床时，为了控制钻孔的深度需要设置限位；磨床工作台需要加上左、右限位，控制其在一定的行程内自动往返，以便实现对工件的连续加工，提高生产效率（见图 4–1–1）。本任务将学习位置控制和自动往返控制线路的相关知识，并安装相应的控制线路，实现工作台的自动往返。

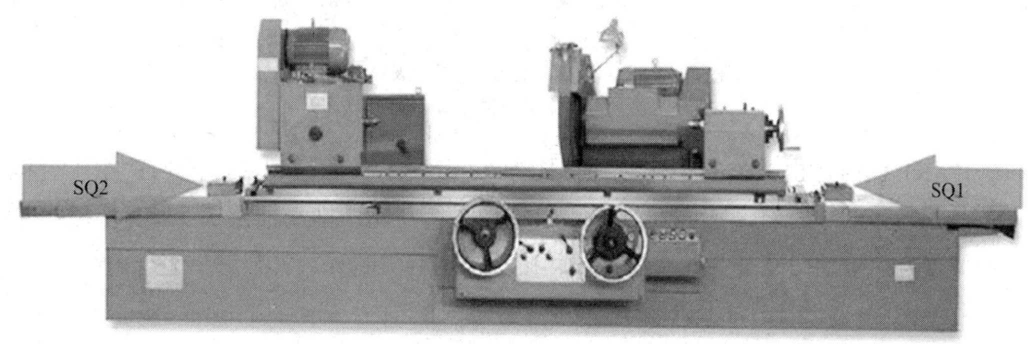

图 4–1–1　磨床工作台自动往返

相关知识

一、行程开关

行程开关又称限位开关，是一种利用生产机械某些运动部件的碰撞来发出控制指令的主令电器，主要用于控制生产机械的运动方向、速度、行程大小或行程位置，是一种自动控制电器。行程开关的作用原理与按钮相同，区别在于它不是靠手指的按压使其触头动作，而是利用生产机械运动部件的碰压使其触头动作，从而将机械信号转变为电信号，使运动机械按一定的位置或行程实现自动停止、反向运动、变速运动或自动往返运动。

1．结构及工作原理

机床中常用的行程开关有 LX19 和 JLXK1 等系列，JLXK1 系列行程开关的外形如图 4–1–2 所示。各系列行程开关的基本结构大体相同，都是由操作机构、触头系统和外壳组成的，如图 4–1–3a 所示。以某种行程开关元件为基础，装置不同的操作机构，就可得到各种不同形式的行程开关，常见的行程开关有按钮式（直动式）和旋转式（滚轮式）等。

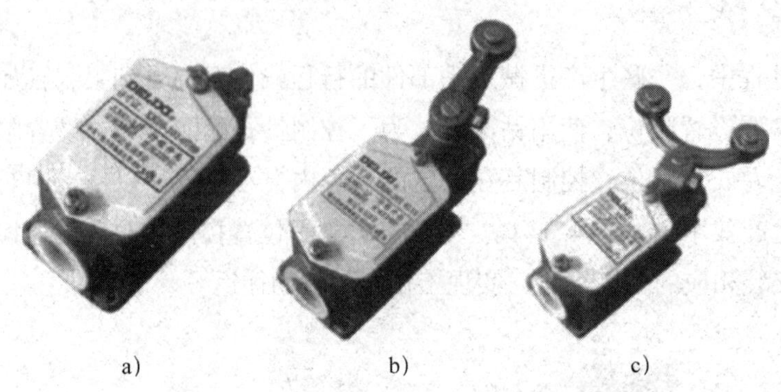
a)　　b)　　c)

图 4-1-2　JLXK1 系列行程开关的外形
a）按钮式　b）单轮旋转式　c）双轮旋转式

JLXK1 系列行程开关的动作原理如图 4-1-3b 所示。当运动部件的挡铁碰压行程开关的滚轮 1 时，杠杆 2 连同转轴 3 一起转动，使凸轮 7 推动撞块 5。当撞块被压到一定位置时，推动微动开关 6 快速动作，使其常闭触头断开，常开触头闭合。

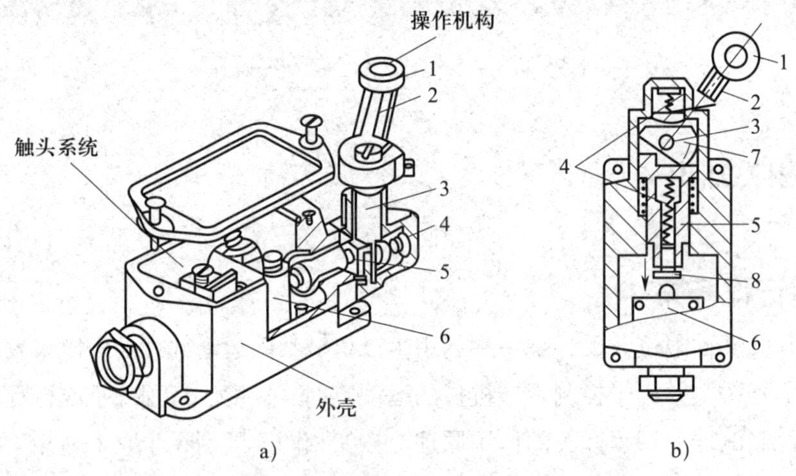

图 4-1-3　JLXK1 系列行程开关的结构和动作原理
a）结构　b）动作原理
1—滚轮　2—杠杆　3—转轴　4—复位弹簧　5—撞块
6—微动开关　7—凸轮　8—调节螺钉

行程开关的触头类型有一常开一常闭、一常开二常闭、二常开一常闭、二常开二常闭等形式。动作方式可分为瞬动、蠕动和交叉从动三种。动作后的复位方式有自动复位和非自动复位两种。

2. 型号及含义

LX19 系列、JLXK1 系列行程开关的型号及含义如下：

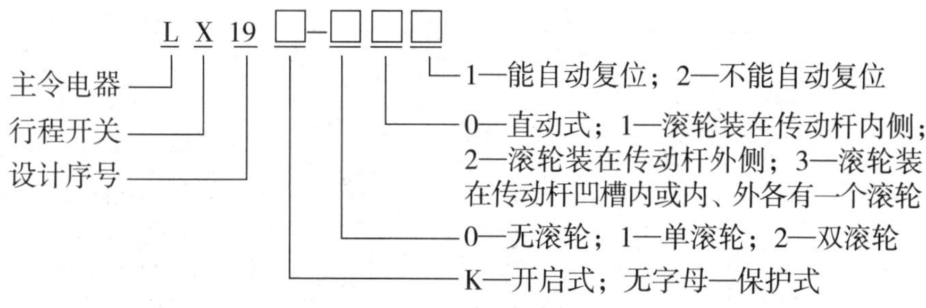

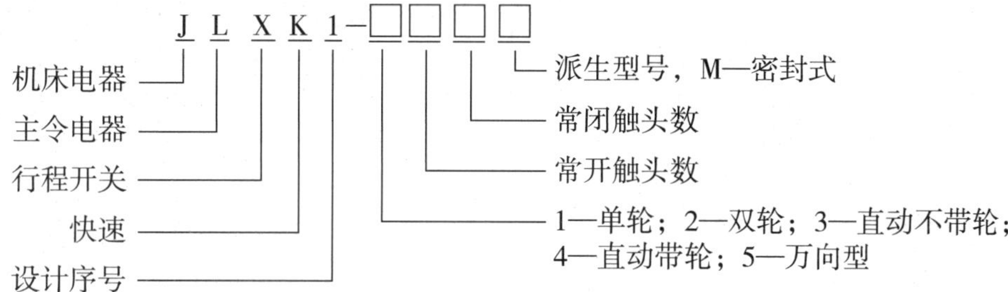

3. 选用

行程开关的主要参数有形式、工作行程、额定电压及触头的电流容量等，在产品说明书中都有详细说明。主要根据动作要求、安装位置及触头数量进行选择。

4. 安装与使用

（1）安装行程开关时，其位置要准确，安装要牢固；滚轮的方向不能装反，挡铁与其碰撞的位置应符合控制线路的要求，并确保能可靠地与挡铁碰撞。

（2）在使用行程开关时，要定期检查和保养，除去油垢及粉尘，清理触头，并检查其动作是否灵活、可靠，及时排除故障，防止因行程开关触头接触不良或接线松脱产生误动作，从而导致设备和人身安全事故。

想一想

把行程开关与按钮在线路中的作用进行比较，找出它们有哪些相同点和不同点。

二、位置控制线路

1. 线路主要结构分析

位置控制线路（见图 4-1-4）是在接触器互锁正反转控制线路的基础上增加了两个行程开关，并把它们安装在需要限位的位置。将 SQ1、SQ2 的常闭触头串接在正转或反转控制接触器线圈回路中，通过挡铁与之碰撞，来实现限位控制。

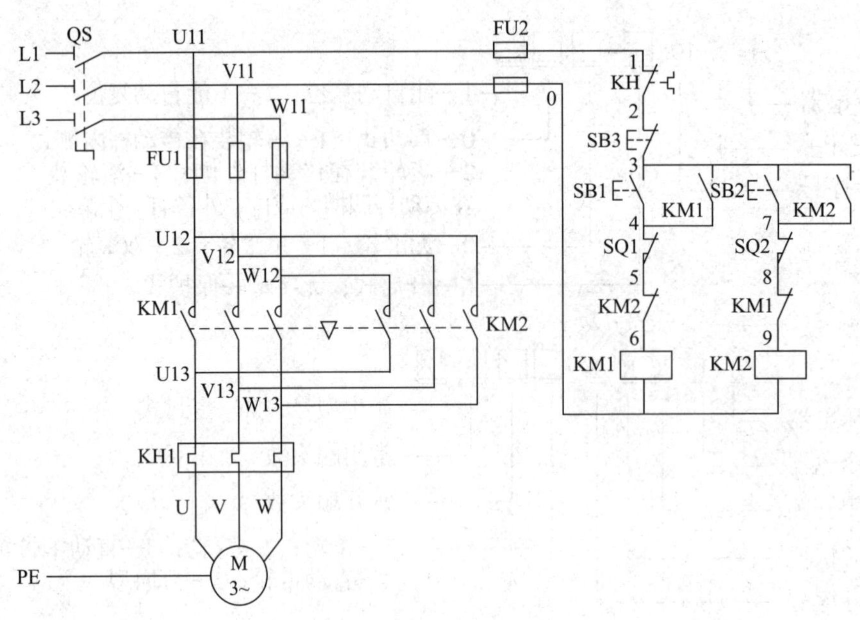

图 4-1-4　位置控制线路

2. 线路工作原理分析

位置控制线路的工作原理分析如下：

先合上电源开关 QS。

（1）正转控制

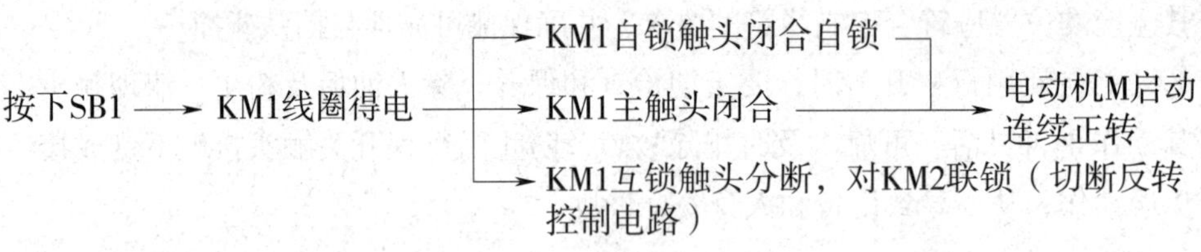

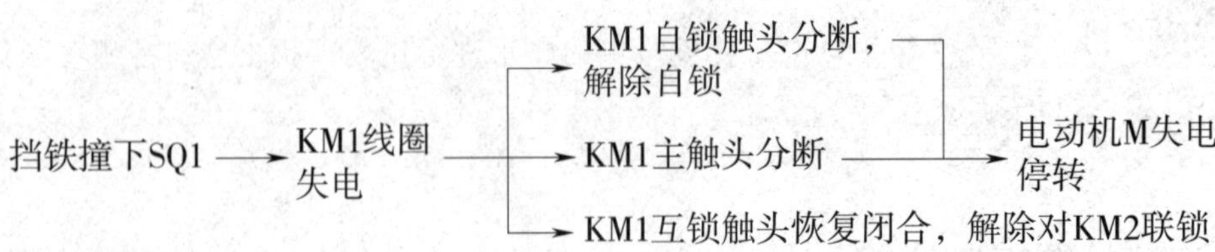

（2）反转控制

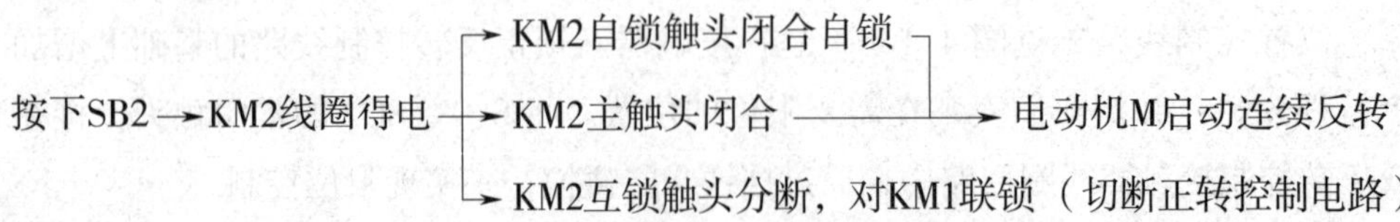

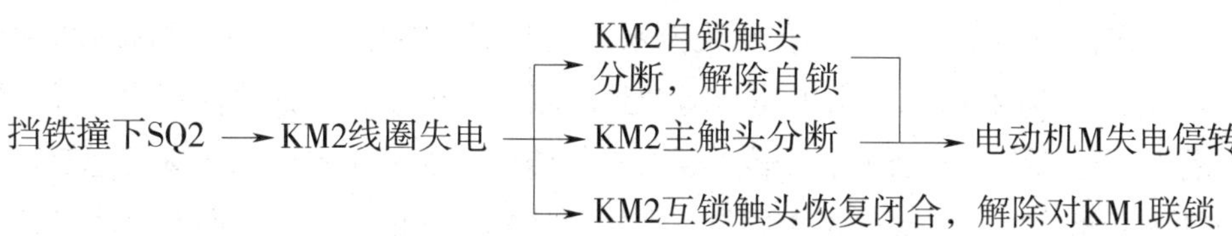

（3）停止控制

按下停止按钮SB3 → 控制电路失电 → KM1（或KM2）主触头分断 → 电动机M失电停转

三、自动往返控制线路

1．线路主要结构分析

工作台自动往返控制线路（见图 4-1-5）是在接触器互锁正反转控制线路的基础上增加了四个行程开关，并把它们安装在工作台需限位的位置。其中 SQ1、SQ2 采用了两对复合触头，常闭触头串接在正转或反转控制接触器线圈回路中，常开触头并接在对方的反转或正转启动按钮两端，通过挡铁与之碰撞，来实现自动换接电动机正反转，从而实现工作台的自动往返循环控制；SQ3 和 SQ4 用作终端限位保护，以防止 SQ1、SQ2 失灵，工作台越过限定位置而造成事故。

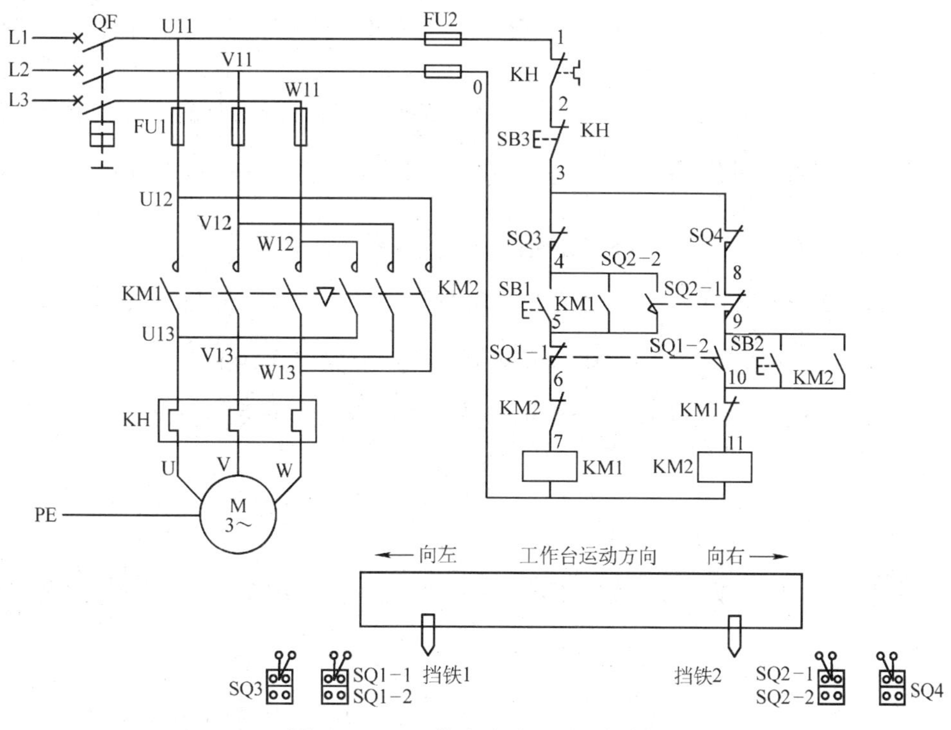

图 4-1-5 工作台自动往返控制线路

在工作台边的 T 形槽中装有两块挡铁，挡铁 1 只能与 SQ1、SQ3 相碰撞，挡铁 2 只能与 SQ2、SQ4 相碰撞。当工作台运动到所限定位置时，挡铁碰撞行程开关，使其触头动作，自动换接电动机正反转，通过机械传动装置使工作台做自动往返运动。工作台行程可通过移动挡铁位置来调节，缩短两块挡铁间的距离可使行程加长，反之则可使行程缩短。

2. 线路工作原理

工作台自动往返控制线路的工作原理分析如下：

先合上电源开关 QF。

（1）自动往返控制

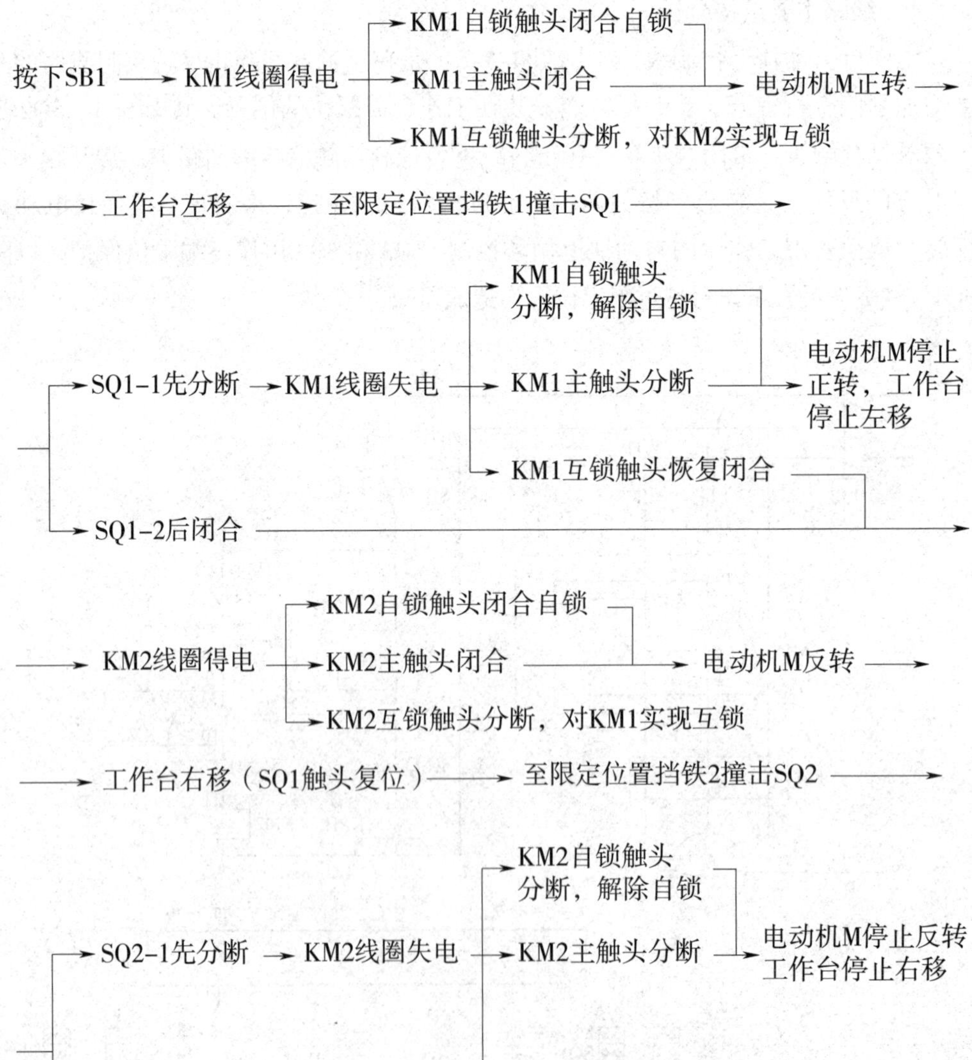

→ KM1线圈得电 → KM1自锁触头闭合自锁 / KM1主触头闭合 / KM1互锁触头分断，对KM2实现互锁 → 电动机M又正转 →

→ 工作台又左移（SQ2触头复位）→ 如此重复上述过程，工作台就在限定的行程内做自动往返运动

（2）停止控制

按下 SB3 →整个控制电路失电→ KM1（或 KM2）主触头分断 → 电动机 M 失电停转，工作台随即停止

这里 SB1、SB2 分别为正转启动按钮和反转启动按钮，若启动时工作台在左端，则应按下 SB2 进行启动。

（3）限位保护控制

当工作台向左运动时，若由于行程开关 SQ1 松动或失灵，而造成挡铁 1 碰撞不到 SQ1 或碰撞后 SQ1-1 触头不能分断，则此时接触器 KM1 继续得电，工作台也继续向左运动。当工作台挡铁 1 到达终端行程开关 SQ3 位置时，它们发生碰撞，SQ3 常闭触头分断，接触器 KM1 线圈失电，KM1 主触头分断，电动机 M 失电停转，工作台也随即停止，从而可避免事故发生。

任务实施

一、设备、器材选用及检测

根据电路图 4-1-5 及控制要求选择设备、元器件、线材并进行检测。具体选择见表 4-1-1，表格空白处内容根据实际情况进行选择并填写。

表 4-1-1 设备及器材选用明细表

序号	名称	代号	型号及规格	单位	数量	检测情况	备注
1	三相异步电动机	M	自定	台	1		
2	配线板	—		块	1		
3	断路器	QF		个	1		
4	熔断器	FU1		个	3		
5	熔断器	FU2		个	2		

续表

序号	名称	代号	型号及规格	单位	数量	检测情况	备注
6	交流接触器	KM1、KM2		个	2		
7	热继电器	KH		个	1		
8	按钮	SB1、SB2		个	1		
9	行程开关	SQ1 ~ SQ4		个	4		
10	螺钉	—		个	若干		
11	平垫圈	—		个	若干		
12	主电路导线	—		m	若干		
13	控制电路导线	—		m	若干		
14	按钮线	—		m	若干		
15	接地线	—		m	若干		
16	端子排	XT		条	1		
17	绘图笔	—		支	1		
18	劳保用品	—		套	1		

二、绘制位置图和接线图

自行绘制自动往返控制线路的位置图和接线图。

三、安装电气元件

根据位置图在控制板上安装电气元件，并在各电气元件旁贴上醒目的文字符号标签。具体要求参见项目二任务 1。

四、接线

按照接线图进行板前线槽配线。具体安装工艺要求如下：

1. 布线时，严禁损伤线芯和导线绝缘。

2. 各电气元件接线端子引出导线的走向以元件的水平中心线为界限，在水平中心线以上接线端子引出的导线，必须进入元件上面的走线槽；在水平中心线以下接线端子引出的导线，必须进入元件下面的走线槽。任何导线都不允许从水平方向进入走线槽。

3. 各电气元件接线端子上引出或引入的导线，除间距很小和元件机械强度很差时允许直接架空敷设外，都必须经过走线槽进行连接。

4. 进入走线槽内的导线要完全置于走线槽内，并尽可能避免交叉，装线不要超过其容量的70%，以便盖上线槽盖和方便以后的装配及维修。

5. 各电气元件与走线槽之间的外露导线应合理走线，并尽可能做到横平竖直，变换走向要垂直。同一个元件上位置一致的端子和同型号电气元件中位置一致的端子上，引出或引入的导线要敷设在同一平面上，并应做到高低一致或前后一致，不得交叉。

6. 所有接线端子、导线线头上，都应套有与电路图上相应接点线号一致的编码套管，并按线号进行连接，连接必须牢固。

提示

操作中，应注意以下问题：

（1）接触器联锁线路中的两对主触头接线必须正确，否则会造成主电路中两相电源短路事故。

（2）安装电动机时应做到安装牢固、平稳，以防止在换向时产生振动而引起事故。

（3）可靠连接电动机和按钮金属外壳的保护接地线。

（4）通电试车时，应先合上 QF，再按下 SB1（或 SB2）及 SB3，看控制是否正常，并在按下 SB1 后再按下 SB2，观察有无联锁作用。

（5）训练应在定额时间内完成，同时要做到安全操作和文明生产。

五、自检

1. 线路安装完毕，可根据电路图或接线图进行自检。从电源端开始，依次核对接线及线号是否正确，有无漏接、错接之处，检查接点导线是否露铜过长，有无压绝缘层现象，安装接线是否牢固，接触是否良好，否则在带负载通电时会出现闪弧现象。

2. 利用仪表检查控制板布线的正确性。一般检查方法如下：

（1）主电路的检查

由于工作台自动往返控制线路的主电路与接触器互锁正反转控制线路的主电路相同，因此其检查方法也相同。

（2）控制电路的检查

采用断电条件下的电阻检查法。将万用表置于 R × 100 欧姆挡，并进行调零。

1）按检查接触器互锁正反转控制线路的检测方法来检查工作台自动往返控制线路的正反转启动控制、自锁控制和互锁控制的作用是否正常。

2）检查正、反向行程控制。把万用表两表笔分别接在 FU2 的 0、1 号节点上，按下 SQ1，测得阻值应等于接触器 KM2 的线圈阻值，否则说明控制 KM2 线圈的反转回路有断点；按下 SQ2，测得阻值应等于接触器 KM1 的线圈阻值，否则说明控制 KM1 线圈的正转回路有断点。

3）检查行程开关的互锁控制。同时按下 SQ1 和 SQ2，测得阻值应为无穷大（表针不偏转）。

4）检查正、反向限位控制。先按住 SB1 不放，测得阻值应等于接触器 KM1 的线圈阻值，再同时压动 SQ3 滚轮，此时电路应由通变断；用同样方法先按住 SB2 不放，测得阻值应等于接触器 KM2 的线圈阻值，再同时压动 SQ4 滚轮，此时电路应由通变断。

六、交验及通电试车

任务交验及通电试车的要求同项目二任务 1。

任务测评

对任务实施的完成情况进行检查，并参照表 2-1-2 进行评分。

知识拓展

接 近 开 关

接近开关是一种无接触式物体检测装置，又称无触点行程开关，与行程开关相比，它除了可以无接触地完成行程控制和限位保护外，还可以用于检测零件尺寸和测速等。

当有物体移向接近开关并接近到一定距离时，接近开关的感应头才有“感知”，使其输出一个电信号，其动合触点闭合，动断触点断开。通常将这个距离称为检出距离。

接近开关按工作原理可分为电感式、电容式、霍尔式、超声波式、光电式、磁性接近开关等；按输出形式又可分为两线制和三线制，三线制接近开关又分为 NPN 输出型和 PNP 输出型两种。常见接近开关的外形和电气符号如图 4-1-6 所示。

对于不同材质的检测体和不同的检测距离，应选用不同类型的接近开关，以使其在系统中具有较高的性价比，为此在选型时应遵循以下原则：

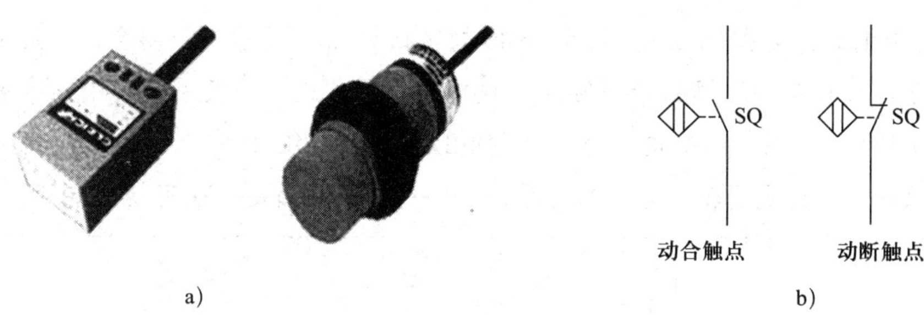

图 4-1-6　常见接近开关的外形和电气符号
a）外形　b）电气符号

1. 当检测体为金属材料时，应选用电感式接近开关。

2. 当检测体为非金属材料（如木材、纸张、塑料等）时，应选用电容式接近开关。

3. 当金属体和非金属体要进行远距离检测和控制时，应选用光电式接近开关或超声波式接近开关。

4. 对于检测体为金属的，若检测灵敏度要求不高，可选用价格低廉的磁性接近开关或霍尔式接近开关。

三相异步电动机多地控制线路

所谓多地控制，是指在不同的地点对电动机的动作进行控制。在一些大型机床设备中，为了操作方便，经常采用多地控制方式。通常把常开启动按钮并联在一起，实现多地启动控制；把常闭停止按钮串联在一起，实现多地停止控制。多地控制线路实例如图 4-1-7 所示。

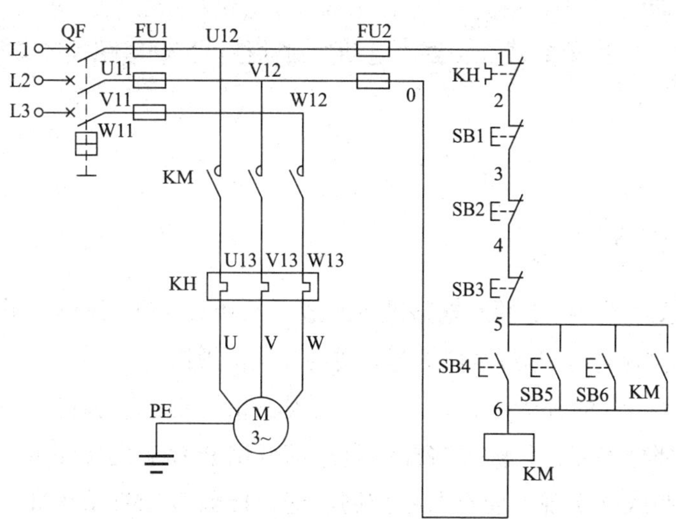

图 4-1-7　多地控制线路实例

KM 的得电条件为按钮 SB4、SB5、SB6 的常闭触点中任意一个闭合，此时 KM 辅助常闭触点构成自锁，这里的常闭触点并联构成逻辑“或”的关系，其中任一条件满足，就能接通电路。KM 的失电条件为按钮 SB1、SB2、SB3 的常开触点中任意一个打开，常开触点串联构成逻辑“与”的关系，其中任一条件满足，即可切断电路。

任务 2　PLC 实现的自动往返控制线路安装与调试

学习目标

知识目标：

1. 掌握 SET、RST 指令的功能及其应用。
2. 掌握 PLS、PLF 指令的功能及其应用。

能力目标：

1. 能根据控制要求，使用 SET、RST 指令编制 PLC 梯形图程序。
2. 能使用 GX Works2 编程软件完成梯形图程序的写入、监控与调试。
3. 能完成三相异步电动机自动往返控制线路的安装与调试。

任务引入

本任务要求对图 4–1–5 所示电路进行改造，用 PLC 实现三相异步电动机的自动往返控制，并具有短路保护和过载保护等必要的联锁保护措施。

通过对图 4–1–5 的分析可知，用 PLC 实现三相异步电动机自动往返控制线路的改造，主电路部分不变，只需要将控制电路部分用 PLC 来代替即可。自动往返由电动机正反转控制线路实现，应有联锁控制功能，接触器 KM1 和 KM2 作为输出信号，SQ1 ~ SQ4 四只行程开关作为输入信号。

相关知识

一、置位复位指令（SET、RST）

1. 指令功能

SET 指令：自保持（置位）指令，使被操作的目标元件置位并保持。

RST 指令：解除（复位）指令，使被操作的目标元件复位并保持清零状态。

2. 编程实例（见图 4-2-1）

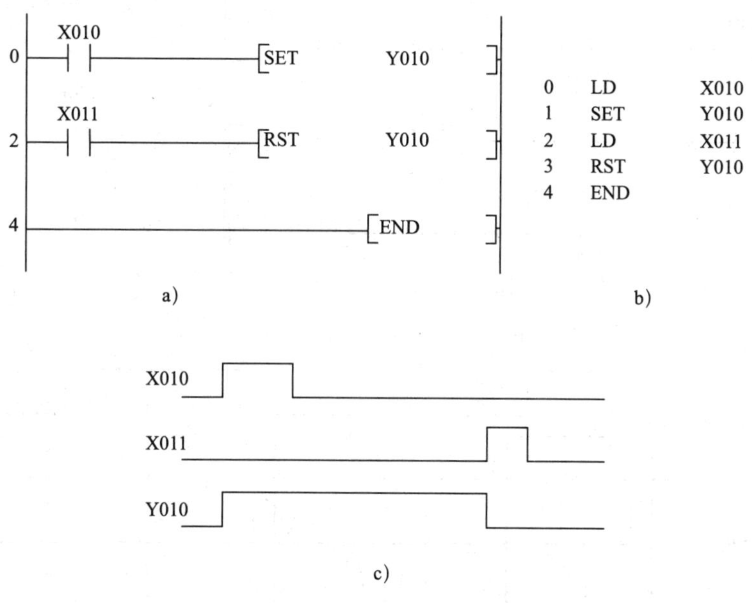

图 4-2-1　SET、RST 指令编程实例

a）梯形图　b）指令表　c）时序图

当 X010 常开触点接通时，Y010 变为 ON 状态并一直保持该状态，即使 X010 常开触点断开，Y010 的 ON 状态仍维持不变；只有当 X011 的常开触点接通时，Y010 才变为 OFF 状态并保持，即使 X011 常开触点断开，Y010 也仍为 OFF 状态。

3. 指令说明

（1）用 SET 指令使软元件得电后，必须要用 RST 指令才能使其失电。

（2）在图 4-2-1 中，若同时按下 X010 和 X011，则 RST 指令优先执行。

（3）SET 和 RST 指令的使用没有顺序限制，SET 和 RST 之间可以插入其他程序。

二、脉冲输出指令（PLS、PLF）

1. 指令功能

PLS 指令：上升沿微分指令，在输入信号上升沿产生一个扫描周期的脉冲输出，专用于操作元件的短时间脉冲输出。

PLF 指令：下降沿微分指令，在输入信号下降沿产生一个扫描周期的脉冲输出。

PLS、PLF 指令的操作元件是 Y 和 M。

2. 编程实例（见图 4-2-2）

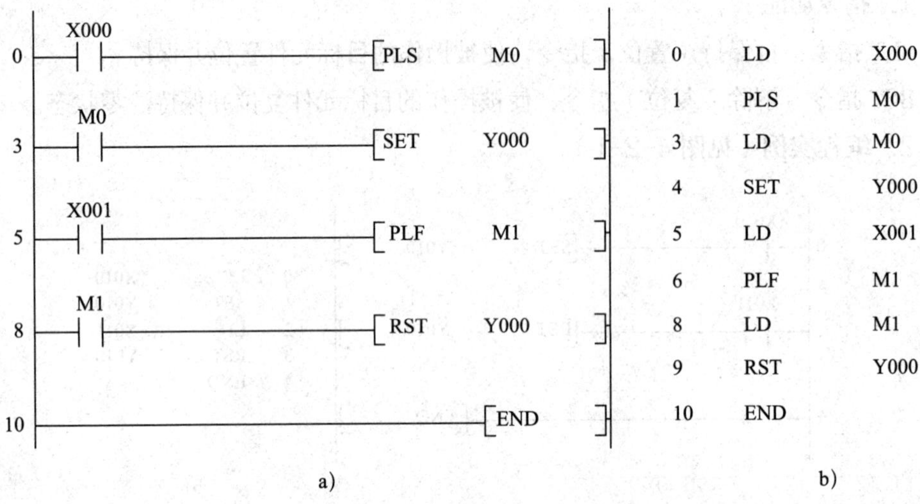

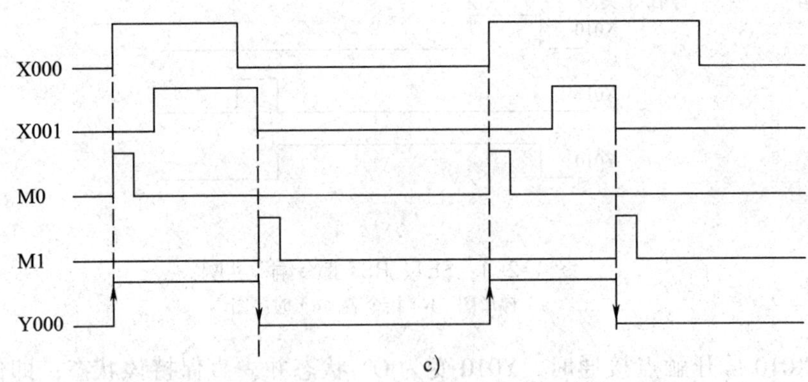

图 4-2-2　PLS、PLF 指令编程实例

a）梯形图　b）指令表　c）时序图

3. 指令说明

（1）使用 PLS 指令时，仅在驱动输入接通后的一个扫描周期内目标元件为 ON，如图 4-2-2c 所示，M0 仅在 X000 的常开触点由断到通时的一个扫描周期内为 ON。PLF 指令则是利用输入信号的下降沿驱动，其他与 PLS 指令相同。

（2）PLS、PLF 指令的目标操作元件为 Y 和 M。但特殊辅助继电器不能用来作为 PLS 指令或 PLF 指令的操作元件。

（3）在驱动输入接通时，PLC 由运行（RUN）至停机（STOP），再至运行（RUN），此时 PLS M0 动作一个扫描周期。

任务实施

一、分配 I/O 地址

通过对本工作任务控制要求的分析，可确定 PLC 需要 8 个输入点、2 个输出点，其 I/O 地址分配见表 4-2-1。

表 4-2-1　I/O 地址分配表

输入			输出		
元件代号	作用	输入继电器	元件代号	作用	输出继电器
SB1	左行启动	X000	KM1	左行接触器	Y000
SB2	右行启动	X001	KM2	右行接触器	Y001
SB3	停止按钮	X002			
KH	热继电器	X003			
SQ1	行程开关	X004			
SQ2	行程开关	X005			
SQ3	行程开关	X006			
SQ4	行程开关	X007			

二、绘制 PLC 硬件接线图

根据如图 4-1-5 所示的控制线路图及 I/O 分配表，绘制 PLC 硬件接线图，如图 4-2-3 所示。

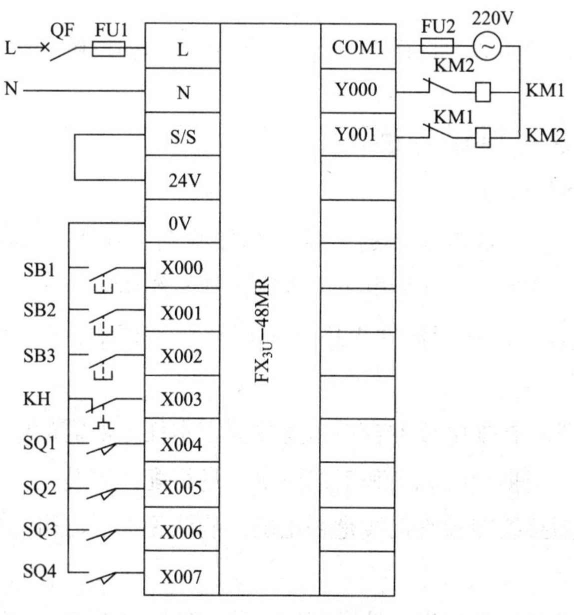

图 4-2-3　PLC 硬件接线图

三、设计梯形图程序

用 PLC 控制系统对继电器控制系统进行改造，对于编程初学者来说，一般都是采用经验法，在原继电器控制线路的基础上进行等效变化，如图 4–2–4 所示。

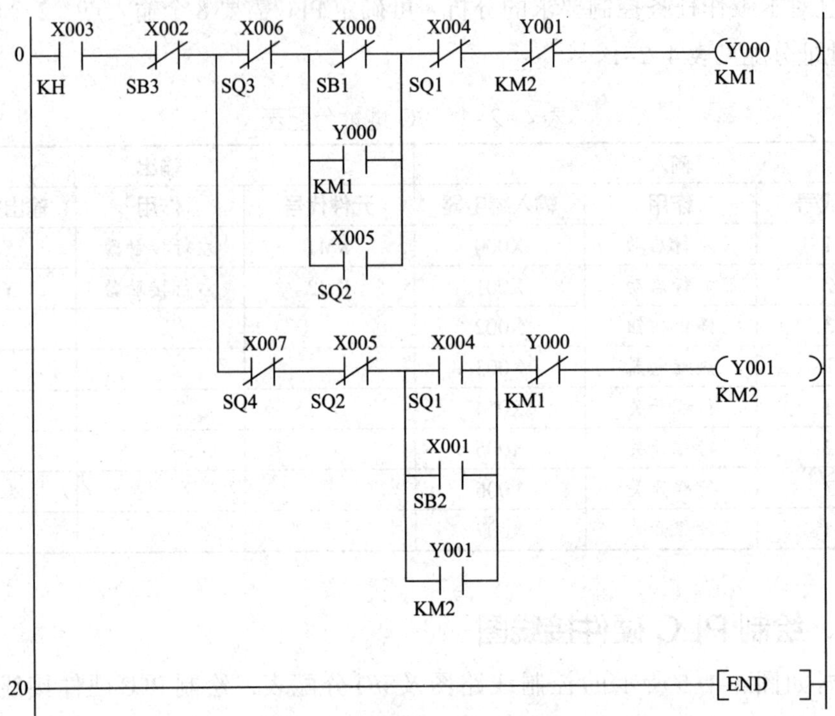

图 4–2–4　根据继电器控制线路直接转化的梯形图

根据相关规则，对梯形图自行进行优化，优化后的梯形图如图 4–2–5 所示。

四、系统安装、调试与运行

1. 识图、安装与接线

根据图 4–1–5、图 4–2–3 所示的电路图和接线图，在表 4–1–1 的基础上，补充、调整相应的设备及元器件，并在配电板上进行元件与线路安装。

（1）元器件检查。检查元器件规格是否符合技术要求，并检查电气元件是否完好。

（2）固定元器件。在配电板上合理布置并固定本任务所需的电气元器件。

（3）配线安装。根据配线原则和工艺要求，进行配线安装。

（4）自检。对照接线图检查接线是否正确，确认无误后方可通电调试。

2. 程序下载

线路安装完成并检查无误后，接通电源，将程序下载到 PLC 中。

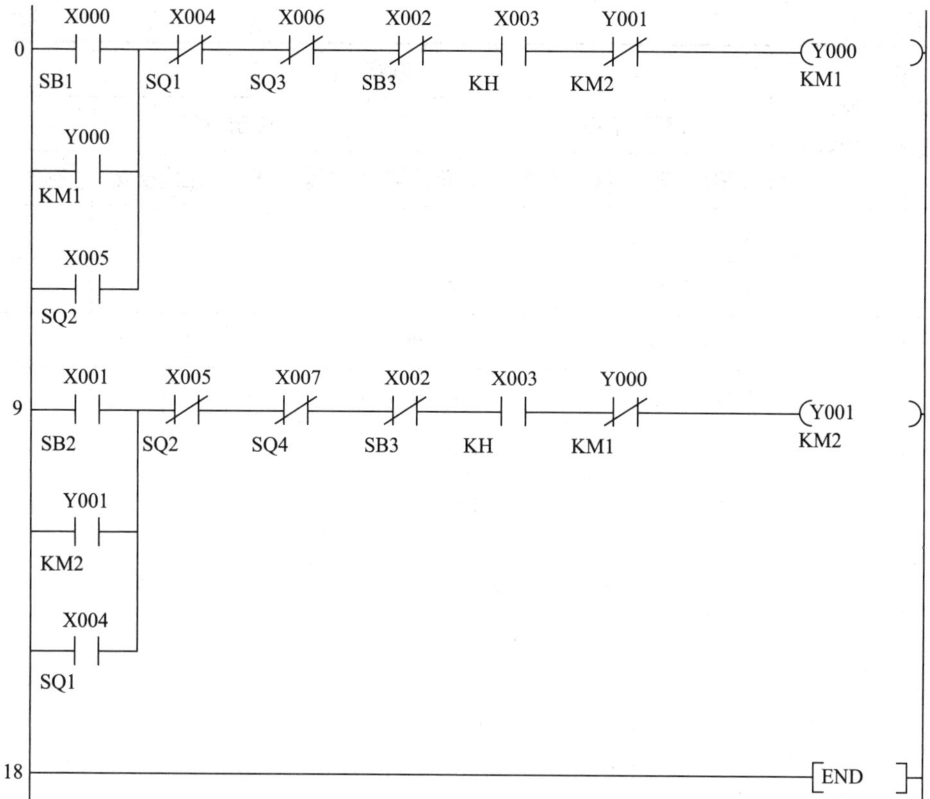

图 4-2-5 根据继电器控制线路直接转化的梯形图（优化后）

3. 运行调试

（1）在指导教师指导下进行通电调试。

（2）接通系统电源开关，将 PLC 运行方式置于“RUN”位置，然后通过计算机上的软件“监控”监视程序运行情况，再按表 4-2-2 进行操作，观察并记录系统运行情况。如出现异常情况，应立即切断电源，分析原因，检查硬件电路和程序，解决问题后再重新调试；若是程序问题且不影响安全运行，可通过在线修改程序进行调试，直至系统功能全部调试成功为止，最后关闭系统电源开关。

表 4-2-2 系统调试运行情况记录表

操作步骤	操作内容	观察内容					
		指示 LED		输出设备			
		正确结果	观察结果	正确结果	观察结果	正确结果	观察结果
1	按下 SB1	Y000 点亮		KM1 吸合		左行	
2	按下 SB2	Y000 熄灭		KM1 断开		停止左行	
		Y001 点亮		KM2 吸合		右行	

续表

操作步骤	操作内容	观察内容					
		指示 LED		输出设备			
		正确结果	观察结果	正确结果	观察结果	正确结果	观察结果
3	压下 SQ2	Y001 熄灭		KM2 断开		停止右行	
		Y000 点亮		KM1 吸合		左行	
4	压下 SQ1	Y000 熄灭		KM1 断开		停止左行	
		Y001 点亮		KM2 吸合		右行	
5	压下 SQ2	Y001 熄灭		KM2 断开		停止右行	
		Y000 点亮		KM1 吸合		左行	
6	按下 SB3	Y000 熄灭		KM1 断开		停转	
		Y001 熄灭		KM3 断开			
问题处理方法							
安全提示		运行与调试结束后必须关断电源					

提示

在进行三相异步电动机自动往返控制线路的梯形图程序设计、编写及线路安装与调试的过程中，会遇到项目 3 任务 2 中的接触器 KM1 和 KM2 外部联锁的问题，可参照处理。

任务测评

对任务实施的完成情况进行检查，并参照表 2-2-6 进行评分。

项目五
三相异步电动机Y－△降压启动控制线路的安装与调试

降压启动是指利用启动设备将电压适当降低后加到电动机的定子绕组上进行启动，待电动机启动运转后，再使其电压恢复到额定值正常运转。由于电流随电压的降低而减小，所以降压启动能达到减小启动电流的目的。常见的降压启动的方法有定子绕组串电阻（电抗）启动、自耦变压器降压启动、Y－△降压启动等。本项目通过2个任务学习三相异步电动机Y－△降压启动控制线路的安装与调试，学习如何分别通过继电器和PLC两种方式来实现三相异步电动机Y－△降压启动。

任务1　继电器实现的Y－△降压启动控制线路安装与调试

学习目标

知识目标：

1. 掌握时间继电器的结构、符号与选用方法。
2. 掌握Y/△降压启动控制线路的工作原理与分析方法。

能力目标：

1. 能正确分析Y/△降压启动控制线路的工作原理。
2. 能根据电气原理图画出元器件位置图和接线图。
3. 能正确安装并调试Y/△降压启动控制线路。

任务引入

三相异步电动机的直接启动电流很大（约为正常工作电流的 4 ~ 7 倍），小容量的三相异步电动机才允许直接启动，容量较大的三相异步电动机一般都采用降压启动的方式来启动，Y – △降压启动就是其中常见的一种方式。图 5–1–1 所示电路通过时间继电器实现了电动机定子绕组从Y形到△形的自动切换，实现了Y – △降压启动控制。本任务将学习时间继电器及Y – △降压启动控制线路的相关知识，并根据图 5–1–1 所示电气原理图绘制相应的布置图和接线图，选用合适的元器件，安装、调试Y – △降压启动控制线路，实现三相交流异步电动机的Y – △降压启动。

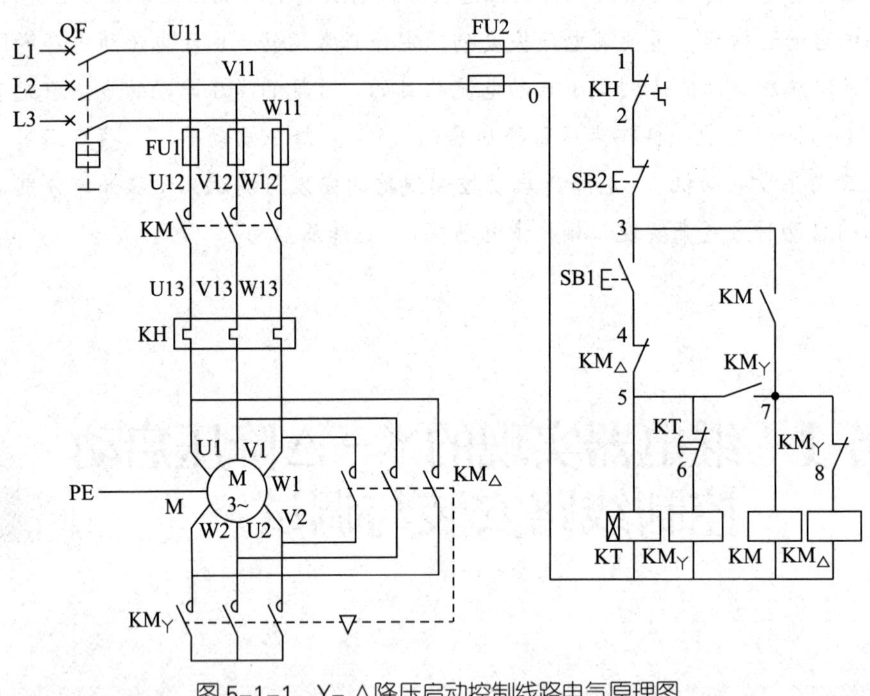

图 5–1–1　Y– △降压启动控制线路电气原理图

相关知识

一、时间继电器

时间继电器是控制系统中控制动作时间的继电器。它按工作原理可分为空气阻尼式、电磁式、电动式和电子式四种。常见的时间继电器外形和型号含义如图 5–1–2 所示，图形符号和文字符号如图 5–1–3 所示。

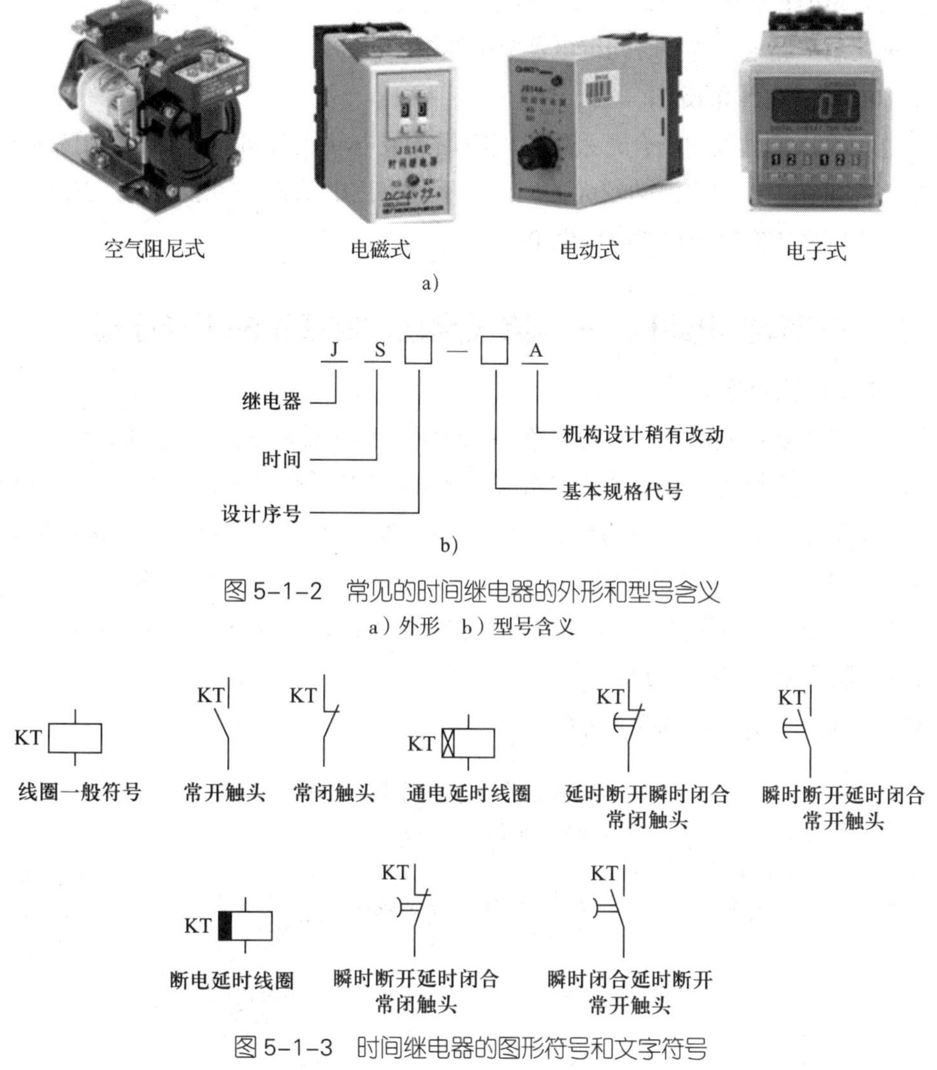

图 5–1–2　常见的时间继电器的外形和型号含义

a）外形　b）型号含义

图 5–1–3　时间继电器的图形符号和文字符号

二、时间继电器的选用

时间继电器的选用主要考虑延时方式和参数配合问题，选用时要考虑以下几个方面的因素：

1. 延时方式的选择

时间继电器有通电延时或断电延时两种，应根据控制电路的要求选用。所选时间继电器动作后复位时间要比固有动作时间长，以免产生误动作，甚至不延时，这在反复延时电路和操作频繁的场合尤其重要。

2. 类型选择

对延时精度要求不高的场合，一般采用价格较低的电磁式或空气阻尼式时间继电器；对延时精度要求较高的场合可采用电子式时间继电器。

3．线圈电压选择

根据控制电路电压选择时间继电器吸引线圈的电压。

4．电源参数变化的选择

在电源电压波动大的场合，采用空气阻尼式或电动式时间继电器比采用晶体管式的效果好；而在电源频率波动较大的场合，不宜采用电动式时间继电器；在温度变化较大处，不宜采用空气阻尼式时间继电器。

三、三相异步电动机Y-△降压启动控制线路的工作原理

1．电路结构分析

图 5-1-1 所示时间继电器自动切换Y-△降压启动控制线路由三个接触器、一个热继电器、一个时间继电器和两个按钮组成。接触器 KM 的作用为控制电动机三相电源，接触器 KM_{Y}和 $KM_{\triangle}$的作用分别为控制Y形降压启动和△形全压运行，时间继电器 KT 用于控制Y形降压启动时间和完成Y-△自动切换，SB1 是启动按钮，SB2 是停止按钮，FU1 作为主电路的短路保护，FU2 作为控制电路的短路保护，KH 作为过载保护。

2．控制线路工作原理分析

降压启动：先合上电源开关 QF。

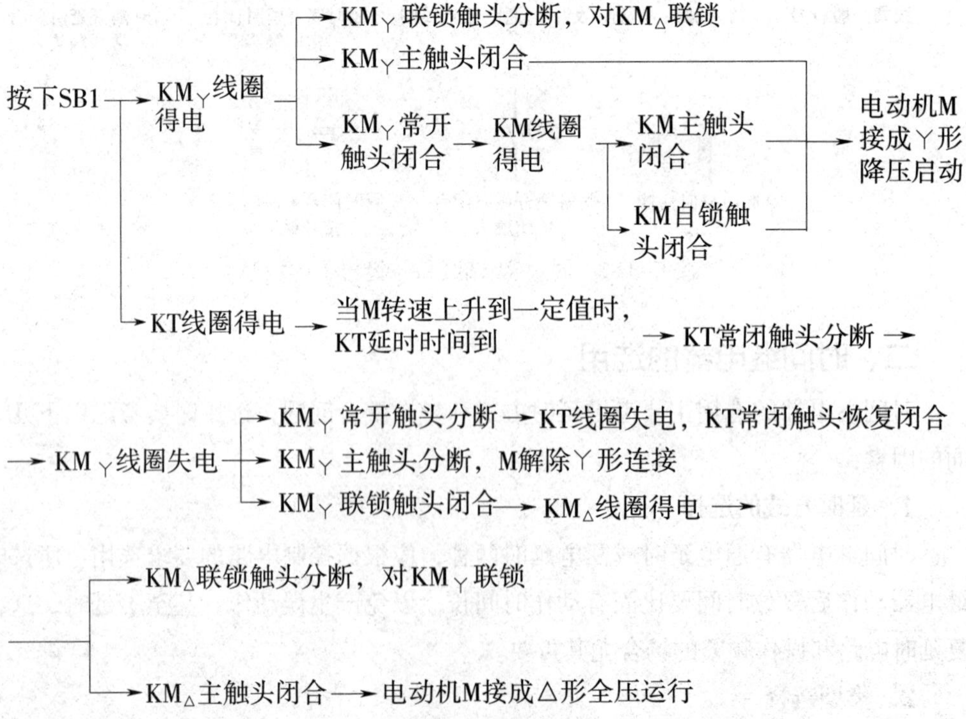

停止时，按下 SB2 即可。

该线路中，接触器 KM_{Y} 得电后，接触器 KM 在 KM_{Y} 的辅助常开触头闭合后才得

电动作，这样 KM_Y 的主触头是在无负载的条件下闭合的，可延长接触器 KM_Y 主触头的使用寿命。

对于应采用全压启动还是降压启动，通常规定：电源变压器容量在 180 kV · A 以上、电动机容量在 7 kW 以下的三相异步电动机可采用全压启动。判断一台电动机能否采用全压启动，还可以用下面的经验公式来确定：

$$\frac{I_{st}}{I_N} \leqslant \frac{3}{4} + \frac{S}{4P}$$

式中 I_{st}——电动机全压启动电流 /A；

I_N——电动机额定电流 /A；

S——电源变压器容量 /kV · A；

P——电动机功率 /kW。

凡不满足全压启动条件的，均须采用降压启动。

任务实施

一、工具、仪表、材料的选用及检测

1. 工具、仪表的选用

根据安装基本控制线路的要求，选择所需工具及仪表并填入表 5-1-1 中。

表 5-1-1　工具、仪表

项目	内容
工具	
仪表	

2. 设备、器材选用及检测

根据电路图及控制要求来选择设备、元器件和线材，具体选择见表 5-1-2。检测方法在项目一中已学习过，表 5-1-2 中空白处根据实际情况选择并填写。

表 5-1-2　设备及器材选用明细表

序号	名称	代号	型号及规格	单位	数量	检测情况	备注
1	三相异步电动机	M	型号：Y132M-4；规格：7.5 kW、380 V，15.4 A、△形接法、1 440 r/min（可根据实际自定型号）	台	1		
2	配线板	—		块	1		
3	断路器	QF		个	1		
4	熔断器	FU1		个	3		
5	熔断器	FU2		个	2		
6	交流接触器	KM、$KM_{\triangle}$、KM_{Y}		个	3		
7	热继电器	KH		个	1		
8	时间继电器	KT		个	1		
9	按钮	SB1、SB2		个	1		
10	导线			m	若干		
11	线槽			m	若干		

二、绘制位置图、接线图

绘制Y－△降压启动控制线路的位置图和接线图，位置图可参照图 5-1-4 绘制，接线图请自行绘制。

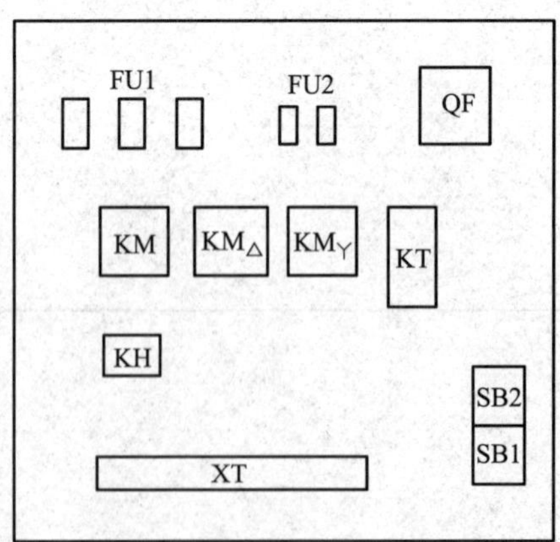

图 5-1-4　Y－△降压启动控制线路的位置图

三、安装电气元件

根据位置图在控制板上安装电气元件，并在各电气元件旁贴上醒目的文字符号标签。具体要求见项目二任务 1。

四、接线

按照接线图进行板前线槽配线。具体安装工艺要求见项目二任务 1。

提示

本电路的安装布线和前一任务施工中所涉及的方法、要求基本相同，可参照前一任务所学内容，完成元器件的安装及布线。

操作中，应注意以下问题：

（1）用Y－△降压启动控制的电动机，必须有 6 个出线端子且定子绕组在△形接法时的额定电压等于三相电源线电压。

（2）接线时要保证电动机△形接法的正确性，即接触器 KM_Y 主触头闭合时，应保证定子绕组的 U1 与 W2、V1 与 U2、W1 与 V2 相连接。

（3）接触器 KM_Y 的进线必须从三相定子绕组的末端引入，若误将其从首端引入，则在吸合时会产生三相电源短路事故。

（4）配电盘外部配线必须一律按要求装在导线通道内，使导线有适当的机械保护，以防止液体、铁屑和灰尘的侵入。

五、自检

1. 线路安装完毕，可根据电气原理图或接线图进行自检。
2. 利用仪表检查控制板布线的正确性，具体方法可参考项目二任务 1。

六、交验及通电试车

Y－△降压启动控制线路通电试车的方法步骤如下：

1. 检查电动机的电源线和接地线是否安装正确、牢固，并调节好时间继电器整定值。
2. 连接控制线路的三相电源线。
3. 合上电源总开关，再合上控制线路的电源开关 QF。
4. 按下启动按钮 SB1，观察电路及电动机运行情况是否符合Y形启动控制要求；如果出现异常，则必须立即断电停车，检查故障原因。
5. 当时间继电器延时时间到，观察电路中 KM_Y 和 $KM_\triangle$ 是否切换正常，以及电动机是否切换成△形全压正常运行。
6. 按下停止按钮 SB2，整个控制线路失电，电动机应随即停车。
7. 通电试车结束，先切断控制线路的电源开关 QF，再切断电源总开关。
8. 先拆除控制线路的三相电源线，再拆除电动机的电源线。

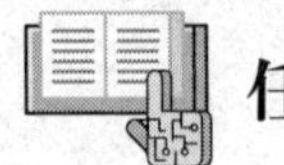

任务测评

对任务实施的完成情况进行检查，并参照表 2–1–2 进行评分。

知识拓展

软 启 动 器

1. 概述

在工程中最常用的电气设备是三相异步电动机，由于其启动特性，这些电动机直接连接供电系统（硬启动），将会产生高达电动机额定电流 4 ~ 7 倍的浪涌（冲击）电流，使供电系统和串联的开关设备过载。另一方面，直接启动会产生较高的峰值转矩，这种冲击不但会对拖动电动机产生冲击，而且会使机械装置受损，还会影响接在同一电网上其他电气设备正常工作。

软启动器的作用就是在启动时通过改变加在电动机上的电源电压，以减小启动电流、启动转矩。软启动的限流特性可有效限制浪涌电流，避免不必要的冲击力矩以及对配电网络的电流冲击，有效地减少线路刀闸和接触器的误触发动作；对频繁启停的电动机，可有效控制电动机的温升，大大延长电动机的使用寿命。目前应用较为广泛、工程中常见的软启动器是以晶闸管（SCR）软启动的方式实现的，外观如图 5–1–5 所示。

图 5–1–5　软启动器

2. 晶闸管软启动原理

在三相电源与电动机间串入软启动器，利用晶闸管移相控制原理改变晶闸管的触发角，启动时电动机端电压随晶闸管的导通角从零逐渐上升，调节晶闸管调压电路的输出电压，电动机转速逐渐增大，直至达到满足启动转矩的要求而结束启动过程。软启动器的输出是一个平滑的升压过程，且可具有限流功能，直到晶闸管全导通后使电动机在额定电压下工作。此时旁路接触器接通，短接软启动器（避免启动器在运行中对电网形成谐波污染，延长晶闸管的使用寿命），电动机进入稳态运行状态。停车时先切断旁路接触器，然后由软启动器内晶闸管导通角由大逐渐减小，使三相供电电压逐渐减小，电动机转速由大逐渐减小到零，完成停车过程。

3. 软启动器的应用

通常将软启动器、断路器和控制电路组成一个较完整的电动机控制中心，以实现电动机的软启动、软停车、故障保护报警、自动控制等功能。控制中心同时具有运行和故障状态、接触器操作次数、电动机运行时间和触头弹跳的监视、试验等辅助功能，另外还可以附加通信单元和编程器单元等，并直接与通信总线联网。

（1）软启动器与旁路接触器

软启动器可以实现软启动、软停车，但软启动器并不需要一直运行。集成的旁路接触器在电动机达到正常运行速度之后启用，将电动机连到线路上，这时软启动器就可以关闭了。在图5-1-6所示电路中，在软启动器两端并联接触器KM，当电动机软启动结束后，KM闭合，工作电流将通过KM送至电动机。电动机软停车时发出停车信号后，先将KM分断，然后再由软启动器对电动机进行软停车。

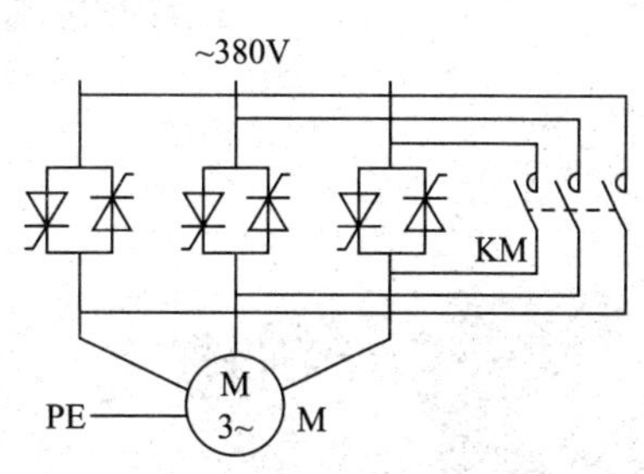

图5-1-6 软启动器主电路电气原理图

该电路有以下优点：

1）在电动机运行时可以避免软启动器产生的谐波。

2）软启动器仅在启动和停车时工作，可以避免长期运行使晶闸管发热，延长其使用寿命。

3）一旦软启动器发生故障，可由旁路接触器作为应急备用。

（2）单台软启动器启动多台电动机

一些工厂有多台电动机需要启动，此时最好每台电动机单独安装一台软启动器，这样既方便控制，又能充分发挥软启动器的故障检测功能。但在一些特定情况下，也可以用一台软启动器对多台电动机进行软启动，以节约资金投入。图5-1-7所示即是用一台软启动器分别控制两台电动机启动和停止的控制线路。

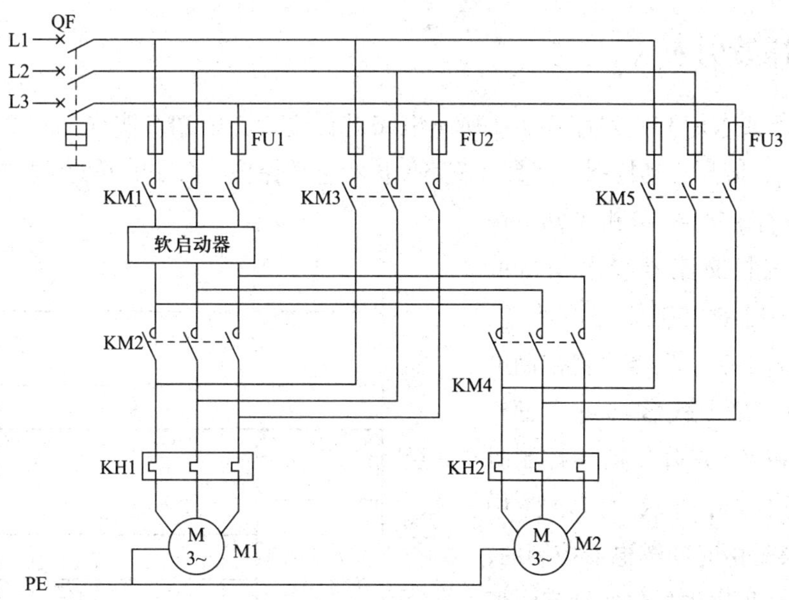

图5-1-7 用一台软启动器分别控制两台电动机启动和停止的控制线路

任务 2　PLC 实现的Y－△降压启动控制线路安装与调试

学习目标

知识目标：

1. 掌握定时器指令的功能及其应用。

2. 掌握主控指令的功能及编程原则。

能力目标：

1. 能根据控制要求，使用主控指令、定时器指令编制 PLC 梯形图程序。

2. 能使用 GX Works2 编程软件完成梯形图程序的写入、监控与调试。

3. 能完成三相异步电动机Y－△降压启动 PLC 控制线路的安装与调试。

任务引入

本任务要求用 PLC 对图 5–1–1 所示电路进行改造，用 PLC 实现三相交流异步电动机的Y－△降压启动控制，并具有短路保护和过载保护等必要的联锁保护措施。

通过对图 5–1–1 分析可知，用 PLC 实现三相交流异步电动机的Y－△降压启动控制线路的改造，主电路部分不变，只需要将控制电路部分用 PLC 来代替即可。三相异步电动机Y－△降压启动控制时序图如图 5–2–1 所示。该电路中Y－△转换是由时间继电器控制的，因此在 PLC 程序中如何实现定时切换是该任务实施的关键。

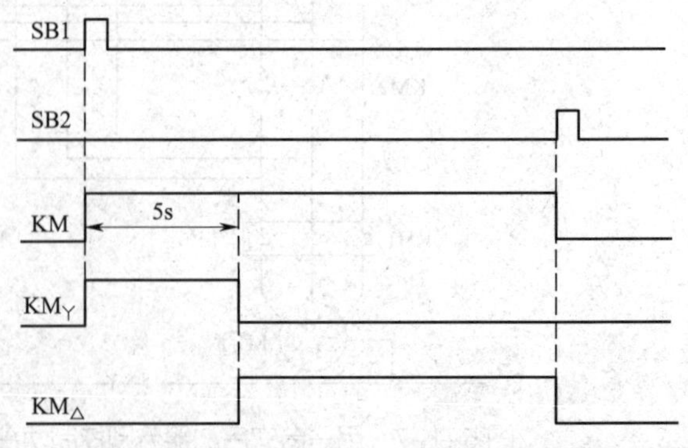

图 5–2–1　三相异步电动机Y－△降压启动控制时序图

相关知识

一、定时器（T）

作为 PLC 编程软元件，定时器（T）主要用于定时控制，每个定时器都有线圈和无数个触点可供用户编程使用。编程时，其线圈仍由 OUT 指令驱动，但用户必须设置其设定值。三菱 FX_{3U} 系列 PLC 的定时器为增定时器，当线圈接通时，定时器当前值由 0 开始递增，直到当前值达到设定值时，定时器触点动作。与传统继电器电路不同的是，PLC 中无失电延时定时器，如需使用可以通过编程实现。定时器以十进制编号，可分为通用定时器和积算定时器两类。本任务只介绍通用定时器。

1. 通用定时器

通用定时器的编号为 T0 ~ T245，共 246 点。按定时单位不同可分为 100 ms 定时器、10 ms 定时器和 1 ms 定时器。

（1）100 ms 定时器

100 ms 定时器的编号为 T0 ~ T199，共 200 点，定时单位为 0.1 s，最大设定值为 K32767（K 表示十进制数），定时时间为 0.1 ~ 3 276.7 s。

（2）10 ms 定时器

10 ms 定时器的编号为 T200 ~ T245，共 46 点，定时单位为 0.01 s，最大设定值为 K32767，定时时间为 0.01 ~ 327.67 s。

（3）1 ms 定时器

1 ms 定时器的编号为 T256 ~ T511，共 256 点，定时单位为 0.001 s，最大设定值为 K32767，定时时间为 0.001 ~ 32.767 s。

2. 应用举例

通用定时器的应用实例如图 5-2-2 所示。

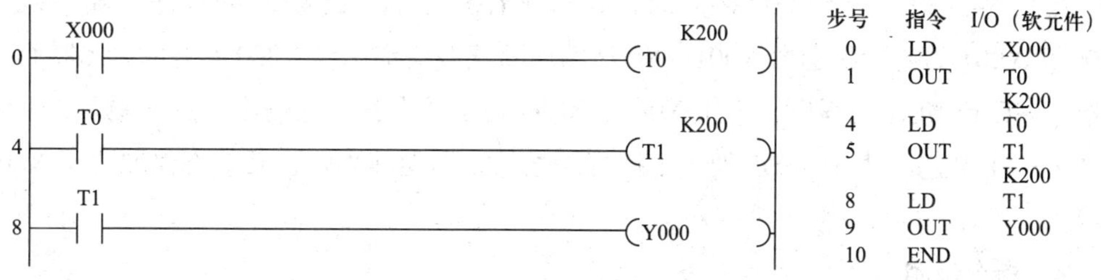

图 5-2-2　通用定时器的应用实例

在图 5-2-2 中，X000 闭合，T0 线圈接通，计时开始，20 s 后定时器 T0 动作，其常开触点闭合，T1 开始计时，20 s 后 Y000 接通。因此，当 X000 闭合 40 s 后，输出 Y000 才接通，这也是设计长时间定时器的方法之一。用一个定时器定时的最长时间为 3 276.7 s，若定时时间超过这一值，可以用几个定时器定时时间相加的方法来实现。另外，在图 5-2-2 中，若在定时器计时期间 X000 断开或 PLC 断电，则定时器 T0、T1 复位，当前值恢复为 0。

二、主控指令（MC、MCR）

在编程时，当多个线圈同时受一个或一组触点控制，如果在每个线圈的控制电路中都串入同样的触点，将占用很多存储单元，若使用主控指令则可使程序得到优化。

1. 指令功能

（1）主控指令（MC）

当满足执行条件时，执行 MC 到 MCR 之间的程序，左母线移至主控触点之后。

（2）主控复位指令（MCR）

当程序执行到该指令时，使左母线回到使用主控指令前的位置。

2. 程序举例（见图 5-2-3）

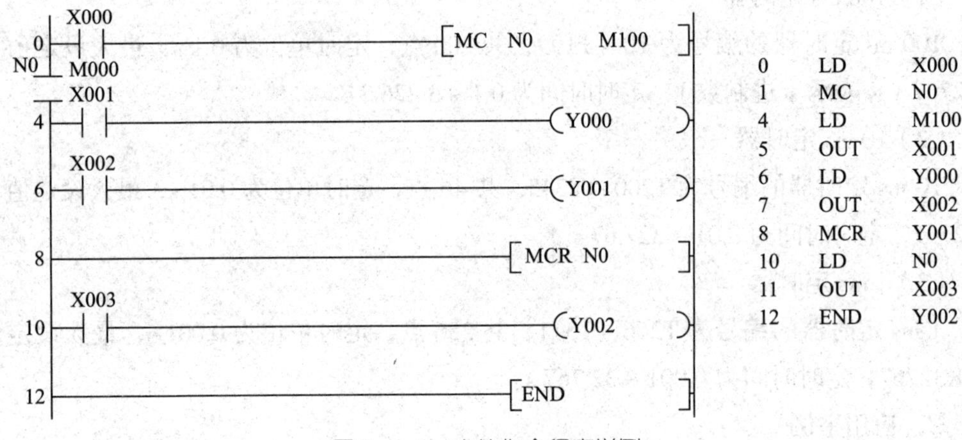

图 5-2-3　主控指令程序举例

在图 5-2-3 中，当 X000 接通时，执行主控指令 MC 到 MCR 的程序，输出线圈 Y000 和 Y001 的通断状态由 X001、X002 的通断状态决定；当 X000 断开时，不执行主控指令 MC 到 MCR 的程序，无论 X001、X002 处于什么状态，输出线圈 Y000 和 Y001 均处于 OFF 状态。由于 Y002 处于主控程序之外，不受其影响，其状态仅取决于 X003 的状态。

3. 指令说明

（1）在图 5-2-3 所示的程序中，输入 X000 闭合时，执行 MC 与 MCR 之间的指令。X000 为断开状态时，如果 MC 与 MCR 之间的存在积算定时器、计数器、SET/RST 指令驱动的软元件，则这些软元件保持当前状态不变；如果 MC 与 MCR 之间的存在非积算定时器、用 OUT 指令驱动的软元件，则这些软元件处于断开状态。

（2）与主控触点相连的触点必须用LD或LDI指令，MC、MCR指令必须成对使用。

（3）梯形图中使用不同的Y、M元件号，可多次使用MC指令。

（4）在MC指令内再使用MC指令时，嵌套级N的编号就顺次增大（按程序顺序由小到大），同时用MCR指令，从大的嵌套级开始解除（按程序顺序由大到小），嵌套级数最多为8级。

任务实施

当用PLC实现图5–1–1所示的三相交流异步电动机Y－△降压启动控制功能时，需要将按钮SB1、SB2与可编程控制器输入接口连接，并将KM、$KM_{\triangle}$和KM_{Y}接触器的线圈接至输出接口。

此时，电动机的启动和停止仍然由接触器控制，因此在用PLC控制时，主电路和图5–1–1完全相同，无须更改，控制电路的功能则要通过PLC来实现。

一、分配I/O地址

通过对本任务控制要求的分析，可确定PLC需要3个输入点、3个输出点，其I/O地址分配见表5–2–1。

表5–2–1　I/O地址分配表

输入			输出		
元件代号	作用	输入继电器	元件代号	作用	输出继电器
SB1	启动	X000	KM	电源引入	Y001
SB2	停止	X001	KM_{Y}	Y形联结	Y002
KH	过载保护	X002	$KM_{\triangle}$	△形联结	Y003

二、绘制PLC硬件接线图

根据图5–1–1所示控制线路图及I/O分配表，绘制PLC硬件接线图，如图5–2–4所示。

三、设计梯形图程序

1. 方法一——采用继电器控制电路图转换设计法进行设计

用PLC控制系统对继电器控制系统的改造，对于编程初学者来说，一般可采用转换设计法，在原继电器控制线路的基础上进行等效变化，如图5–2–5所示。

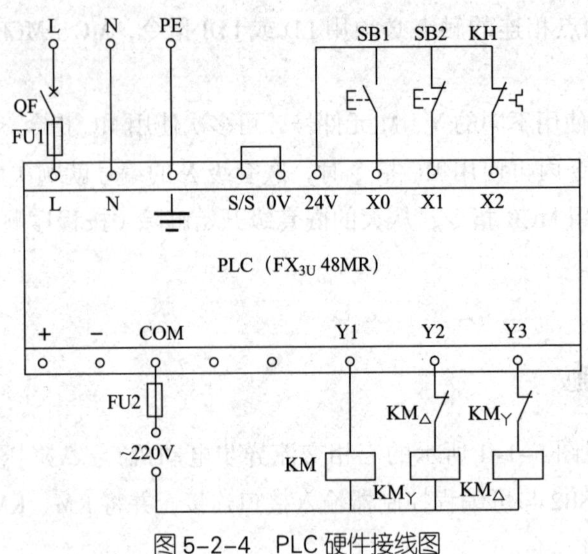

图 5-2-4　PLC 硬件接线图

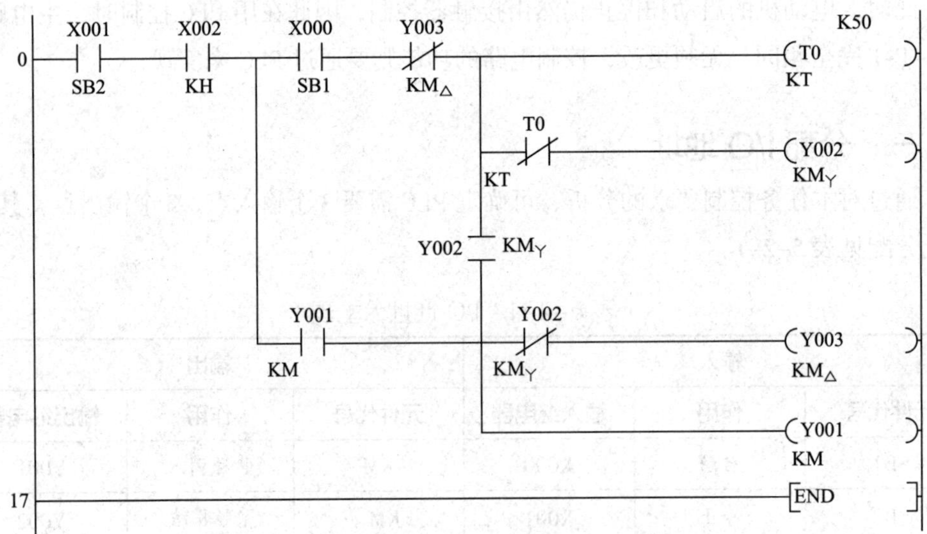

图 5-2-5　根据继电器控制线路直接转化的梯形图

根据相关规则对梯形图自行进行优化，优化后的梯形图如图 5-2-6 所示。

2. 方法二——采用串、并联及输出指令进行设计

（1）Y-△降压启动电源控制程序的设计

由图 5-1-1 所示的Y-△降压启动的继电器控制线路原理分析可知，无论是Y形启动还是△形运行，接触器 KM 始终保持得电，因此，可以采用“启—保—停”电路进行接触器 KM 的控制设计，其控制程序如图 5-2-7 所示。

所谓“启—保—停”电路，就是具有“启动”“保持”“停止”这三个功能的电路，其功能相当于继电器实现的控制电路中的自锁电路。“启—保—停”电路在梯形图中的应用极为广泛，是梯形图中最基本的电路之一。

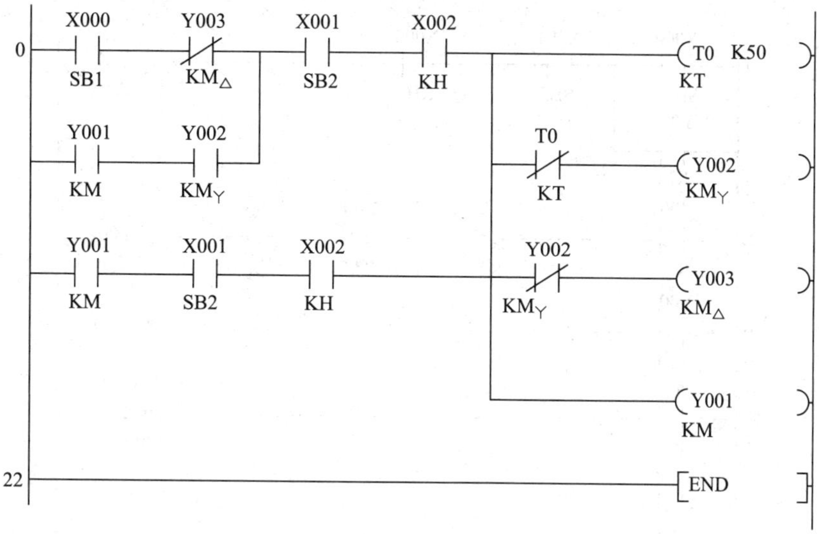

图 5-2-6　根据继电器控制线路直接转化的梯形图（优化后）

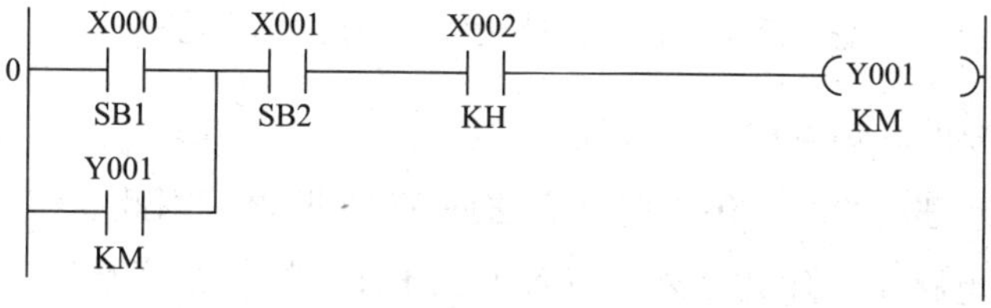

图 5-2-7　Y－△降压启动电源控制程序

（2）Y－△降压启动Y形启动控制程序的设计

由于Y形启动控制时，除了接触器 KM 得电外，还必须使接触器 KM_Y 通电，因此可以通过 Y001 的辅助常开触头使 Y002 线圈得电，其控制程序如图 5-2-8 所示。

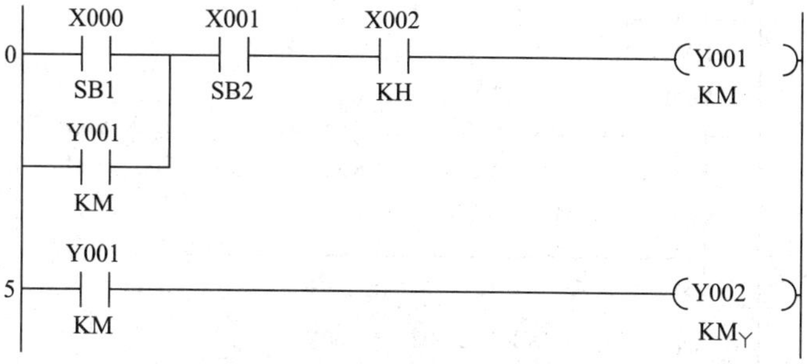

图 5-2-8　Y－△降压启动Y形启动控制程序

（3）Y－△降压启动△形运行控制程序的设计

当Y形启动结束后，通过定时器（T0）的辅助常开触头接通△形控制接触器 $KM_{\triangle}$（Y003），由于△形运行时必须保证 Y002 断电，因此在Y形启动的支路中串联 Y003 的常闭触头。其控制程序如图 5-2-9 所示。

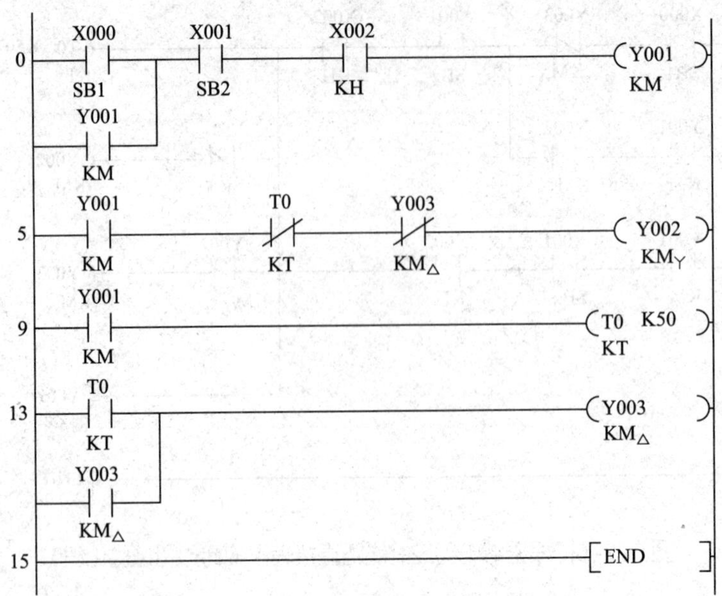

图 5-2-9 Y-△降压启动△形运行控制程序

（4）添加必要的联锁保护，完善程序

当按下停止按钮 SB2（X001）时，无法使 Y003 断电，因此要将 X001 的常开触头串联到△形控制电路中，除此之外，将 X002（KH 保护）常开触头、Y002（KM_{Y}）常闭触头均串联到△形控制电路中，以完善原来的程序。这样就得出本任务采用串、并联及输出指令实现控制的程序，如图 5-2-10 所示。

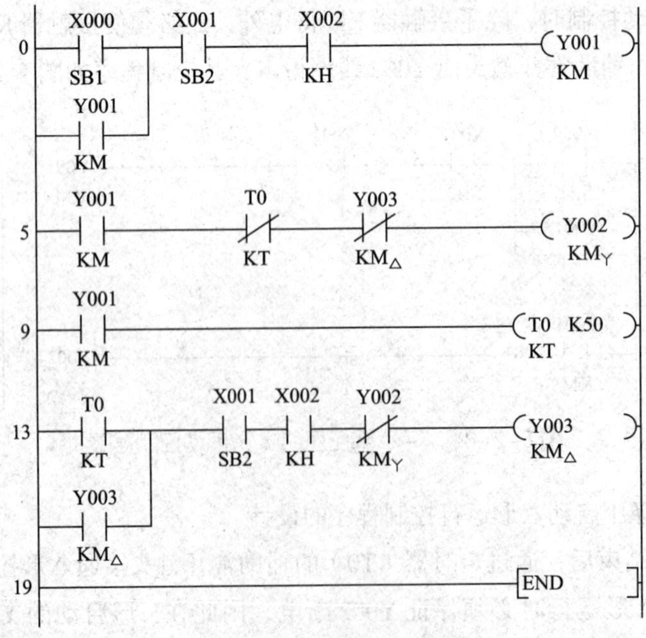

图 5-2-10 完善后的程序

想一想

在图5-2-10中，X002的常开触头、Y002的常闭触头、X001的常开触头串联到△形控制回路中，完善了原来的程序，除此之外，还可以用哪个触头来代替三者的功能？

3. 方法三——采用MC/MCR指令进行设计

根据继电器电路分析，将启动按钮X000作为主控程序的控制信号，使用M100作为主控程序的自锁触点，只有在按下停止按钮或过载的情况下M100才断开。采用MC/MCR指令设计的Y－△降压启动控制程序如图5-2-11所示。

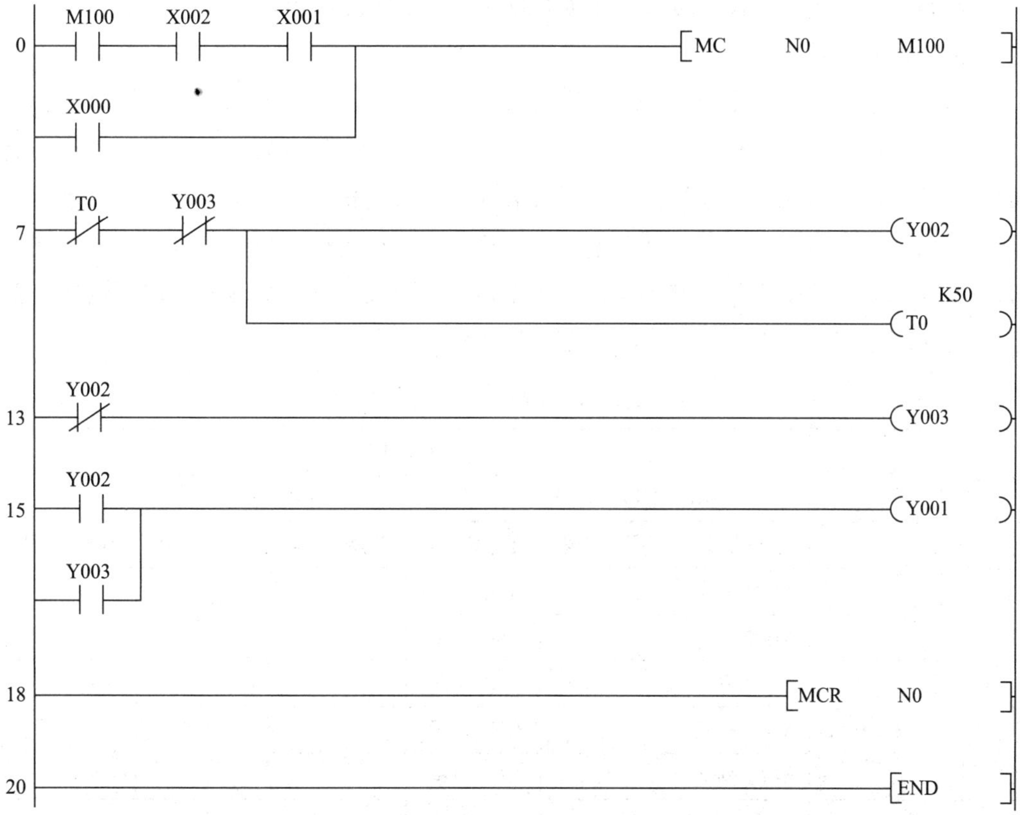

0　M100　X002　X001　[MC　N0　M100]
X000
7　T0　Y003　(Y002)
K50
(T0)
13　Y002　(Y003)
15　Y002　(Y001)
Y003
18　[MCR　N0]
20　[END]

图5-2-11　采用MC/MCR指令设计的Y－△降压启动控制程序

输入主控指令时，选择的图标是，输入定时器指令时，选择的图标是。

四、系统安装、调试与运行

1. 识图、安装与接线

根据图5-1-1、图5-2-4所示的电气原理图和接线图，在表5-1-2的基础上，补充、调整相应的设备及元器件，并在配电板上进行元器件与线路的安装。

（1）元器件检查

检查元器件规格是否符合技术要求，并检查电气元件是否完好。

（2）固定元器件

在配电板上合理布置并固定本任务所需的元器件。

（3）配线安装

根据配线原则和工艺要求进行配线安装。

（4）自检

对照接线图检查接线是否正确，确认无误后方可通电调试。

2. 程序下载

线路安装完成并检查无误后，接通电源，将程序下载到 PLC 中。

3. 运行调试

（1）在指导教师指导下进行通电调试。

（2）接通系统电源开关，将 PLC 运行方式置于“RUN”位置，然后通过计算机上的软件“监控”监视程序运行情况，再按表 5-2-2 进行操作，观察并记录系统运行情况。如出现异常情况，应立即切断电源，分析原因，检查硬件电路和程序，解决问题后再重新调试。若是程序问题且不影响安全运行，可通过在线修改程序进行调试，直至系统功能全部调试成功为止，最后关闭系统电源开关。

表 5-2-2　系统调试运行情况记录表

<table>
<tr><th rowspan="3">操作步骤</th><th rowspan="3">操作内容</th><th colspan="6">观察内容</th></tr>
<tr><th colspan="2">指示 LED</th><th colspan="4">输出设备</th></tr>
<tr><th>正确结果</th><th>观察结果</th><th>正确结果</th><th>观察结果</th><th>正确结果</th><th>观察结果</th></tr>
<tr><td rowspan="2">1</td><td rowspan="2">按下 SB1</td><td>Y001 点亮</td><td></td><td>KM 吸合</td><td></td><td rowspan="2">Y形启动</td><td rowspan="2"></td></tr>
<tr><td>Y002 点亮</td><td></td><td>KM_{Y} 吸合</td><td></td></tr>
<tr><td rowspan="3">2</td><td rowspan="3">5 s 到</td><td>Y001 点亮</td><td></td><td>KM 吸合</td><td></td><td rowspan="3">△形运行</td><td rowspan="3"></td></tr>
<tr><td>Y002 熄灭</td><td></td><td>KM_{Y} 断开</td><td></td></tr>
<tr><td>Y003 点亮</td><td></td><td>$KM_{\triangle}$ 吸合</td><td></td></tr>
<tr><td rowspan="2">3</td><td rowspan="2">按下 SB2</td><td>Y001 熄灭</td><td></td><td>KM 断开</td><td rowspan="2"></td><td rowspan="2">停转</td><td rowspan="2"></td></tr>
<tr><td>Y003 熄灭</td><td></td><td>$KM_{\triangle}$ 断开</td></tr>
<tr><td colspan="3">问题处理方法</td><td colspan="5"></td></tr>
<tr><td colspan="3">⚠ 安全提示</td><td colspan="5">运行与调试结束后必须关断电源</td></tr>
</table>

提示

常见问题：在设计Y－△降压启动控制I/O接线图时，往往因在梯形图控制程序中设置了Y003（$KM_{\triangle}$）和Y002（KM_{Y}）的软元件联锁，而遗漏接触器$KM_{\triangle}$和KM_{Y}的接触器的外部联锁。

后果及原因：在实际控制过程中，当接触器KM_{Y}或接触器$KM_{\triangle}$中任何一个接触器的主触头熔焊时，由于没有外部硬件的联锁，只在梯形图中加入"软继电器"的联锁会造成主电路电源相间短路。

预防措施：在设计Y－△降压启动控制I/O接线图时，为了防止接触器$KM_{\triangle}$或接触器KM_{Y}中任何一个接触器的主触头因熔焊时造成主电路电源相间短路，必须进行PLC输出端外部硬件联锁。

任务测评

对任务实施的完成情况进行检查，并参照表2-2-6进行评分。

知识拓展

定时器的应用

1. 失电延时电路（见图5-2-12）

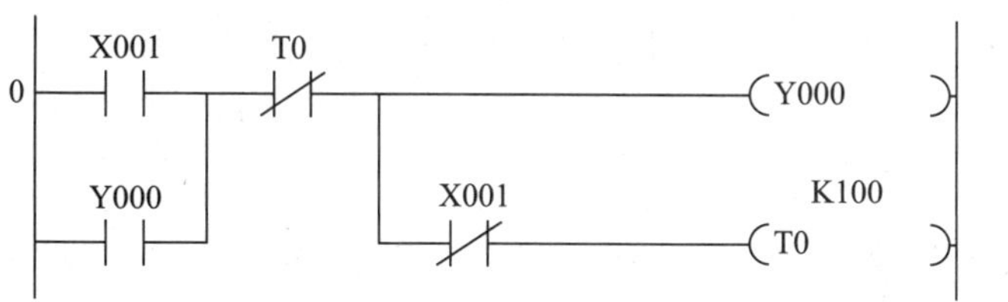

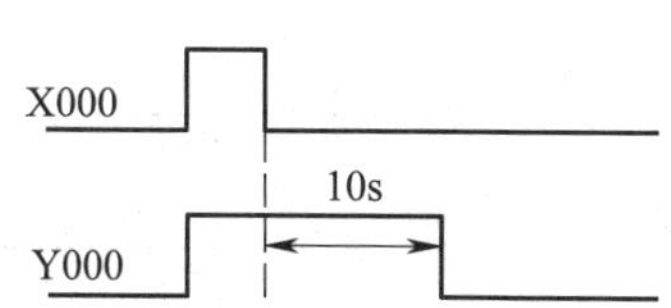

图5-2-12 失电延时电路

说明：当X001为ON时，其常开触点闭合，Y000接通并自锁；当X001断开时，定时器开始得电延时，当X001断开的时间到达定时器设置的时间时，Y000由ON变为OFF，实现失电延时。

2. 定时器自复位电路（见图5-2-13）

说明：X000接通1 s，T0状态为ON，Y000状态输出为ON，T0的状态为ON，使其常闭触点动作，T0、Y000状态变为OFF。当X000一直处于ON状态时，经过一个扫描周期后，重复前面的状态。

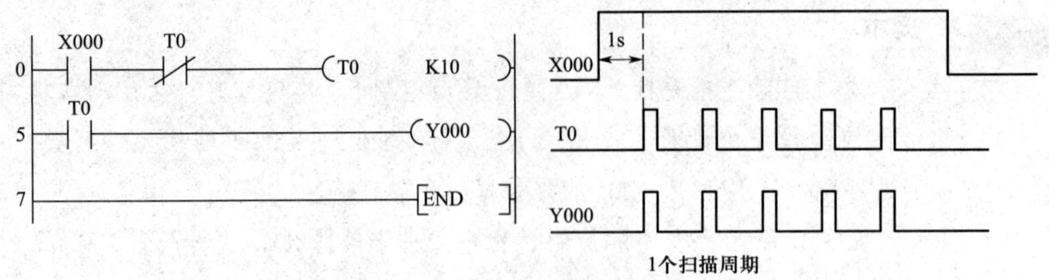

图 5-2-13　定时器自复位电路

3. 定时器的扩展

FX 系列 PLC 的延时都有最大值，如所需延时大于定时器的最大值，可以采用多个定时器接力完成，如图 5-2-14 所示。

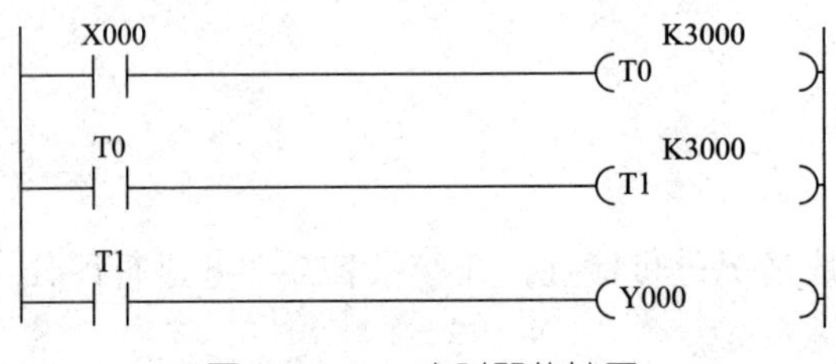

图 5-2-14　定时器的扩展

4. 振荡电路

振荡电路可以产生特定的通断时序脉冲，它应用在脉冲信号源或闪光报警电路中。定时器组成的振荡电路如图 5-2-15 所示。

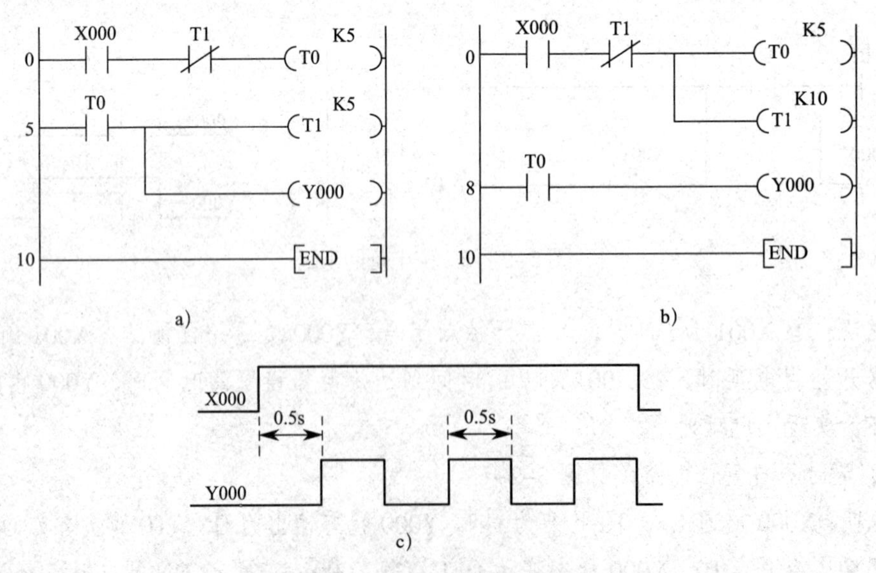

图 5-2-15　振荡电路

a）方法 1 定时器分别计时　b）方法 2 定时器累计计时　c）波形图

项目六
三相异步电动机顺序控制线路的安装与调试

在多电动机驱动的生产机械上，各台电动机所起的作用不同，设备有时要求某些电动机按一定顺序启动并工作，以保证操作过程的合理性和设备工作的可靠性。例如，铣床工作台（放置工件）的进给电动机必须在主轴（刀具）电动机启动的条件下才能启动；平面磨床则要求砂轮电动机启动后，冷却泵电动机才能启动；多级输送带为了防止物料的滞留采用顺序启动、逆序停止控制等。这就对电动机启动过程提出了顺序控制的要求，实现顺序控制要求的线路称为顺序控制线路。本项目将学习实现电动机顺序控制的方法，通过继电器和PLC分别实现控制线路的安装与调试。

任务1　继电器实现的顺序控制线路安装与调试

学习目标

知识目标：

1. 掌握中间继电器的结构原理及型号选用方法。

2. 掌握顺序控制线路的结构特点及工作原理。

能力目标：

1. 能叙述两台电动机手动及自动顺序控制线路的工作原理。

2. 能按照工艺要求正确安装、调试两台电动机顺序启动、逆序停止控制线路。

任务引入

要求几台电动机的启动或停止必须按一定的先后顺序来完成的控制方式称为电动机的顺序控制。顺序控制可以通过控制电路实现，也可以通过主电路实现，既可以手动控制也可以自动控制。本任务将分析手动、自动顺序控制线路的工作原理，并安装、调试如图 6–1–1 所示的两台电动机顺序启动、逆序停止自动控制线路。

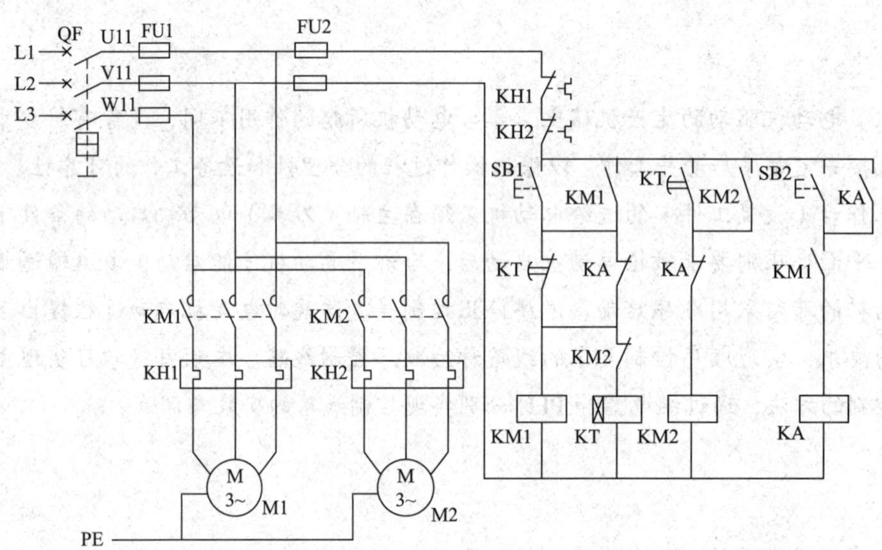

图 6–1–1　两台电动机的顺序启动、逆序停止自动控制线路

相关知识

一、中间继电器

中间继电器是将一个输入信号变成一个或多个输出信号的继电器。它的输入信号为线圈的通电和断电，它的输出信号是触头的动作，不同动作状态的触头分别将信号传给几个元件或回路。

1．结构及工作原理

中间继电器的基本结构及工作原理与接触器基本相同，故称为接触器式继电器。所不同的是中间继电器的触头对数较多，并且没有主辅之分，各对触头允许通过的电流大小是相同的，其额定电流为 5 A。

常用的中间继电器有两种。

一种为 JZ7 系列、JZC4 系列中间继电器，其外形、结构及电气符号如图 6–1–2 所示，与小容量交流接触器相似。

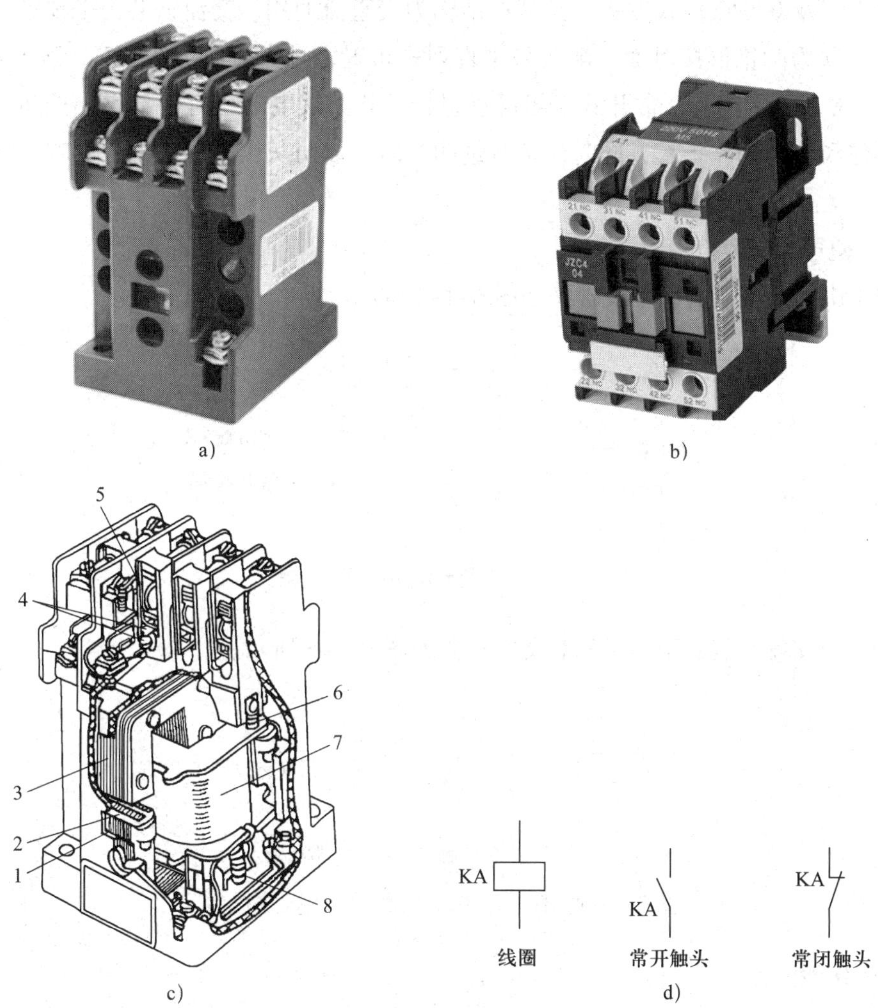

图 6-1-2　中间继电器的外形、结构及电气符号
a）JZ7 系列中间继电器外形　b）JZC4 系列中间继电器外形　c）结构　d）电气符号
1—静铁芯　2—短路环　3—衔铁　4—常开触头　5—常闭触头
6—反作用弹簧　7—线圈　8—缓冲弹簧

JZ7 系列中间继电器采用立体布置，铁芯和衔铁用 E 型硅钢片叠装而成，线圈置于铁芯中柱，组成双 E 直动式电磁系统。触头采用桥式双断点结构，上、下两层各有 4 对触头，下层触头只能是常开的，故触头系统可按 8 常开、6 常开 2 常闭、4 常开 4 常闭三种方式组合使用。

图 6-1-3　JZ14 系列中间继电器的外形

另一种为交直流中间继电器，如图 6-1-3 所示为 JZ14 系列的外形。此类继电器采用螺管

式电磁系统及双断点桥式触头，其基本结构为交直流通用，交流铁芯为平顶形，直流铁芯与衔铁为圆锥形接触面。触头采用直列式布置，触头对数可达 8 对，按 6 常开 2 常闭、4 常开 4 常闭及 2 常开 6 常闭任意组合。此类继电器还有手动操作按钮，便于点动操作和作为动作指示，同时还带有透明外罩，以防灰尘进入内部，影响工作可靠性。

2. 型号含义及符号

（1）中间继电器的型号及含义如图 6-1-4 所示。

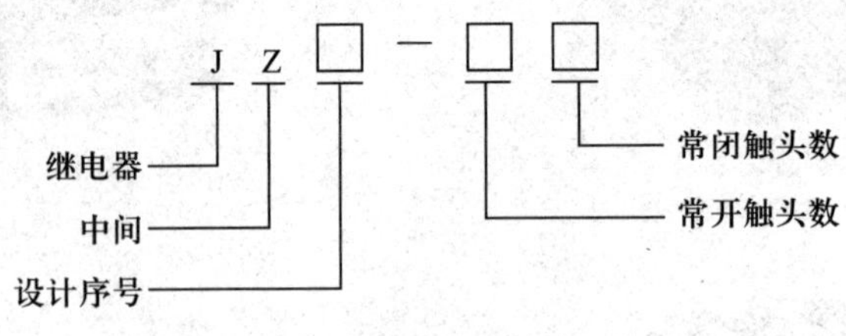

图 6-1-4　中间继电器的型号及含义

（2）中间继电器的图形符号和文字符号如图 6-1-5 所示。

图 6-1-5　中间继电器的图形符号和文字符号

3. 功能

中间继电器的主要用途有两个：一是当电压或电流继电器触头容量不够时，可借助中间继电器来控制，用中间继电器作为执行元件，这时中间继电器可被看成是一个放大器；二是当其他继电器或接触器触头数量不够时，可利用中间继电器来切换多条电路。

4. 选用

中间继电器主要依据被控制电路的电压等级，所需触头的数量、种类、容量等要求来选择。

二、两台电动机手动顺序控制线路

1. 电气原理图

三种常用的两台电动机手动顺序控制线路电气原理图如图 6-1-6 所示。

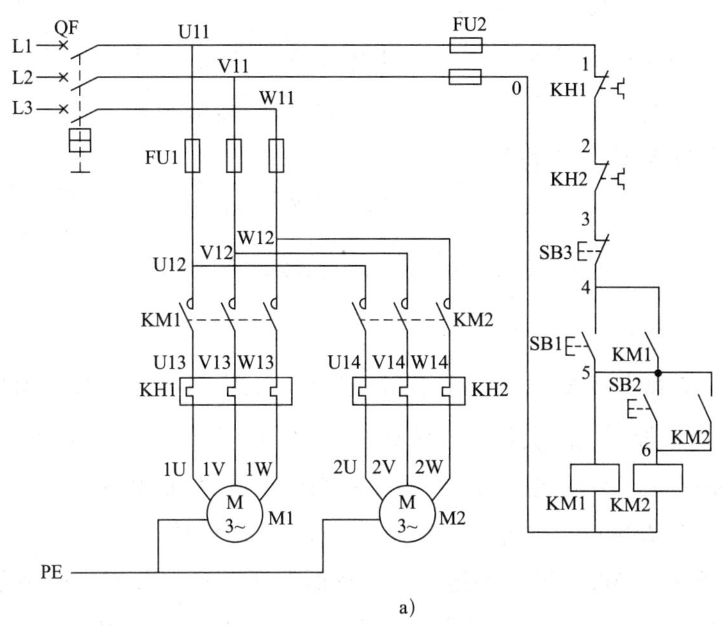

a)

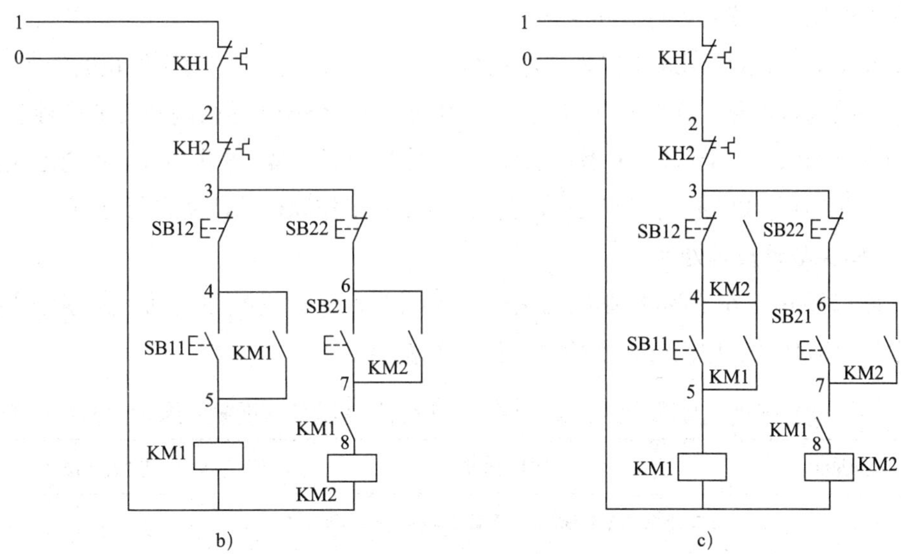

b)　　c)

图 6-1-6　两台电动机手动顺序控制线路电气原理图

a）主电路及控制电路一　b）控制电路二　c）控制电路三

2. 工作原理分析

图 6-1-6a 所示控制线路实现了电动机 M1、M2 顺序启动同时停止的控制功能。它的结构特点是：电动机 M2 的控制电路先与接触器 KM1 的线圈并接后再与 KM1 的自锁触头串接，这样就保证了 M1 启动后 M2 才能启动的顺序控制要求。线路的工作原理分析如下：

先合上电源开关 QF。

M1启动后M2才能启动：

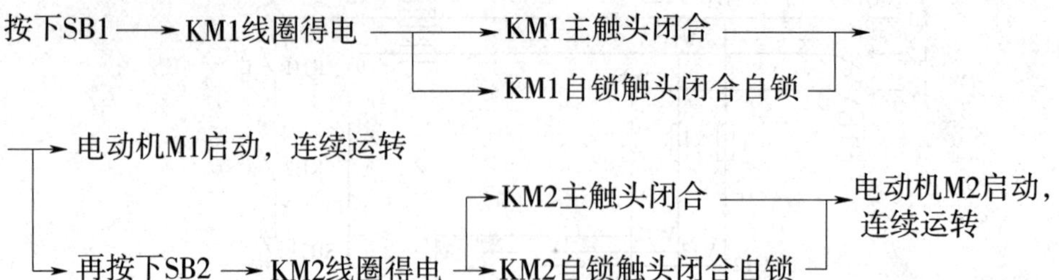

M1、M2同时停转：

按下SB3 → 控制电路失电 → KM1、KM2主触头分断 → 电动机M1、M2同时停转

图 6-1-6b 所示控制线路实现了电动机 M1、M2 顺序启动，既能同时停止又能 M2 单独停止的控制功能。它的电路结构特点是：在电动机 M2 的控制电路中，串接了接触器 KM1 的辅助常开触头。显然，只要 M1 不启动，即使按下 SB21，由于 KM1 的辅助常开触头未闭合，KM2 线圈也不能得电，从而保证了 M1 启动后 M2 才能启动的控制要求。线路中停止按钮 SB12 控制两台电动机同时停止，SB22 控制 M2 的单独停止。线路的工作原理请读者自行分析。

图 6-1-6c 所示控制线路实现了电动机 M1、M2 顺序启动、逆序停止的控制功能。它的电路结构特点是：在图 6-1-6b 所示控制线路中的 SB12 的两端并接了接触器 KM2 的辅助常开触头，从而实现了 M1 启动后 M2 才能启动、M2 停止后 M1 才能停止的控制要求，即 M1、M2 顺序启动、逆序停止。线路的工作原理请读者自行分析。

3. 常见故障及其处理

下面以图 6-1-6c 所示控制线路为例，说明两台电动机顺序启动、逆序停止控制线路常见故障现象、原因分析及检测方法，见表 6-1-1。

表 6-1-1　两台电动机顺序启动、逆序停止控制线路常见故障现象、原因分析及检测方法

故障现象	原因分析	检测方法
在 M1 没有启动的情况下，按下 SB21 后 M2 就能启动	可能是 KM1 辅助常开触头被短接或熔焊 SB22 6 SB21　KM2 7 KM1 8 KM2	断开电源后，将万用表调到倍率适当的电阻挡并调零，然后将两表笔接在 KM1 辅助常开触头 7、8 两接线柱间，检查其通断情况

续表

故障现象	原因分析	检测方法
在 M1、M2 两台电动机启动后，M2 还没停止，按下 SB12 后两台电动机就会同时停止，即没有实现逆序停止控制	可能是 KM2 辅助常开触头接触不良或其回路断路 2 KH2 3 SB12 KM2 4	断开电源后，将万用表调到电阻挡并调零，然后将一支表笔接在 KH2 常闭触头下接线柱 3 上，人为使 KM2 处于吸合状态，同时再按住 SB12，用另一支表笔逐点顺序检查虚线所示电路的通断情况，当检查到电路不通时，故障点在该点与上一点之间

三、两台电动机顺序启动、逆序停止自动控制线路

图 6–1–1 所示控制线路实现了电动机 M1、M2 的顺序启动、逆序停止。它的结构特点是：电动机 M1 的控制接触器 KM1 的线圈通电后，才接通 KT，并为 KA 的接通做好准备，这样就保证了 M1 启动后 M2 才能启动的顺序控制要求；同时可保证 KA 在 M1 停止后断开。线路的工作原理请读者自行分析。

任务实施

一、工具、仪表、材料选用

1. 工具、仪表的选用

根据安装基本控制线路的要求，选择所需工具及仪表，填入表 6–1–2 中。

表 6–1–2　工具及仪表选用

项目	内容
工具	
仪表	

2. 设备、器材选用及检测

根据电路图及控制要求来选择设备、元器件和线材，具体选择见表 6-1-3，表格空白处内容根据实际情况选择并填写。

表 6-1-3 设备及器材选用明细表

序号	名称	代号	型号及规格	单位	数量	检测情况	备注
1	三相异步电动机	M	型号：Y132M-4；规格：7.5 kW、380 V，15.4 A、△形接法、1 440 r/min（也可根据实际自定型号）	台	1		
2	配线板	—		块	1		
3	断路器	QF		个	1		
4	熔断器	FU1		个	3		
5	熔断器	FU2		个	2		
6	交流接触器	KM1、KM2		个	2		
7	热继电器	KH1、KH2		个	2		
8	时间继电器	KT		个	1		
9	中间继电器	KA		个	1		
10	按钮	SB1、SB2		个	1		
11	导线			m	若干		
12	线槽			m	若干		

二、绘制位置图和接线图

自行绘制顺序控制线路的位置图和接线图。

三、安装电气元件

根据位置图在控制板上安装电气元件，并在各电气元件旁贴上醒目的文字符号标签。具体要求参见项目二任务 1。

四、接线

按照接线图进行板前线槽配线。具体安装工艺要求参见项目四任务 1。

五、自检、交验及通电试车

自检、交验及通电试车参照项目四任务 1 的要求完成。

试车正常后，还可由教师在控制电路或主电路中人为设置两处故障，进一步进行故障检修训练，并在表 6–1–4 中做好记录。

表 6–1–4 异常情况分析及处理方法

序号	异常现象	原因分析	检查要点与处理方法
1			
2			

提示

1. 要认真听取和仔细观察指导教师在示范过程中的讲解和检修操作。
2. 要熟练掌握电路图中各个环节的作用及工作原理。
3. 在排除故障的过程中，故障分析、排除故障的思路和方法要正确。
4. 工具和仪表使用要正确。
5. 不能随意更改线路和带电触摸电气元件。
6. 尽量使用断电情况下的电阻测量法，带电检修故障时，必须有教师在现场监护，并要确保用电安全。

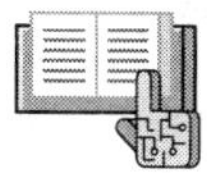

任务测评

对任务实施的完成情况进行检查，并参照表 2–1–2 进行评分。

知识拓展

三台电动机顺序启动、逆序停止控制线路

三台电动机顺序启动、逆序停止控制线路如图 6-1-7 所示。

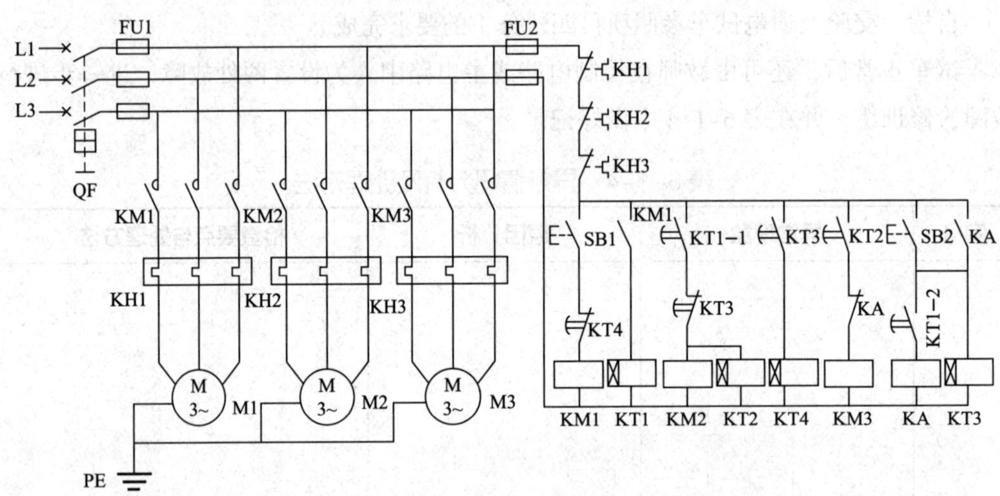

图 6-1-7　三台电动机顺序启动、逆序停止控制线路图

其工作原理如下：

先合上电源开关QF。

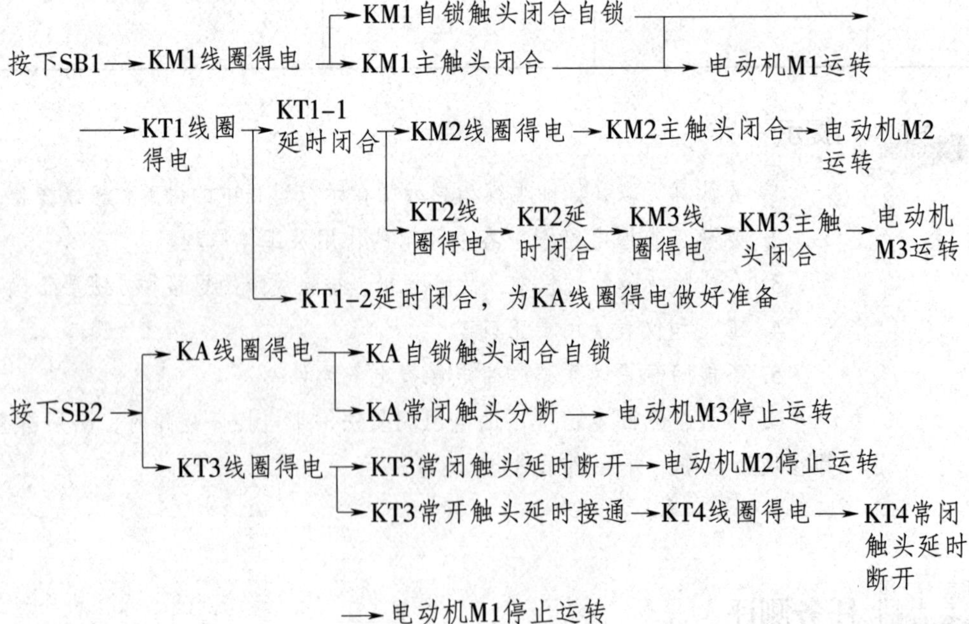

停止使用时，断开电源开关 QF。

双速异步电动机控制线路

双速异步电动机广泛应用于普通车床、钻床、铣床和镗床的主拖动系统中，通过改变电动机定子绕组接法来改变其磁极对数，以实现主轴旋转速度的变换，低速启动时采用△形接法，高速运转时采用YY形接法。从控制的角度看，双速控制线路也是一种顺序控制线路。

时间继电器实现双速异步电动机低高速自动切换控制线路如图 6-1-8 所示。

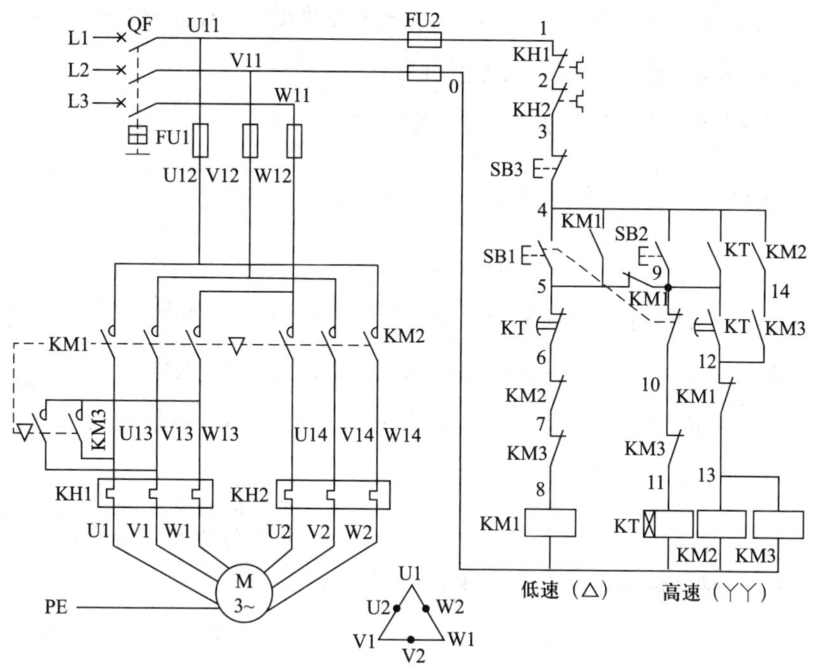

图 6-1-8 双速异步电动机低高速自动切换控制线路电气原理图

从图 6-1-8 中可以看出，双速电动机的低速运转由接触器 KM1 控制，低速启动按钮 SB1 采用复合触头，在按下 SB1 时，其常闭触头先切断 KT 的得电回路，避免电动机向高速切换，其常开触头后闭合，使 KM1 得电，从而实现电动机 M 低速启动运转。双速电动机的高速运转由接触器 KM2、KM3 控制，它有两种操作模式。第一种是合上 QF，直接按下高速启动按钮 SB2 时，KM1 先得电低速启动，同时 KT 得电计时，延时时间到，通过时间继电器 KT 的延时触头使 KM1 失电，KM2、KM3 得电，从而实现电动机 M 由低速向高速的自动切换。第二种是电动机在低速运行过程中按下 SB2，这时只有 KT 得电（KM1 在按下 SB1 时就已经得电），当 KT 延时结束，电动机才由低速运转自动切换到高速运转。

线路的工作原理分析如下：

先合上电源开关 QF。

△形低速启动运转：

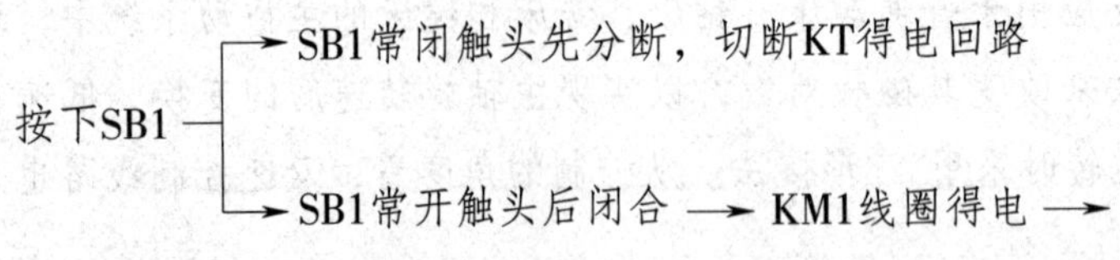

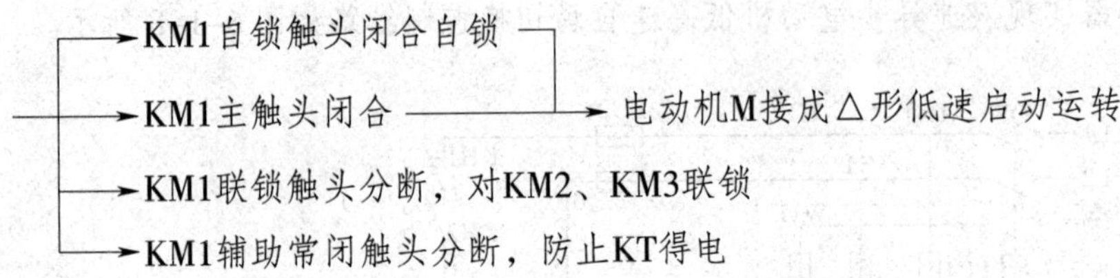

YY形高速运转（第一种操作模式）：

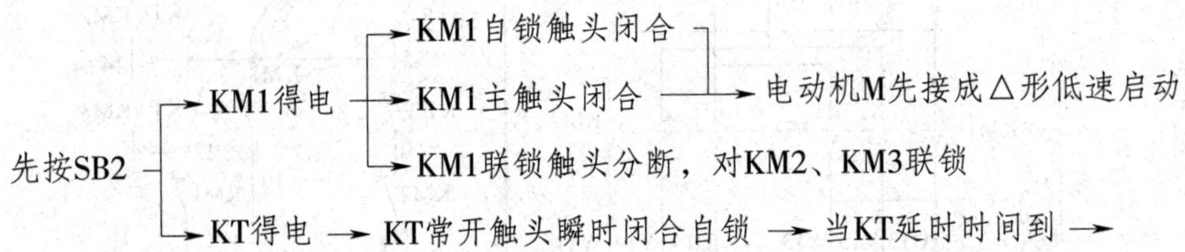

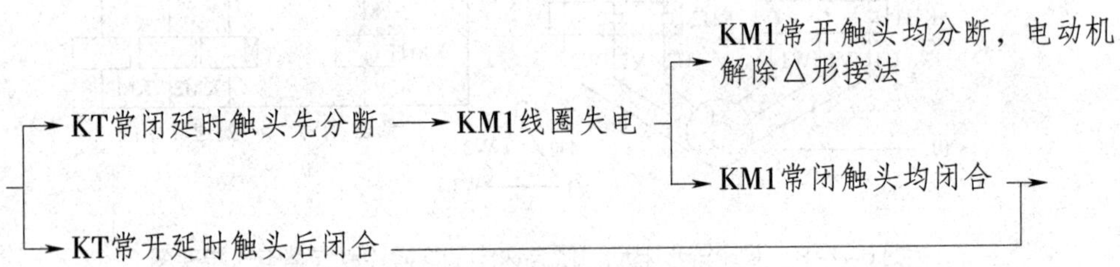

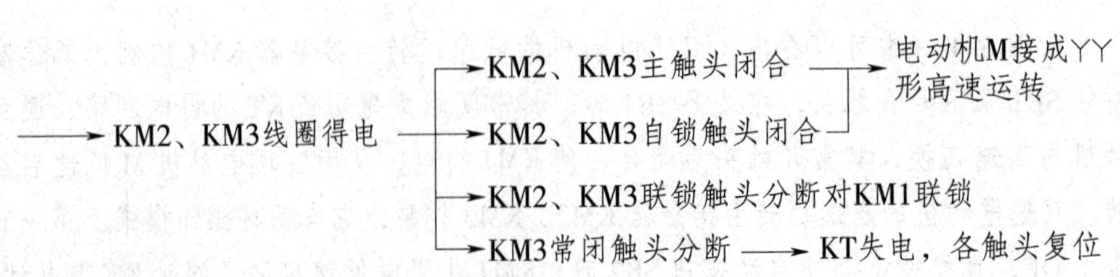

第二种操作模式的工作原理请读者自行分析。

需要电动机停止时，按下 SB3 即可。

任务 2　PLC 实现的顺序控制线路安装与调试

学习目标

知识目标：

1. 掌握 M 指令的功能及使用方法。
2. 掌握计数器指令的功能及使用方法。

能力目标：

1. 能根据控制要求，使用微分、计数器等指令编制三级传送带 PLC 控制程序。
2. 能完成三级传送带 PLC 控制线路的安装、运行与调试。

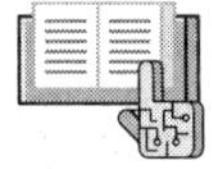

任务引入

本任务在项目六任务 1 的基础上，使用 PLC 实现三台电动机的顺序启动、逆序停止控制。具体控制要求如下：有一传送带由三台电动机拖动，其示意图如图 6-2-1 所示。该系统分为手动工作和自动工作两种方式。

手动工作方式要求为：启动时，第一次按下启动按钮时，电动机 M1 启动；第二次按下启动按钮时，电动机 M2 启动；第三次按下启动按钮时，电动机 M3 启动。停止时，第一次按下停止按钮时，电动机 M3 停止；第二次按下停止按钮时，电动机 M2 停止；第三次按下停止按钮时，电动机 M1 停止。

自动工作方式要求为：按下启动按钮，电动机 M1 先启动，在 M1 启动后 5 s 电动机 M2 启动，再延时 5 s，电动机 M3 启动；当需要停止时，按下停止按钮，电动机 M3 先行停止，经过 5 s 的延时 M2 停止，再过 5 s 的延时 M1 停止。

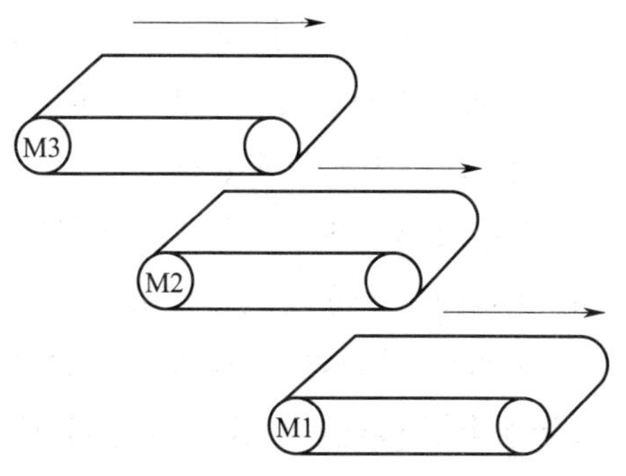

图 6-2-1　传送带系统示意图

线路还要求有必要的电气保护和互锁。对于两种工作方式，可以通过 1 个按钮来区分。手动和自动程序可以分开编写，组合起来便可完成本任务。

相关知识

一、辅助继电器（M）

PLC 的辅助继电器也称中间继电器，它没有对外的任何联系，只供内部编程使用。它的电子常开 / 常闭触点使用次数不受限制。但是，这些触点不能直接驱动外部负载，外部负载的驱动必须通过输出继电器来实现。

PLC 内部辅助继电器的线圈与输出继电器的线圈一样，由 PLC 内的各种软元件的触点驱动。辅助继电器采用 M 与十进制数共同组成编号，FX_{3U} 系列 PLC 的辅助继电器分类见表 6-2-1。

表 6-2-1　FX_{3U} 系列 PLC 的辅助继电器分类

<table>
<tr><th colspan="2">项目</th><th colspan="3">性能</th></tr>
<tr><td rowspan="4">辅助继电器</td><td>一般用（可变）</td><td>M0 ~ M499</td><td>500 点</td><td rowspan="2">可以通过参数更改保持或不保持的设定</td></tr>
<tr><td>保持用（可变）</td><td>M500 ~ M1023</td><td>524 点</td></tr>
<tr><td>保持用（固定）</td><td>M1024 ~ M7679</td><td>6 656 点</td><td rowspan="2"></td></tr>
<tr><td>特殊用</td><td>M8000 ~ M8511</td><td>512 点</td></tr>
</table>

1. 一般用辅助继电器

FX_{3U} 系列 PLC 共有 500 点一般用辅助继电器，编号为 M0 ~ M499，可以通过参数更改保持或不保持的设定。一般用辅助继电器没有断电保持功能，在 PLC 运行时，如果电源突然断电，则全部线圈均为 OFF 状态，当电源再次接通时，除了因外部输入信号控制而变为 ON 状态的以外，仍将保持 OFF 状态。

2. 保持用辅助继电器

FX_{3U} 系列 PLC 共有 7 180 点保持用辅助继电器，编号为 M500 ~ M7679，其中 M500 ~ M1023 可以通过参数更改保持或不保持的设定，M1024 ~ M7679 则不可更改。保持用辅助继电器具有断电保护功能，即能记忆电源中断瞬时的状态，并在重新通电后再现其状态。在电源中断时，PLC 通过锂电池保持 RAM 寄存器中的内容。

图 6-2-2 所示程序为保持用辅助继电器的应用示例。该程序为某设备指示灯

控制程序，当按下启动按钮 X000 时，指示灯 Y000 点亮，M800 线圈得电并形成自锁。当停电时，指示灯 Y000 熄灭。由于 M800 是保持用辅助继电器，可以保持停电时的状态，因此，当恢复供电时，M800 将保持得电的状态，指示灯 Y000 仍然点亮。

3. 特殊用辅助继电器

FX_{3U} 系列 PLC 的特殊用辅助继电器共有 512 点，编号为 M8000 ~ M8511，用来表示 PLC 的状态、提供时钟脉冲和标志（如进位、借位标志）、设定 PLC 的运行方式，或用于步进顺控、禁止中断、设定计数器等。例如，M8000 为运行监控常开触点、M8001 为运行监控常闭触点、M8002 为初始化脉冲常开触点、M8003 为初始化脉冲常闭触点，它们的工作时序如图 6-2-3 所示。

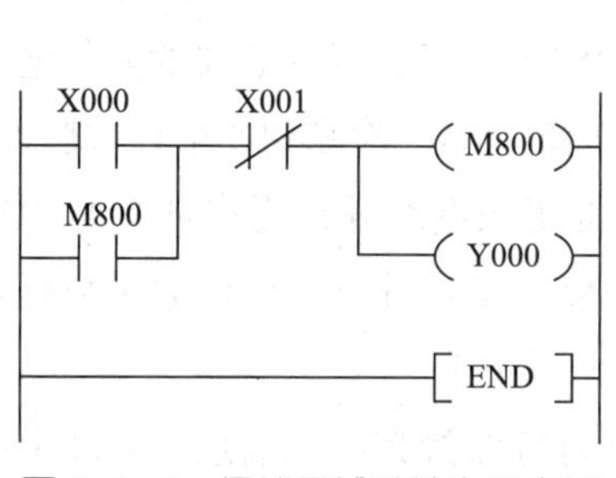

图 6-2-2 保持用辅助继电器应用

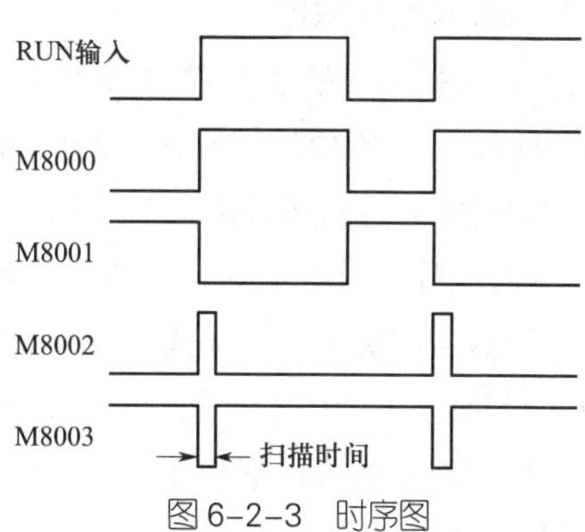

图 6-2-3 时序图

二、计数器（C）

计数器（C）是 PLC 的重要内部元件，用于计数控制，可分为内部计数器和外部计数器两类。内部计数器是在执行扫描操作时对内部信号（如 X、Y、M、S、T 等）进行计数。内部输入信号的接通和断开时间应比 PLC 的扫描时间稍长，最高计数频率为 10 kHz，因此采用低速计数器。外部计数器采用高速计数器，用于测量通过指定输入点的被测信号频率。FX_{3U} 系列 PLC 计数器的分类见表 6-2-2。

表 6-2-2 FX_{3U} 系列 PLC 计数器的分类

项目		性能		
内部计数器（低速计数器）	一般用增计数（16 位）	C0 ~ C99	100 点	0 ~ 32 767
	保持用增计数（16 位）	C100 ~ C199	100 点	0 ~ 32 767
	一般用双向计数（32 位）	C200 ~ C219	20 点	–2 147 483 648 ~ +2 147 483 647
	保持用双向计数（32 位）	C220 ~ C234	15 点	–2 147 483 648 ~ +2 147 483 647

续表

项目		性能		
外部计数器（高速计数器）	单相单计数的输入双方向（32 位）	C235 ~ C245	11 点	C235 ~ C255 中最多可以使用 8 点（保持用），通过参数可以更改保持或非保持的设定
	单相双计数的输入双方向（32 位）	C246 ~ C250	5 点	
	双相双计数的输入双方向（32 位）	C251 ~ C255	5 点	

由表 6–2–2 可见，FX_{3U} 系列 PLC 的计数器还可划分为 16 位增计数器和 32 位双向计数器两大类。

1. 16 位增计数器

图 6–2–4 所示为 16 位增计数器的工作过程。当 X001 常开触点闭合时，计数器 C1 被复位，计数当前值被置 0。X000 用来提供计数输入信号，当计数器的复位电路断开，同时检测到计数脉冲的上升沿时，计数器的当前值加 1，检测到 5 个计数脉冲后，C1 的当前值等于设定值 5，C1 的常开触点接通、常闭触点断开，再有计数脉冲输入时，计数器当前值不变。计数器的计数值除通过常数 K 指定外，也可以通过数据寄存器 D 进行指定。

保持用增计数器可累积计数，它们在电源断电时可保持其状态信息，重新上电后能立即按断电时的状态恢复工作。

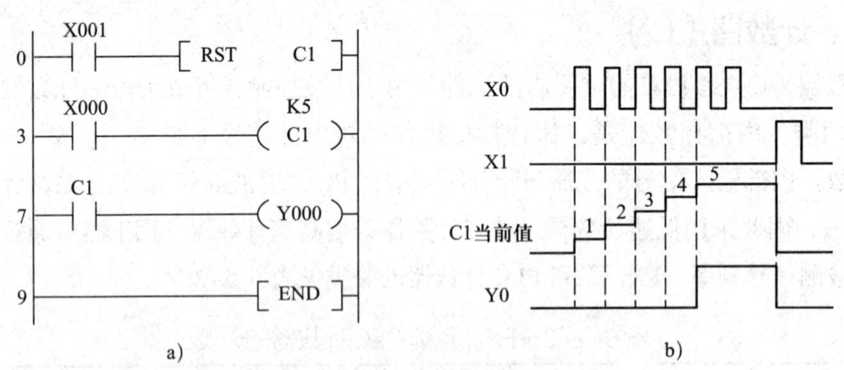

图 6–2–4　16 位增计数器工作过程

a）梯形图　b）时序图

2. 32 位双向计数器

32 位双向计数器的加 / 减计数方式由特殊用辅助继电器 M8200 ~ M8234 进行设定，如图 6–2–5 所示。当对应的特殊用辅助继电器为 ON 时，为减计数；为 OFF 时，为加计数。计数器的当前值在最大值 +2 147 483 647 加 1 时变为最小值 –2 147 483 648。类似地，当前值 –2 147 483 648 减 1 时将变为最大值 +2 147 483 647。

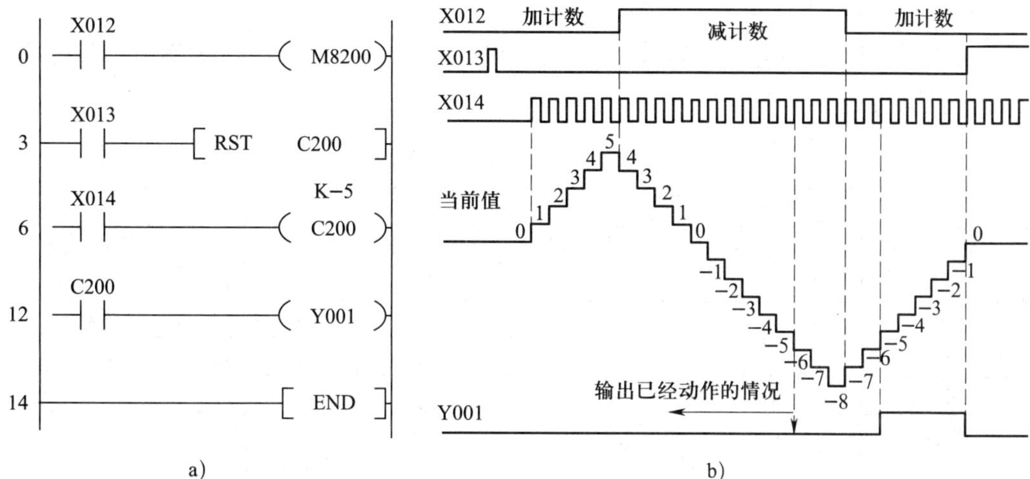

图 6-2-5 双向计数器工作过程

a）梯形图 b）时序图

任务实施

一、绘制控制系统的主电路

对本工作任务进行分析，绘制控制系统主电路，如图 6-2-6 所示。

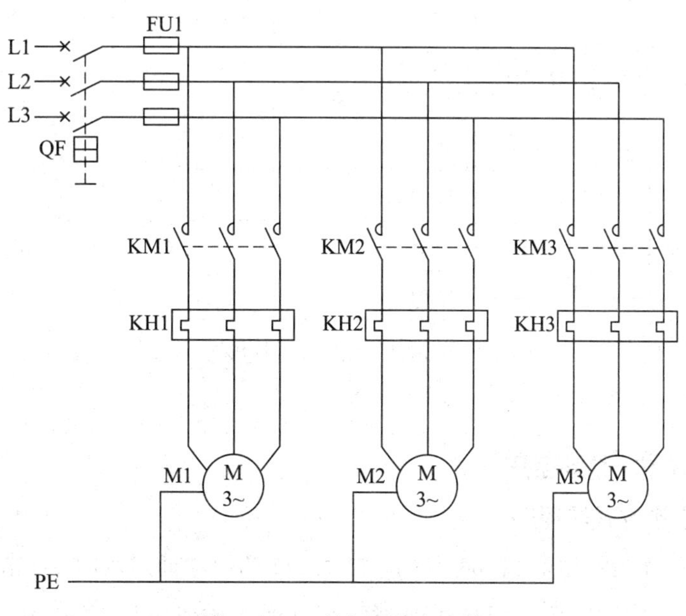

图 6-2-6 控制系统主电路

二、分配 I/O 地址

通过对本任务控制要求的分析，可确定 PLC 需要 4 个输入点、3 个输出点，其 I/O 地址分配见表 6-2-3。

表 6-2-3　I/O 地址分配表

输入			输出		
元件代号	输入设备	输入继电器	元件代号	输出设备	输出继电器
SB1	启动按钮	X001	KM1	电动机 M1	Y001
SB2	停止按钮	X002	KM2	电动机 M2	Y002
SB3	急停按钮	X003	KM3	电动机 M3	Y003
SB4	手动 / 自动转换	X004			
KH1、KH2、KH3	热继电器	X000			

三、绘制 PLC 硬件接线图

根据对控制要求的分析及 I/O 分配绘制 PLC 硬件接线图，如图 6-2-7 所示。

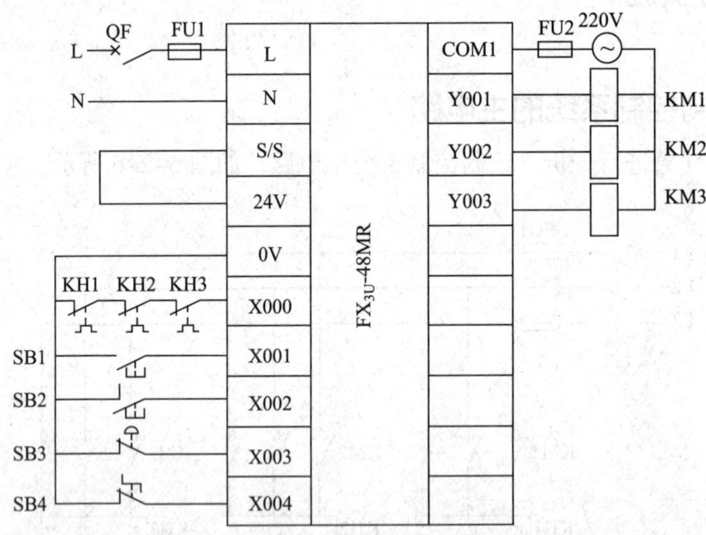

图 6-2-7　PLC 硬件接线图

四、设计梯形图程序

1. 自动工作方式的程序

按下启动按钮后，电动机 M1 启动，之后 M2 的启动通过延时 5 s 来实现，可以用 M1（Y001）接一个定时器，再用定时器的常开触头接通 M2，之后 M3 的启动用同样方法延时 5 s 来实现，如图 6-2-8 所示。停止过程请读者自行分析。

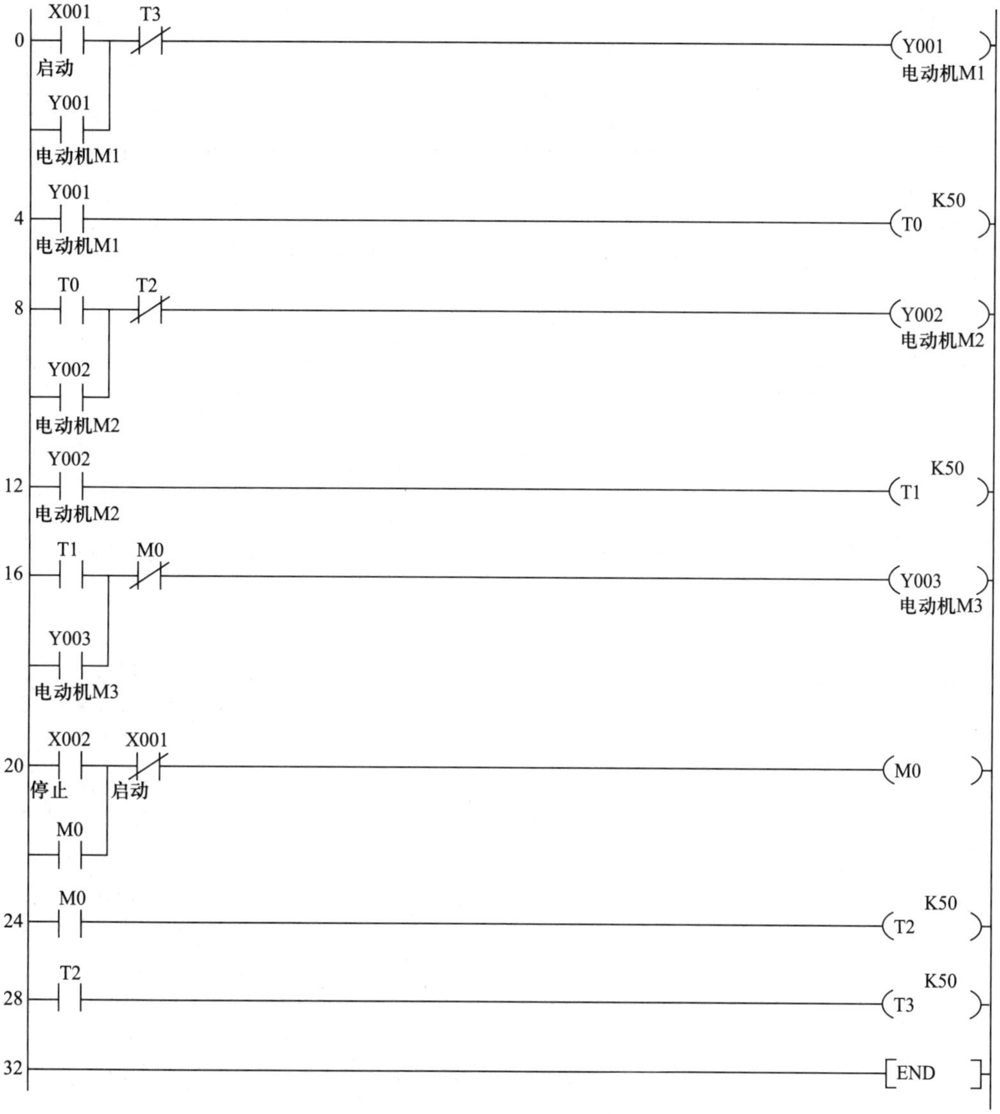

```
0   X001(启动) ─┬─ T3(常闭) ─────────── (Y001 电动机M1)
    Y001(电动机M1) ┘
4   Y001(电动机M1) ─────────────────── (T0 K50)
8   T0 ─┬─ T2(常闭) ─────────────────── (Y002 电动机M2)
    Y002(电动机M2) ┘
12  Y002(电动机M2) ─────────────────── (T1 K50)
16  T1 ─┬─ M0(常闭) ─────────────────── (Y003 电动机M3)
    Y003(电动机M3) ┘
20  X002(停止) ─┬─ X001(启动)(常闭) ──── (M0)
    M0 ┘
24  M0 ─────────────────────────────── (T2 K50)
28  T2 ─────────────────────────────── (T3 K50)
32  ─────────────────────────────────── [END]
```

图 6-2-8 自动工作方式的程序

2. 手动工作方式的程序

手动工作方式下，电动机的启停是通过启动按钮 / 停止按钮被按下的次数来决定的，可以用计数器指令来完成。另外为了确保按下按钮的次数被准确计数，可以在启动按钮 / 停止按钮上加上上升沿微分，当第一次按下启动按钮时，C0 接通，常开触头闭合，M1 启动；第二次按下启动按钮时，C1 接通，常开触头闭合，M2 启动；第三次按下启动按钮时，C2 接通，常开触头闭合，M3 启动。当第一次按下停止按钮后，C3 接通，常闭触头断开，M3 停止；第二次按下停止按钮后，C4 接通，常闭触头断开，M2 停止；第三次按下停止按钮后，C5 接通，常闭触头断开，M3 停止。最后，用 C5 的常开触头复位 6 个计数器。手动工作方式的程序如图 6-2-9 所示。

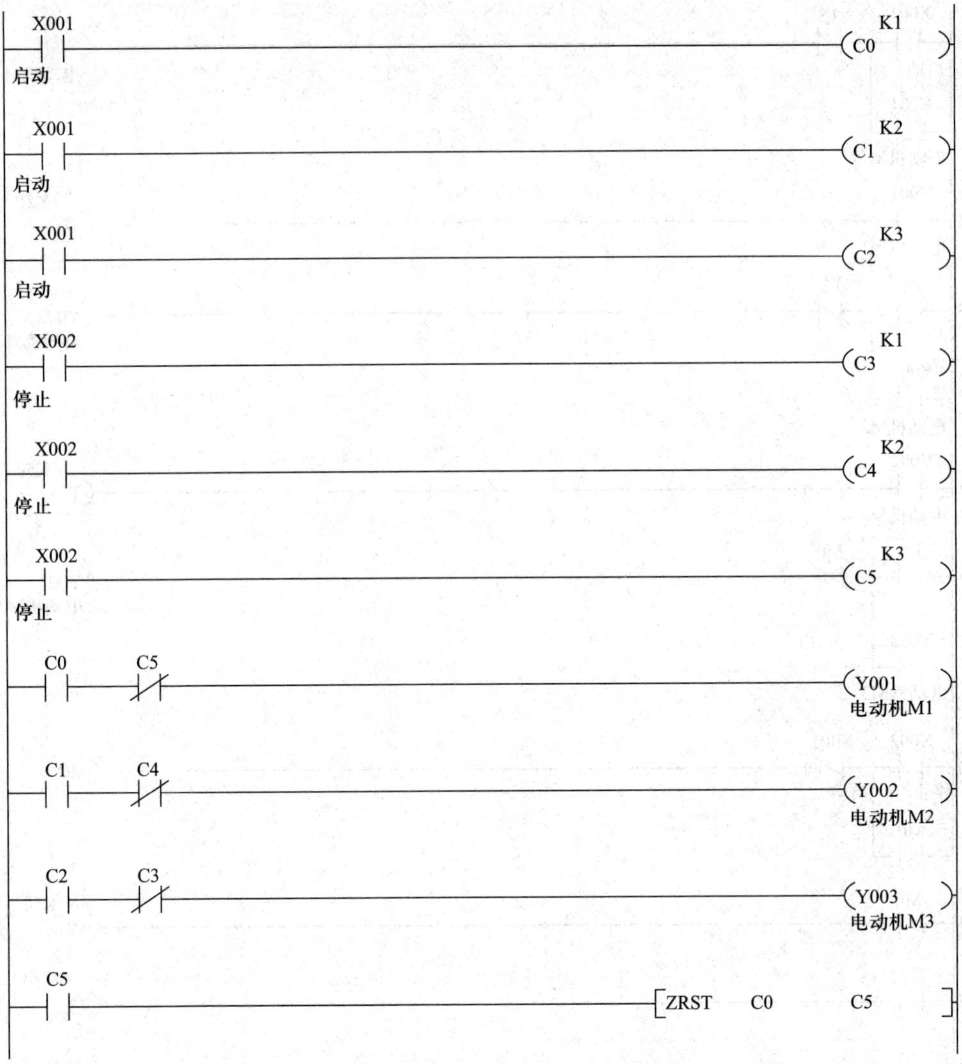

X001
启动
K1
C0
X001
启动
K2
C1
X001
启动
K3
C2
X002
停止
K1
C3
X002
停止
K2
C4
X002
停止
K3
C5
C0
C5
Y001
电动机M1
C1
C4
Y002
电动机M2
C2
C3
Y003
电动机M3
C5
ZRST C0 C5

图 6-2-9　手动工作方式的程序

3. 手动 / 自动转换的程序

手动 / 自动两种工作方式可以通过一个转换开关来实现，当转换开关 SB4（X004）为 ON 时，系统为自动程序；当转换开关 SB4（X004）为 OFF 时，系统为手动程序。加入热继电器和急停按钮后，其设计方案如图 6-2-10 所示。

0
X004
手动/自动
X000
热继电器
X003
急停按钮
M10
自动
4
X004
手动/自动
X000
热继电器
X003
急停按钮
M11
手动

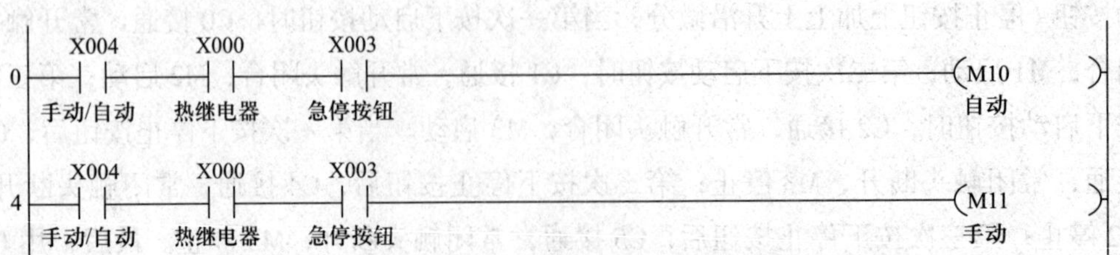

图 6-2-10　手动 / 自动转换的程序

4. 添加必要的联锁保护，完善程序

将手动和自动转换的程序放在一起会出现双重输出现象，所以把手动和自动的输出都换成辅助继电器，添加必要的联锁保护，即可得到本任务的完整梯形图，如图 6-2-11 所示。

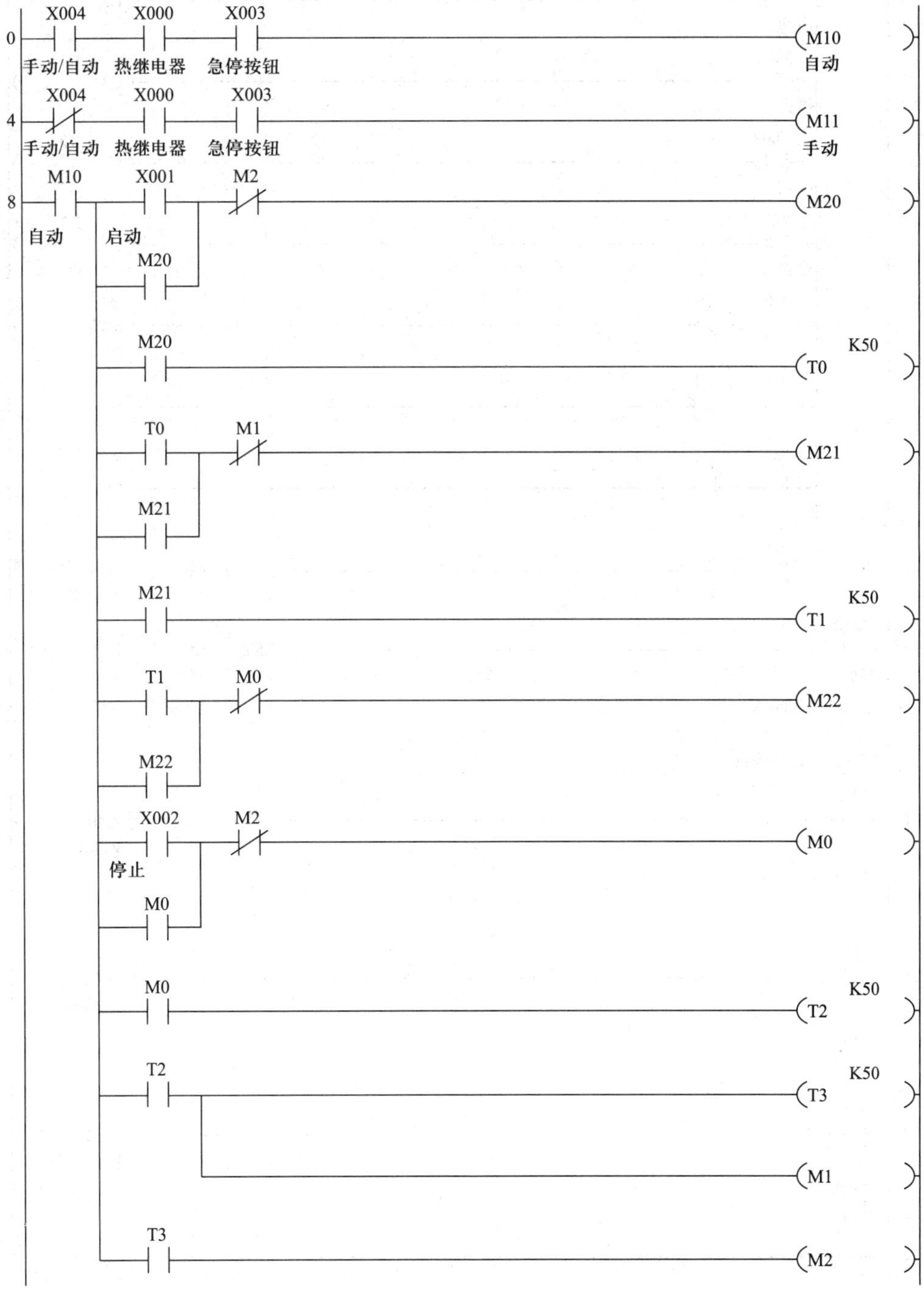

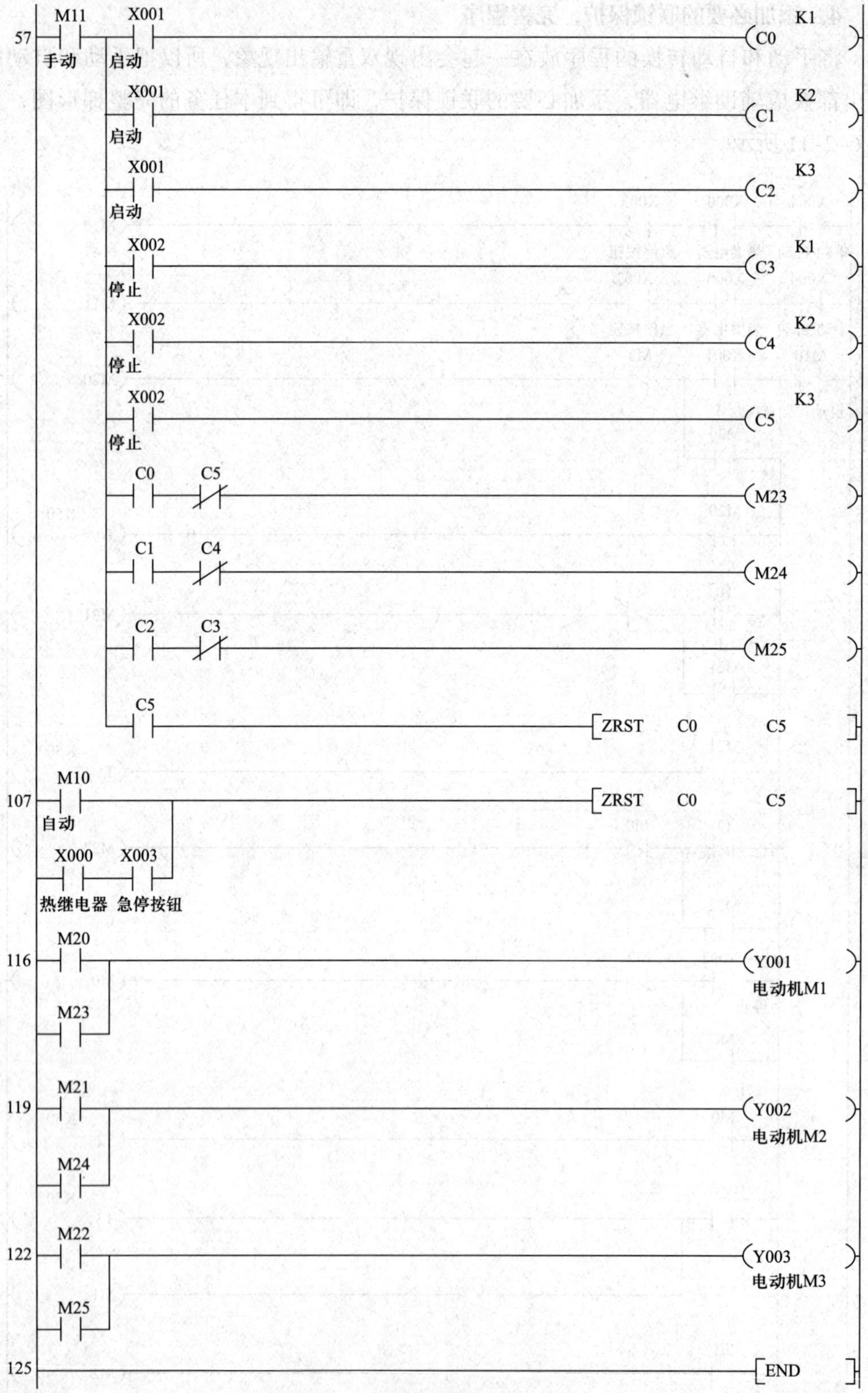

57 M11 手动 X001 启动 K1 C0
X001 启动 K2 C1
X001 启动 K3 C2
X002 停止 K1 C3
X002 停止 K2 C4
X002 停止 K3 C5
C0 C5 M23
C1 C4 M24
C2 C3 M25
C5 ZRST C0 C5
107 M10 自动 X000 热继电器 X003 急停按钮 ZRST C0 C5
116 M20 M23 Y001 电动机M1
119 M21 M24 Y002 电动机M2
122 M22 M25 Y003 电动机M3
125 END

图 6-2-11 三级传送带控制梯形图

五、系统安装、调试与运行

1. 识图、安装与接线

根据图 6-2-7 所示的 PLC 硬件接线图，准备任务所需电气元件，并在配电板上进行元器件与线路安装。

（1）元器件检查

检查元器件规格是否符合技术要求，并检查电气元件是否完好。

（2）固定元器件

在配电板上合理布置并固定本任务所需的元器件。

（3）配线安装

根据配线原则和工艺要求进行配线安装。

（4）自检

对照接线图检查接线是否正确，确认无误后方可通电调试。

2. 程序下载

线路安装完成并检查无误后，接通电源，将程序下载到 PLC 中。

3. 运行调试

（1）在指导教师指导下进行通电调试。

（2）接通系统电源开关，将 PLC 运行方式置于“RUN”位置，然后通过计算机上的软件“监控”监视程序运行情况，再按表 6-2-4 进行操作，观察并记录系统运行情况。如出现异常情况，应立即切断电源，分析原因，检查硬件电路和程序，解决问题后再重新调试；若是程序问题且不影响安全运行，可通过在线修改程序进行调试，直至系统功能全部调试成功为止，最后关闭系统电源开关。

表 6-2-4 程序调试步骤及运行情况记录表

<table>
<tr><th>步骤</th><th>调试内容</th><th>观察内容</th><th>运行情况记录</th></tr>
<tr><td rowspan="2">第一步</td><td rowspan="2">合上断路器 QF，将程序下载到 PLC</td><td>“POWER”灯</td><td></td></tr>
<tr><td>“RUN”灯</td><td></td></tr>
<tr><td>第二步</td><td>令 SB4 为 ON，按下 SB1</td><td rowspan="4">KM1、KM2、KM3</td><td></td></tr>
<tr><td>第三步</td><td>令 SB4 为 ON，按下 SB2</td><td></td></tr>
<tr><td>第四步</td><td>令 SB4 为 OFF，按下 SB1（3 次）</td><td></td></tr>
<tr><td>第五步</td><td>令 SB4 为 OFF，按下 SB2（3 次）</td><td></td></tr>
<tr><td>问题处理方法</td><td colspan="3"></td></tr>
<tr><td>安全提示</td><td colspan="3">运行与调试结束后必须关断电源</td></tr>
</table>

任务测评

对任务实施的完成情况进行检查，并参照表 2-2-6 进行评分。

知识拓展

电动机单按钮启停控制程序

使用一个按钮控制电动机的启动与停止是日常生活中、企业生产中经常容易见到的场景，如洗衣机电源的接通与断开等。此种控制方式使用继电器控制实现比较复杂，而对于 PLC 控制系统来说，实现起来则容易得多。其功能可以描述为：第一次按下按钮时，输出为 ON 并保持，电动机开始运行，第二次按下按钮时翻转（ON → OFF）并保持，电动机停止运行，以后每按下一次按钮都会进行一次翻转。能够实现单按钮启停的程序有十几种，此处仅举两例介绍。

第一种程序的 I/O 地址分配见表 6-2-5。其外部接线较为简单，可参考电动机自锁控制线路设计。其程序如图 6-2-12 所示。

表 6-2-5　I/O 地址分配表

输入地址分配			输出地址分配		
元件代号	输入设备	输入地址	元件代号	输出设备	输出地址
SB	启动按钮	X000	KM	电动机 M1	Y000
KH1	热继电器	X001			

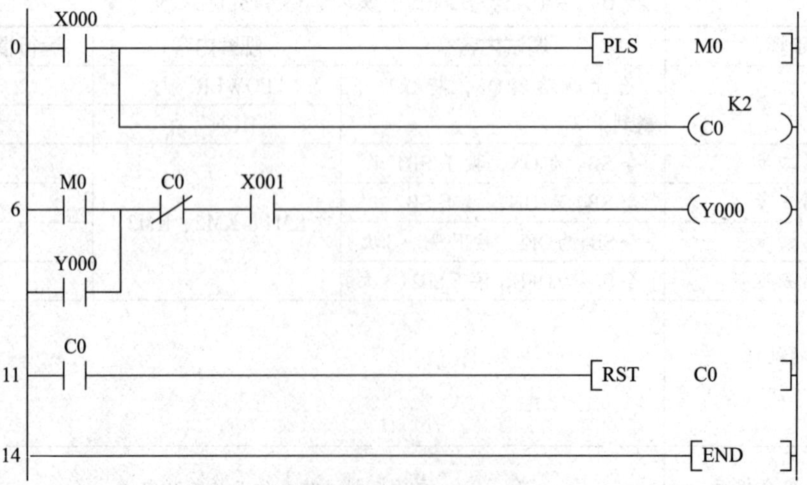

图 6-2-12　电动机单按钮启停控制程序 1

程序的具体工作原理为：按下 SB 按钮后，X000 得到上升沿，M0 为 1，同时开始计数 C0，Y0 置 1，接触器线圈得电，电动机运转。当再次按下 SB 后，C0 计数为 2，C0 输出为 1，Y000 被置为 0，接触器线圈断电，电动机停止。

第二种程序是充分利用 PLC 逐行扫描的工作方式进行设计，如图 6-2-13 所示。自行分析其工作原理，加深对 PLC 工作扫描方式的理解。

0 X000 Y000 [SET Y000]
(M0)
Y000 M0 [RST Y000]
10 [END]

图 6-2-13 电动机单按钮启停控制程序 2

项目七
三相异步电动机制动控制线路的安装与调试

所谓制动，就是给电动机一个与其原来转动方向相反的转矩使它迅速停转（或限制其转速）。其用途是实现快速停车、准确定位，以及防止突然停电而发生事故等，广泛应用于车床、磨床、铣床、镗床和桥式起重机等生产机械主拖动控制系统中。制动分为电气制动和机械制动两类，本项目所学习的制动方式属于电气制动。

任务 1　继电器实现的制动控制线路安装与调试

学习目标

知识目标：

1. 了解三相异步电动机的制动目的与意义，掌握一般制动方法。
2. 掌握三相异步电动机反接制动、能耗制动控制线路的工作原理。

能力目标：

1. 能正确安装、调试三相异步电动机反接制动控制线路。
2. 能排除三相异步电动机反接制动控制线路的常见故障。

任务引入

电气制动常用的方法有反接制动、能耗制动、电容制动和再生发电制动等。电气制动的优点是制动设备结构简单、体积小、成本低、操作维护方便，缺点是制动准确性不够高。本任务学习使三相异步电动机实现制动的原理与方法，安装并调试反接制动控制线路，实现电动机的反接制动。单向启动反接制动控制线路如图 7-1-1 所示。

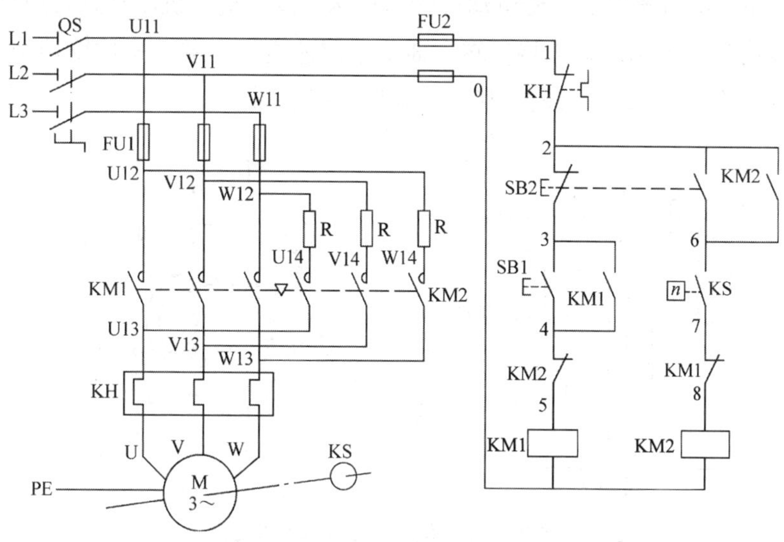

图 7-1-1 单向启动反接制动控制线路

相关知识

一、制动的分类与特点

1. 机械制动

利用机械装置使电动机断开电源后迅速停转的方法称为机械制动。机械制动常用的方法有电磁抱闸制动器制动和电磁离合器制动。机械制动的优点是能够准确定位，安全可靠性高。例如，在起重机起吊重物过程中，可防止电动机突然断电而造成的重物自行坠落。机械制动的缺点是制动设备体积大而重、结构复杂、成本高、维护不便等。

2. 电气制动

电气制动是在电动机切断电源停转的过程中，产生一个与电动机实际旋转方向相反的电磁力矩（制动力矩），从而迫使电动机迅速制动停转。电气制动常用的方法有反接制动、能耗制动、电容制动和再生发电制动等。电气制动的优点是制动设备结构简单、体积小、成本低、操作维护方便，缺点是制动准确性不够高。

二、反接制动

三相异步电动机反接制动的方法有两种，一种是在负载转矩作用下使电动机反转的倒拉反转反接制动方法，这种方法不能用于准确停车；另一种是依靠改变三相异步电动机定子绕组中三相电源的相序产生制动力矩，迫使电动机迅速停车，其原理如图 7–1–2 所示。改变电动机定子绕组中三相电源相序，会使电动机产生一个与转子惯性转动方向相反的电磁转矩，使电动机转速迅速下降，电动机制动到转速接近零时需将反接电源切除，否则电动机将反转。通常采用速度继电器（又称反接制动继电器）来检测电动机转速并自动、及时地切断电动机反接电源。

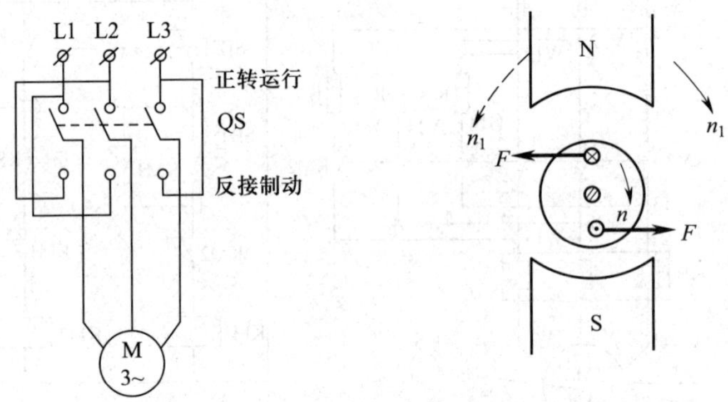

图 7–1–2　反接制动原理示意图

1. 速度继电器

速度继电器利用电磁感应原理工作，它能反映速度和转向信息。常用的速度继电器有 JY1 型和 JFZ0 型两种。其主要结构包括转子、定子及触点三部分，如图 7–1–3 所示。

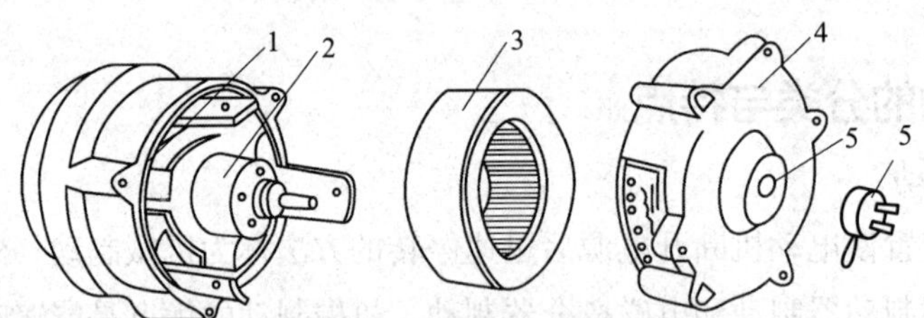

图 7–1–3　速度继电器的结构
1—可移动支架　2—转子　3—定子　4—端盖　5—连接头

速度继电器主要用于生产机械运动部件的速度控制和实现对电动机的反接制动。根据其所要控制的速度大小、触头电压、电流来选用。速度继电器转子及常开、常闭触点的电气符号如图 7–1–4 所示。

2. 三相异步电动机单向启动反接制动控制线路

图 7–1–1 所示的电动机单向启动反接制动控制线路的主电路和正反转控制线路的主电路相似，只是在反接制动时主电路回路中串联了三个限流电阻 R。线路中 KM1 为正转运行接触器，KM2 为反接制动接触器，KS 为速度继电器，其轴与电动机轴相连（在电路图中用点划线表示）。

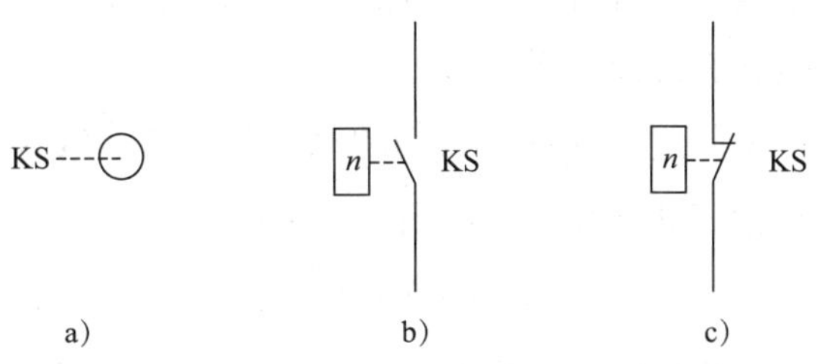

图 7-1-4 速度继电器的电气符号

a）转子 b）常开触点 c）常闭触点

线路工作原理分析如下：

先合上电源开关 QS。

电动机单向启动：

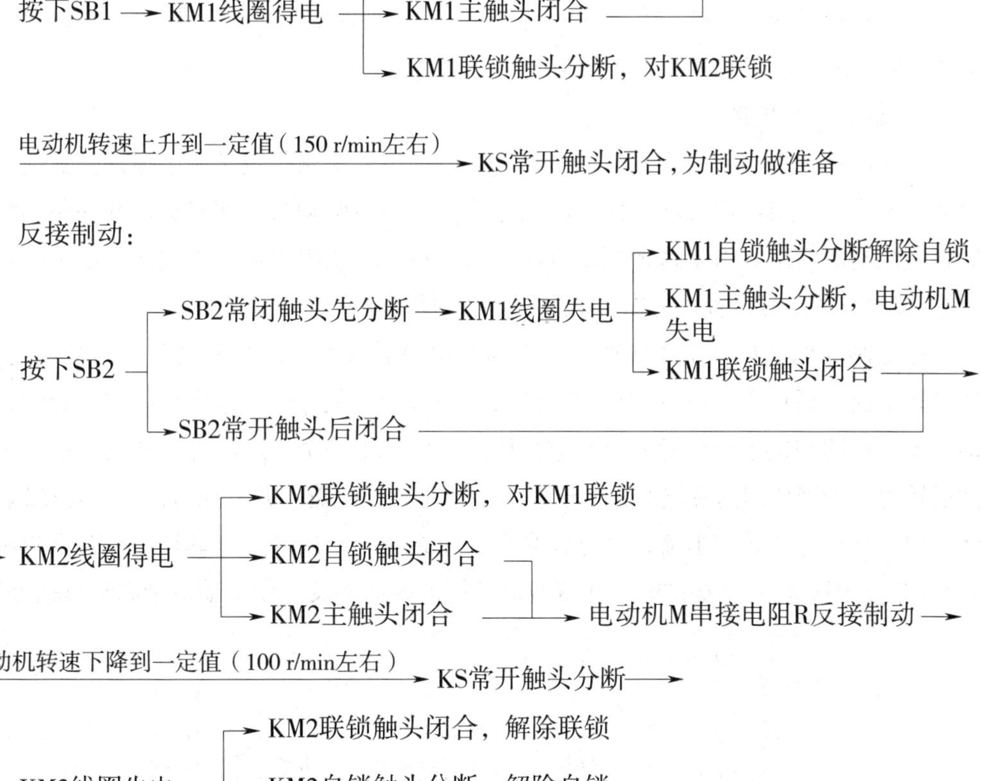

反接制动时，由于旋转磁场与转子的相对转速（n_1+n）很高，故转子绕组中感应电流很大，致使定子绕组中的电流也很大，一般约为电动机额定电流的 10 倍左右。因此，反接制动适用于 10 kW 以下小容量电动机的制动。对 4.5 kW 以上的电动机进行反

接制动时，需在定子绕组回路中串入限流电阻 R，以限制反接制动电流。限流电阻 R 的大小可参考下述经验计算公式进行估算。

在电源电压为 380 V 时，若要使反接制动电流等于电动机直接启动时启动电流的 $\frac{1}{2}$，即$\frac{1}{2}I_{st}$，则三相电路每相应串入的电阻可取为：

$$R \approx 1.5 \times \frac{220}{I_{st}}$$

若要使反接制动电流等于启动电流 I_{st}，则每相应串入的电阻可取为：

$$R' \approx 1.3 \times \frac{220}{I_{st}}$$

如果反接制动时，只在电源两相中串接电阻，则电阻值应加大，分别取上述电阻值的 1.5 倍。

三、能耗制动

能耗制动具有制动准确、平稳，且能量消耗较小等优点，因此，一般用于制动要求准确、平稳的场合，如用在磨床、立式铣床等控制线路中。在实际生产中，对于制动比较频繁的生产机械常采用能耗制动。

1．能耗制动的原理

能耗制动是在切除三相交流电源后，在电动机任意两相定子绕组通入直流电，让电动机产生一个与惯性转动方向相反的电磁力矩而使电动机迅速停转，并在制动结束后将直流电源切除。由于这种制动方法是通过在定子绕组中通入直流电，以消耗转子惯性转动的动能来进行制动的，所以被称为能耗制动。

能耗制动原理如图 7–1–5 所示。先断开电源开关 QS1，切断电动机的交流电源，这时转子由于惯性仍沿原方向运转；随后立即合上开关 QS2，并将 QS1 向下合闸，电动机 V、W 两相定子绕组通入直流电，使定子中产生一个恒定的静止磁场，这样做惯性运转的转子因切割磁感线而在转子绕组中产生感应电流，其方向可由右手定则判断。绕组中一旦产生了感应电流，又立即受到静止磁场的作用产生电磁转矩，其方向可由左手定则判断，可知转矩的方向正好与电动机的转向相反，使电动机受制动迅速停转。

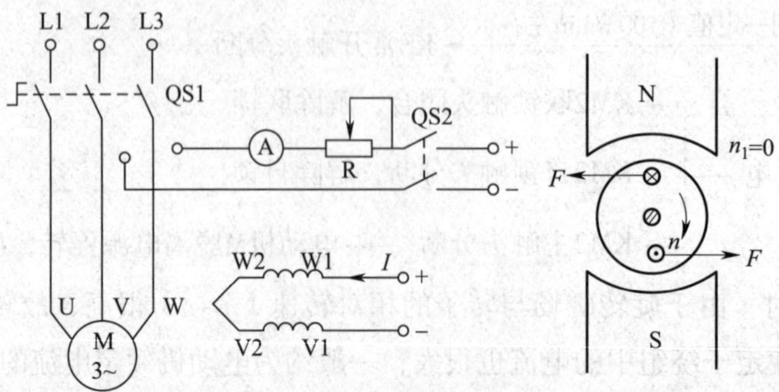

图 7–1–5　能耗制动原理

能耗制动的制动力矩随着惯性转速的下降而减少，因而制动平稳，并且可以实现准确停车。

2. 三相异步电动机单向启动能耗制动自动控制线路

（1）无变压器单相半波整流单向启动能耗制动自动控制线路

无变压器单相半波整流单向启动能耗制动自动控制线路电气原理图如图 7–1–6 所示。接触器 KM1 控制电动机单向运转，KM2 控制直流电源（即控制能耗制动），当能耗制动结束时，由时间继电器 KT 自动切断 KM2 线圈电源，从而切断电动机能耗制动直流电源。能耗制动直流电源采用单相半波整流获得，所用附加设备较少，线路简单，成本低，常用于 10 kW 以下小容量电动机且对制动要求不高的场合。

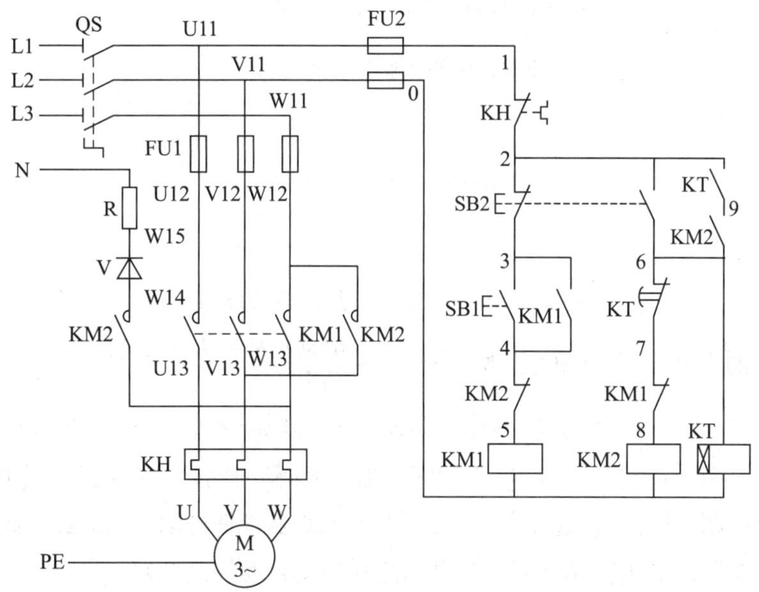

图 7–1–6 无变压器单相半波整流单向启动能耗制动自动控制线路电气原理图

线路的工作原理如下：

先合上电源开关 QS。

单向启动运转：

按下SB1 → KM1线圈得电 →
- → KM1自锁触头闭合自锁 → 电动机M启动运转
- → KM1主触头闭合
- → KM1联锁触头分断，对KM2联锁能耗制动停转：

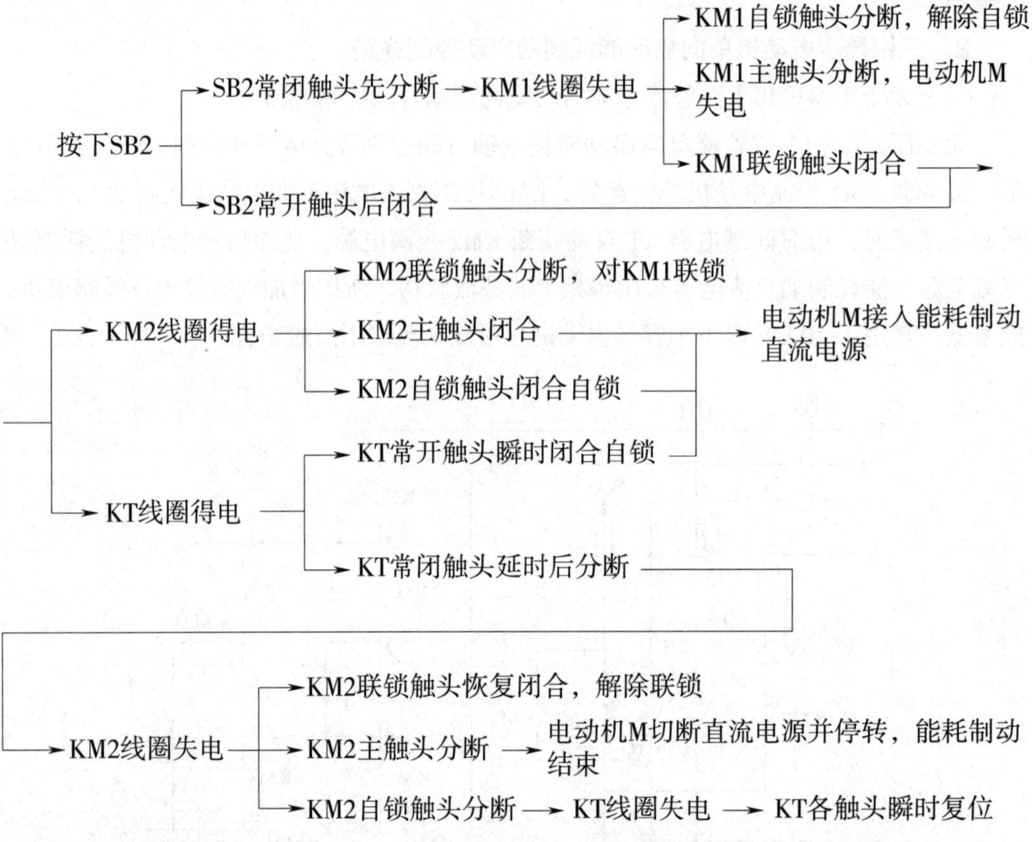

在图 7–1–6 所示电路中，KM2 自锁回路加入 KT 瞬时闭合常开触头的作用是：当 KT 损坏时，在电动机能耗制动过程中，只要手松开 SB2 就能使电动机立即脱离直流电源。

（2）有变压器单相桥式整流单向启动能耗制动自动控制线路

对于 10 kW 以上容量的电动机，多采用有变压器单相桥式整流能耗制动自动控制线路，如图 7–1–7 所示。其中直流电源由单相桥式整流器 VC 供给，TC 是整流变压器，电阻 R 用来调节直流电流，从而可调节制动强度，整流变压器一次侧与整流器的直流侧同时进行切换，有利于提高触头的使用寿命。

图 7–1–7 与图 7–1–6 所示的控制电路部分完全相同，所以其工作原理也相同，线路的工作原理可参照上面的叙述自行分析。

能耗制动时产生制动力矩的大小，与通入定子绕组中直流电流的大小、电动机的转速及转子电路中的电阻有关。直流电流越大，产生的静止磁场就越强，而转速越高，转子切割磁感的速度就越大，产生的制动力矩也越大。对于笼型异步电动机，增大制动力矩只能通过增大通入电动机定子绕组的直流电流来实现，而通入的直流电流又不能太大，否则会烧坏定子绕组。能耗制动所需的直流电源（以单相桥式整流电路为例）一般用以下方法进行估算：

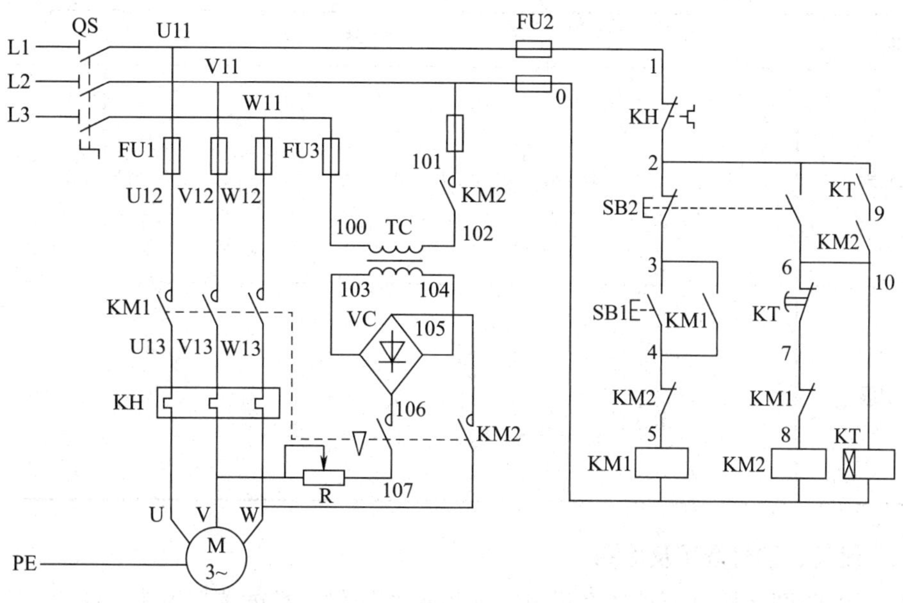

图 7-1-7 有变压器单相桥式整流单向启动能耗制动自动控制线路电气原理图

1）首先测量出电动机三相进线中任意两相之间的电阻值 R（Ω）。

2）测量出电动机的进线空载电流 I_0（A）。

3）能耗制动所需的直流电流 $I_L=KI_0$，所需的直流电压 $U_L=I_LR$。其中 K 是系数，一般取 3.5 ~ 4。若考虑到电动机定子绕组的发热情况，并使电动机达到比较满意的制动效果，对转速高、惯性大的传动装置可取其上限。

4）单相桥式整流电源变压器二次绕组电压和电流有效值分别为：

$$U_2=\frac{U_L}{0.9} \qquad I_2=\frac{I_L}{0.9}$$

变压器计算容量为：

$$S=U_2I_2$$

如果制动不频繁，可取变压器实际容量为：

$$S'=（1/3 \sim 1/4）S$$

5）可调电阻 $R\approx 2\ \Omega$，电阻功率 $P_R(\text{W})=I_L^2R$。实际选用时，电阻功率也可小一些。

任务实施

一、工具、仪表、材料选用及检测

1. 工具、仪表的选用

根据电路图和安装基本控制线路的要求，选择所需工具及仪表，填入表 7-1-1 中。

表 7-1-1　工具、仪表

项目	内容
工具	
仪表	

2. 设备、器材选用及检测

根据电路图及控制要求选择设备、元器件和线材，具体选择见表 7-1-2，表格空白处的内容可根据实际情况选择并填写。

表 7-1-2　设备及器材选用明细表

序号	名称	代号	型号及规格	单位	数量	检测情况	备注
1	三相异步电动机	M	Y112M-4，4 kW、380 V、△形接法或自定	台	1		
2	配线板	—		块	1		
3	组合开关	QS		个	1		
4	熔断器	FU1		个	3		
5	熔断器	FU2		个	2		
6	交流接触器	KM1、KM2		个	2		
7	热继电器	KH		个	1		
8	速度继电器	KS		个	1		
9	按钮	SB1、SB2		个	1		
10	接线端子	XT		节	若干		
11	导线			m	若干		
12	线槽			m	若干		

二、绘制位置图和接线图

自行绘制顺序控制线路的位置图和接线图。

三、安装电气元件

本电路的安装布线和前面类似任务施工中所涉及的方法、要求基本相同，参照所学内容，完成元器件的安装及布线。关于速度继电器的安装，应注意以下几点：

1. 安装速度继电器前，要明确其结构，辨明常开触头的接线端。速度继电器的接线如图 7–1–8 所示。

2. 速度继电器可预先安装好。安装时，采用速度继电器的连接头与电动机转轴直接连接的方法，并使两轴中心线重合。速度继电器可用联轴器与电动机的轴相连接，如图 7–1–9 所示。

图 7–1–8　速度继电器的接线

图 7–1–9　速度继电器与电动机的连接

3. 速度继电器的金属外壳应可靠接地。

4. 通电试车时，若制动不正常，可检查速度继电器是否符合规定要求。若需调节速度继电器的调整螺钉，必须切断电源，以防止出现相对地短路而引起事故。

5. 调整速度继电器动作值和返回值时，应先观看教师示范后，再自己进行调整。

6. 制动操作不宜过于频繁。

7. 速度继电器的常见故障及处理方法见表 7–1–3。

表 7–1–3　速度继电器的常见故障及处理方法

故障现象	可能原因	处理方法
反接制动时速度继电器失效，电动机不制动	胶木摆杆断裂	更换胶木摆杆
	触头接触不良	清洗触头表面油污
	弹性动触片断裂或失去弹性	更换弹性动触片
	笼型绕组开路	更换笼型绕组

续表

故障现象	可能原因	处理方法
电动机不能正常制动	速度继电器弹性动触片调整不当	重新调整调节螺钉： （1）将调节螺钉向下旋，弹性动触片弹性增大，速度较高时继电器才能动作 （2）将调节螺钉向上旋，弹性动触片弹性减小，速度较低时继电器即动作

四、接线

按照接线图进行板前线槽配线。具体安装工艺要求参见项目四任务 1。

五、自检、交验及通电试车

自检、交验及通电试车的要求参见项目四任务 1。

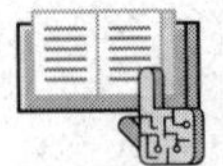

任务测评

对任务实施的完成情况进行检查，并参照表 2-1-2 进行评分。

知识拓展

电动机的电磁抱闸制动

1. 电磁抱闸制动器

电磁抱闸制动器分为断电制动型和通电制动型两种。电磁抱闸制动器的结构和符号如图 7-1-10 所示。

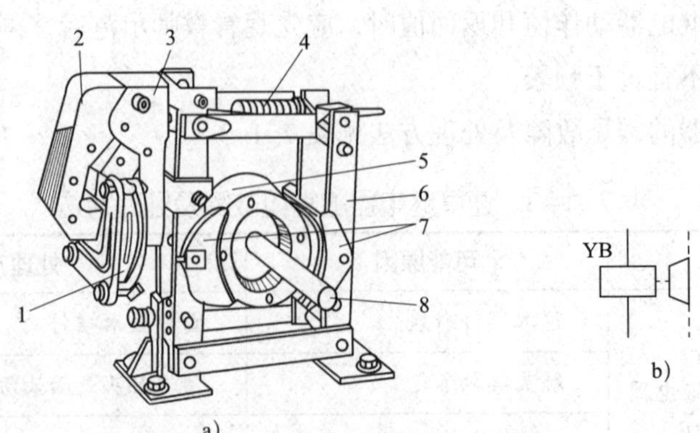

图 7-1-10　电磁抱闸制动器的结构和符号

1—线圈　2—衔铁　3—铁芯　4—弹簧　5—闸轮　6—杠杆　7—闸瓦　8—轴

断电制动型的原理如下：当制动电磁铁的线圈得电时，制动器的闸瓦与闸轮分开，无制动作用；当线圈失电时，制动器的闸瓦紧紧抱住闸轮制动。

通电制动型的原理如下：当制动电磁铁的线圈得电时，闸瓦紧紧抱住闸轮制动；当线圈失电时，制动器的闸瓦与闸轮分开，无制动作用。

2. 电路原理分析

电磁抱闸制动器断电制动控制线路如图 7-1-11 所示。图中，YB 为电磁抱闸制动器。

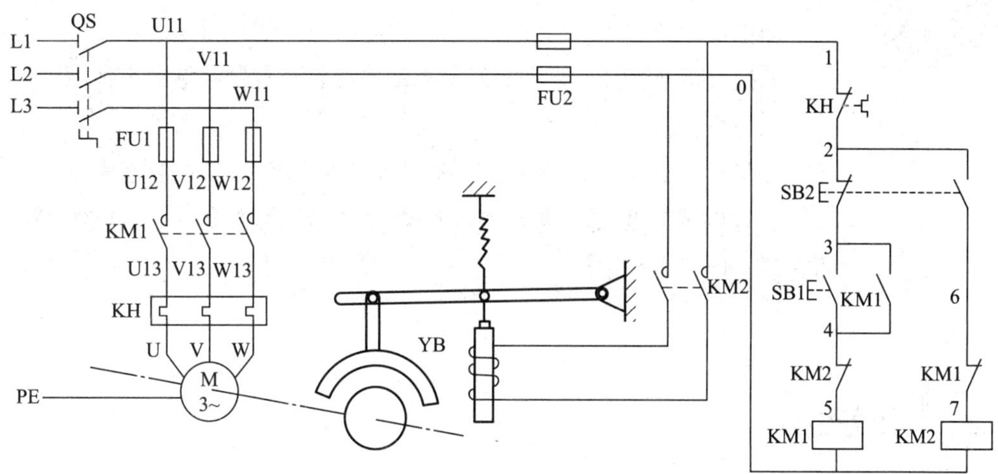

图 7-1-11　电磁抱闸制动器断电制动控制线路

线路的工作原理如下：

先合上电源开关 QS。

启动：按下启动按钮 SB1，接触器 KM1 线圈得电，其自锁触头与主触头闭合，电动机 M 接通电源，同时电磁抱闸制动器 YB 线圈得电，衔铁与铁芯吸合，衔铁克服弹簧拉力，迫使制动杠杆向上移动，从而使制动器的闸瓦与闸轮分开，电动机正常运转。

制动：按下停止按钮 SB2，接触器 KM1 线圈失电，其自锁触头与主触头分断，电动机 M 失电，同时电磁抱闸制动器 YB 线圈也失电，衔铁与铁芯分开，在弹簧拉力的作用下，闸瓦紧紧抱住闸轮，迫使电动机被迅速制动而停转。

电磁抱闸制动器断电制动在起重机械上被广泛采用。其优点是能够准确定位，同时可防止电动机突然断电时重物自行坠落。当重物起吊到一定高度时，按下停止按钮，电动机和电磁抱闸制动器的线圈同时断电，闸瓦立即抱住闸轮，电动机立即制动停转，重物随之被准确定位。如果电动机在工作时，线路发生故障而突然断电，电磁抱闸制动器同样会使电动机迅速制动停转，从而避免重物自行坠落。

任务 2　PLC 实现的制动控制线路安装与调试

学习目标

知识目标：

掌握三相交流异步电动机双向启动反接制动控制线路的工作原理。

能力目标：

1. 能根据双向启动反接制动控制线路编写其 PLC 控制程序。

2. 能完成三相交流异步电动机双向启动反接制动 PLC 控制线路的安装、运行与调试。

任务引入

图 7-2-1 所示为继电器实现的双向启动反接制动控制线路电气原理图。本任务

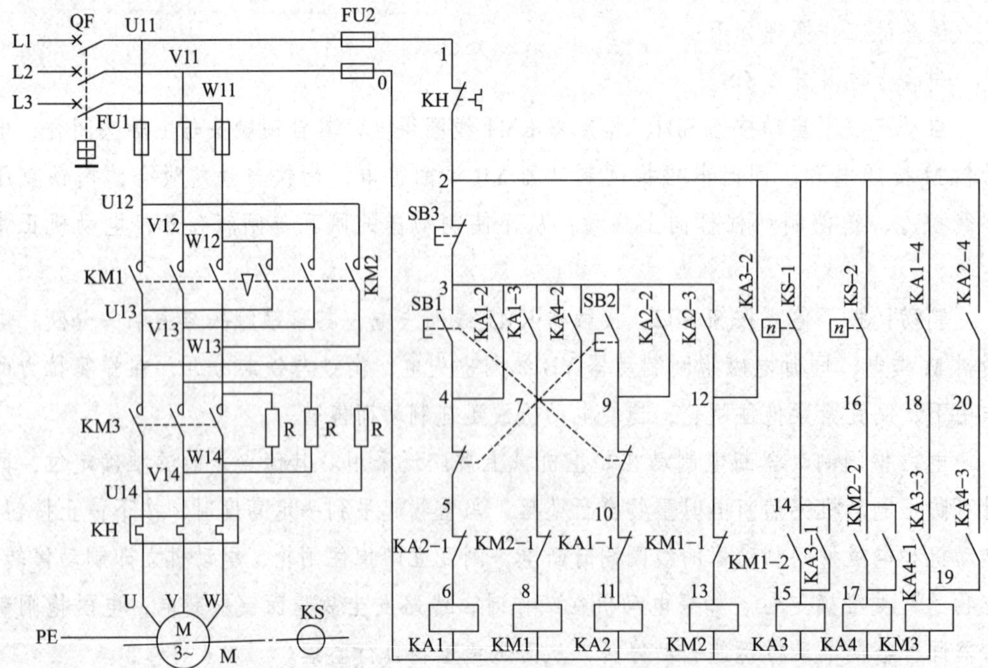

图 7-2-1　具有反接制动电阻的双向启动反接制动控制线路电气原理图

要求用 PLC 对图 7-2-1 所示电路进行改造，用 PLC 实现三相交流异步电动机的双向启动反接制动控制，并具有短路保护和过载保护等必要的联锁保护措施。

相关知识

一、双向启动反接制动控制线路工作原理

1. 正转启动运转

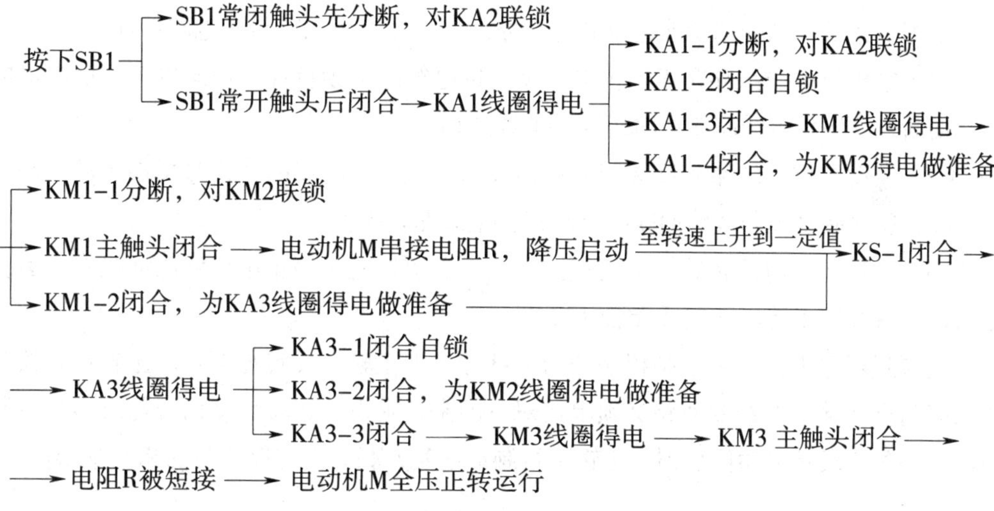

2. 反接制动停转

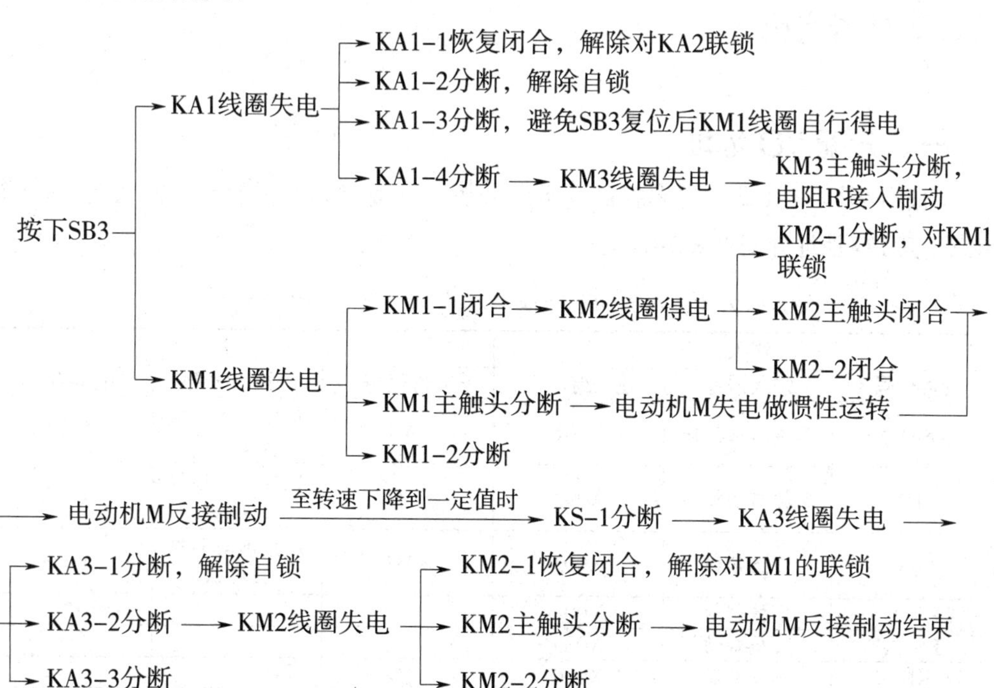

3. 反转启动运转及反接制动停转

反转启动运转及反接制动停转的过程请参照以上内容自行分析。

二、电路特性分析

在正常工作状态下，反接制动控制线路处于断路状态，电动机供电线路接通（为正向供电或反向供电，对应电动机不同的转动方向），停车指令发出后，电动机供电线路迅速切断，反接制动控制线路接通，反接制动启动，经过一定延时后达到停车状态，反接制动控制线路断路（KS 触点断开），反接制动停止。

根据上述反接制动的功能需求和电气原理，大体上可以确定其电路特征：

（1）电机供电线路存在正向供电、反向供电线路互锁特征，正向供电时反向供电线路切断，反向供电线路接通时正向供电线路切断。

（2）电动机供电线路和反接制动控制线路互锁，供电线路通路时反接制动控制线路切断，反接制动控制线路通路时电动机供电线路切断。

（3）正转启动与反转启动不能直接切换，必须先通过停止按钮使电动机停止运行之后，重新按下正转启动或反转启动按钮。

反映到程序上，就是控制程序分为三部分，即正转、反转与停止。正转接触器线圈回路与反转接触器线圈回路必须串接对方的常闭触点；正转启动信号与反转运行制动信号并联，反转启动信号则与正转运行制动信号并联，实现停止时的相互制动。

任务实施

一、分配 I/O 地址

通过对图 7-2-1 所示电路控制要求的分析，可确定 PLC 需要 6 个输入点、3 个输出点，其 I/O 地址分配见表 7-2-1。

表 7-2-1 双向启动反接制动控制线路 I/O 地址分配表

输入			输出		
元件代号	输入设备	输入继电器	元件代号	输出设备	输出继电器
SB1	正转启动按钮	X001	KM1	正转、反接制动接触器	Y001
SB2	反转启动按钮	X002	KM2	反转、反接制动接触器	Y002
SB3	停止按钮	X003	KM3	短接制动电阻接触器	Y003
KS-1	反接制动	X004			
KS-2	反接制动	X005			
KH	热继电器	X000			

二、绘制 PLC 硬件接线图

根据电气原理图及 I/O 分配表绘制对应的 PLC 硬件接线图，如图 7-2-2 所示。

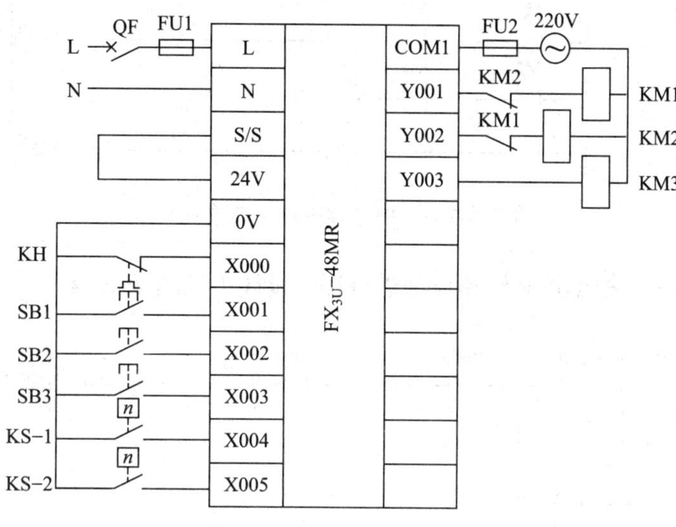

图 7-2-2 PLC 硬件接线图

三、设计梯形图程序

1. 方法一——根据控制线路图进行程序设计（见图 7-2-3）

X000 X001 X003 X002 M2 M1
M1
X003 M1 Y002 Y001
M4
X002 X003 X001 M1 M2
M2
X003 M2 Y001 Y002
M3
X004 Y001 M3
M3

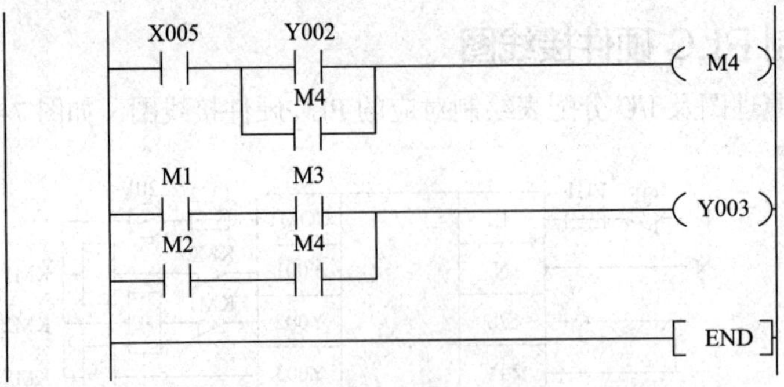

图 7-2-3　PLC 梯形图（方法一）

2. 方法二——根据控制线路原理进行程序设计（见图 7-2-4）

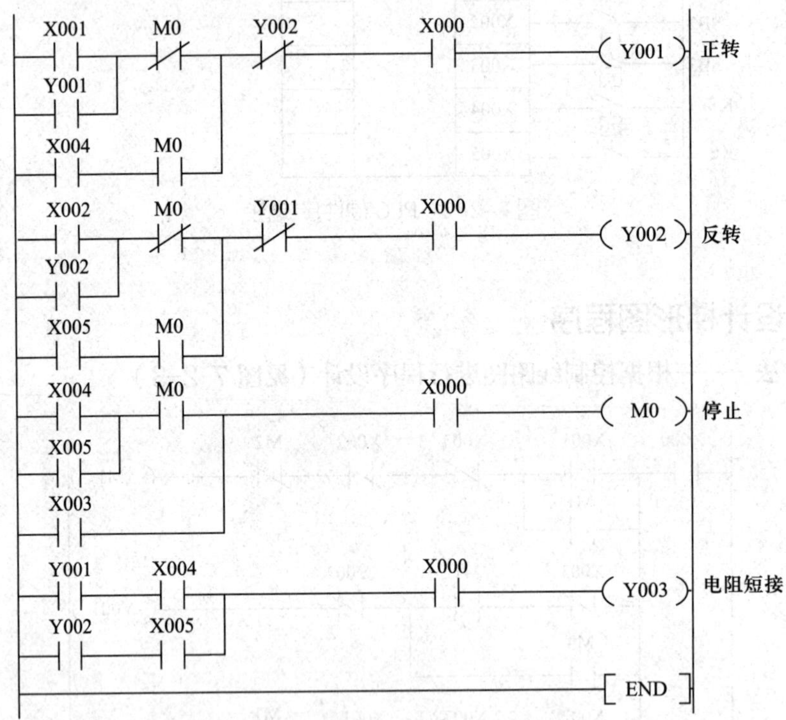

图 7-2-4　PLC 梯形图（方法二）

四、系统安装、调试与运行

1. 识图、安装与接线

根据图 7-2-1 所示的电路图，在表 7-1-2 的基础上，补充、调整相应的设备及元器件，并在配电板上进行元器件与线路安装。

（1）元器件检查

检查元器件规格是否符合技术要求，并检查电气元器件是否完好。

（2）固定元器件

在配电板上合理布置并固定本任务所需的元器件。

（3）配线安装

根据配线原则和工艺要求进行配线安装。

（4）自检

对照接线图检查接线是否正确，确认无误后方可通电调试。

2. 程序下载

线路安装完成并检查无误后，接通电源，将程序下载到 PLC 中。

3. 运行调试

（1）在指导教师指导下进行通电调试。

（2）接通系统电源开关，将 PLC 运行方式置于“RUN”位置，然后通过计算机上的软件“监控”监视程序运行情况，再按表 7-2-2 进行操作，观察并记录系统运行情况。如出现异常情况，应立即切断电源，分析原因，检查硬件电路和程序，解决问题后再重新调试；若是程序问题且不影响安全运行，可通过在线修改程序进行调试，直至系统功能全部调试成功为止，最后关闭系统电源开关。

表 7-2-2　系统调试运行情况记录表

<table>
<tr><th rowspan="3">操作步骤</th><th rowspan="3">操作内容</th><th colspan="6">观察内容</th></tr>
<tr><th colspan="2">指示 LED</th><th colspan="4">输出设备</th></tr>
<tr><th>正确结果</th><th>观察结果</th><th>正确结果</th><th>观察结果</th><th>正确结果</th><th>观察结果</th></tr>
<tr><td>1</td><td>若先按下 SB1，即 X001=ON</td><td>Y001 点亮</td><td></td><td>KM1 吸合</td><td></td><td>串接电阻正向启动运行</td><td></td></tr>
<tr><td rowspan="2">2</td><td rowspan="2">KS-1 常开闭合，即 X004=ON</td><td>Y001 点亮</td><td></td><td>KM1 吸合</td><td></td><td rowspan="2">电动机全压正转运行</td><td rowspan="2"></td></tr>
<tr><td>Y003 点亮</td><td></td><td>KM3 吸合</td><td></td></tr>
<tr><td rowspan="3">3</td><td rowspan="3">按下 SB3，即 X003=ON</td><td>Y001 熄灭</td><td></td><td>KM1 断开</td><td></td><td rowspan="3">串接电阻反接制动</td><td rowspan="3"></td></tr>
<tr><td>Y003 熄灭</td><td></td><td>KM3 断开</td><td></td></tr>
<tr><td>Y002 点亮</td><td></td><td>KM2 吸合</td><td></td></tr>
<tr><td>4</td><td>KS-1 常开断开，即 X004=OFF</td><td>Y002 熄灭</td><td></td><td>KM2 断开</td><td></td><td>制动结束，电动机停转</td><td></td></tr>
<tr><td>5</td><td>若先按下 SB2，即 X002=ON</td><td>Y002 点亮</td><td></td><td>KM2 吸合</td><td></td><td>串接电阻反向启动运行</td><td></td></tr>
</table>

续表

操作步骤	操作内容	观察内容					
		指示 LED		输出设备			
		正确结果	观察结果	正确结果	观察结果	正确结果	观察结果
6	KS-2 常开闭合，即 X005=ON	Y002 点亮		KM2 吸合		电动机全压反转运行	
		Y003 点亮		KM3 吸合			
7	按下 SB3，即 X003=ON	Y002 熄灭		KM2 断开		串接电阻反接制动	
		Y003 熄灭		KM3 断开			
		Y001 点亮		KM1 吸合			
8	KS-2 常开断开，即 X005=OFF	Y001 熄灭		KM1 断开		制动结束，电动机停转	
9	若 KH 常闭断开，即 X003=OFF	Y001 ~ Y003 均熄灭		KM1 ~ KM3 均断开		电动机自由停车	
问题处理方法							
安全提示		运行与调试结束后必须关断电源					

任务测评

对任务实施的完成情况进行检查，并参照表 2-2-6 进行评分。

项目八
PLC 步进顺控指令的应用

任务 1　动力头进给的 PLC 控制

学习目标

知识目标：

1. 掌握顺序功能图的绘制步骤。
2. 掌握步进逻辑公式的含义，并学会利用步进逻辑公式设计法进行步进顺序控制的程序设计。

能力目标：

1. 会根据控制要求画出顺序控制程序分步图。
2. 能正确编写动力头进给控制系统的程序。
3. 能完成动力头进给控制系统的线路安装、运行与调试。

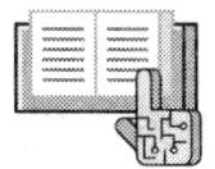

任务引入

图 8–1–1 所示为某组合机床动力头的进给运动示意图，其工作过程是：动力头的初始位置在左边，限位开关 SQ3 受压，动力头的运动由 3 个电磁阀控制。按下启动按钮后，动力头向右快速进给（简称快进），碰到限位开关 SQ1 后变为工作进给（简称工进），碰到 SQ2 后快速退回（简称快退），返回初始位置后自动停止。

由图 8–1–1 可见，该系统是按照工作先后次序，遵循一定规律的典型顺序控制系统。动力头的一个工作周期可以分为原位等待、快进、工进和快退等工序，其控制流程如图 8–1–2 所示。本任务的主要内容是，运用步进逻辑公式设计法设计 PLC 控制系统程序，实现对某组合机床动力头的进给运动的原位控制。

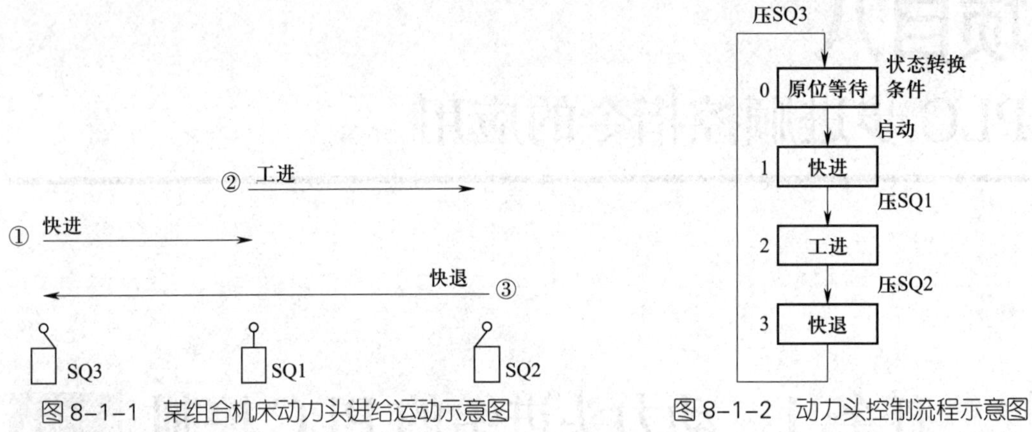

图 8-1-1　某组合机床动力头进给运动示意图

图 8-1-2　动力头控制流程示意图

相关知识

一、顺序控制设计法

前面各任务 PLC 程序设计所采用方法一般称为经验设计法。所谓经验设计法，实际上是用输入信号直接控制输出信号，如果无法直接控制或需要解决联锁（或互锁）功能，只好被动地增加一些辅助元件和辅助触点。由于各系统输出量与输入量之间的关系和对联锁、互锁的要求变化较多，所以有时候设计起来难以得心应手。因此，在实际应用中，还常采用顺序控制设计法。

所谓顺序控制，就是按照生产工艺预先规定的顺序，在各个输入信号的作用下，根据内部状态和时间的顺序，在生产过程中各个执行机构自动而有序地进行工作。如果一个控制系统可以分解成几个独立的控制动作，且这些动作必须严格按照一定的先后次序执行才能保证生产过程的正常运行，则这种系统称为顺序控制系统，也称步进控制系统。

顺序控制设计法（又称为步进顺序控制设计法）是一种专门针对顺序控制系统的设计方法。它把顺序控制系统的一个工作周期划分为若干个顺序相连的阶段，这些阶段称为“步”，并用编程元件（例如位存储器 M 或顺序控制继电器 S）来代表各步，再用它们来控制输出。这种设计方法以顺序功能图为基础，以步为核心，从起始步开始一步一步地完成程序设计，很容易被初学者接受，对于有经验的工程师，也会提高设计的效率，程序的调试，修改和阅读也很方便。

顺序控制设计法主要分为步进逻辑公式设计法、顺序功能图设计法两大类，本任务主要介绍步进逻辑公式设计法。

无论是步进逻辑公式设计法还是顺序功能图设计法，其基础都是顺序功能图。因此，绘制顺序功能图是顺序控制设计法的第一步。

二、顺序功能图及其绘制步骤

顺序功能图（Sequential Function Chart，简称 SFC）又称为状态转移图或功能图，它是描述控制系统的控制过程、功能和特性的一种图形，也是一种按照工艺流程图进行编程的图形编程语言。

1. 顺序功能图的组成

顺序功能图主要由步、动作、有向连线和转移条件等组成，如图 8-1-3 所示。

（1）步

将一个复杂的顺控程序分解为若干个状态，这些状态称为步。一般的步用单线方框表示，框中编号可以是 PLC 中的辅助继电器 M 或状态继电器 S 的编号。一个控制系统必须有一个初始状态，称为初始步，用双线方框表示。步又分为活动步和非活动步。活动步是指当前正在运行的步，非活动步是没有运行的步。步处于活动状态时，相应的动作被执行。有时，1 个步可以对应一个动作，也对应多个动作，如图 8-1-3 中的步 2 对应的动作 C，步 1 对应的动作 A 和 B。

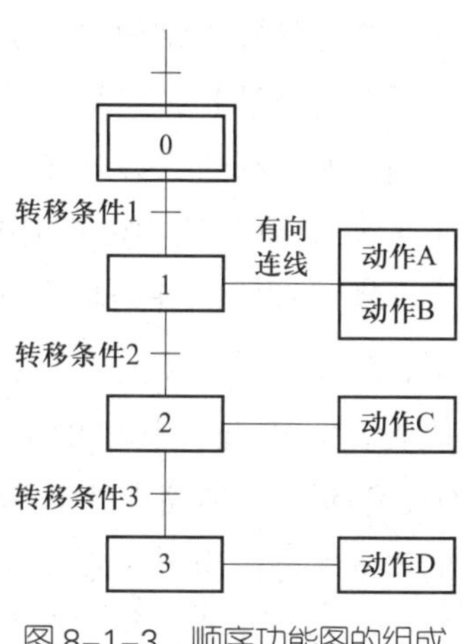

图 8-1-3 顺序功能图的组成

（2）动作

步方框右边用线条连接的符号为本步的工作对象，称为动作。当状态继电器 S 或辅助继电器 M 接通时（状态为 ON），动作生效。

（3）有向连线

有向连线表示状态的转移方向。在画顺序功能图时，将代表各步的方框按先后顺序排列，并用有向连线将它们连接起来。表示从上到下或从左到右这两个方向的有向连线的箭头可以省略。

（4）转移条件

转移用与有向连线垂直的短划线来表示，将相邻两状态隔开。转移条件标注在转移短线的旁边。转移条件是与转移逻辑相关的触点，可以是常开（动合）触点、常闭（动断）触点或它们的串并联组合。

2. 顺序功能图的构成规则

（1）1 个顺序功能图至少要有 1 个初始步。

（2）步与步之间不能直接相连，必须用转移分开。

（3）转移与转移之间必须用步分开。

（4）用有向线段表示转移方向，从上向下转移时可省去箭头。

3. 顺序功能图的基本结构

顺序功能图从结构上可分为单一顺序结构、选择顺序结构、并行顺序结构和循环结构四种。

（1）单一顺序结构

单一顺序结构的顺序功能图中没有分支，每个步后只跟有 1 个转移，1 个转移后也仅连接 1 个步。当上一步为活动步且转移条件满足时，下一步激活，同时上一步变成不活动步。图 8-1-2 所示的流程就是单一顺序结构。

（2）选择顺序结构

在选择顺序结构中，某步后有若干个单一顺序等待选择，当某一顺序的转移条件满足时，则选择进入该顺序。图 8-1-4 所示就是 1 个选择顺序结构的顺序功能图。

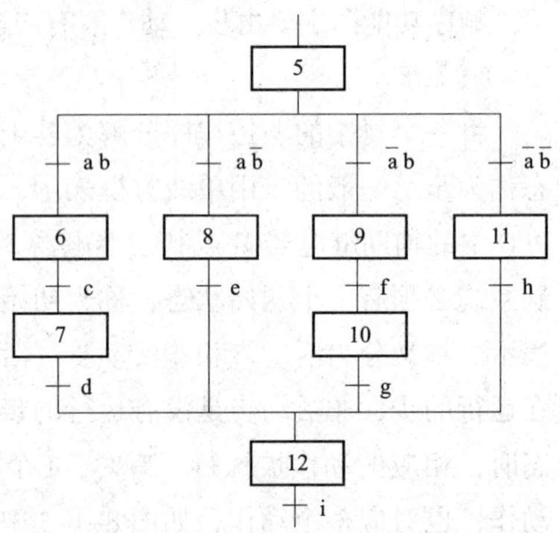

图 8-1-4　选择顺序结构的顺序功能图

选择顺序的开始称为分支，在图 8-1-4 中，步 5 之后有 4 个分支，各分支不能同时执行，只能选择其中的 1 个分支执行。例如，当步 5 为活动步且条件 ab 满足时，则转向步 6 执行；当步 5 为活动步且条件 $a\bar{b}$满足时，则转向步 8 执行；当步 5 为活动步且条件$\bar{a}b$ 满足时，则转向步 9 执行；当步 5 为活动步且条件$\bar{a}\bar{b}$满足时，则转向步 11 执行。但是，当步 6 被选中执行时，步 8、步 9 和步 11 均不能激活。同样，当步 8、步 9 或步 11 被单独选中执行时，另外 3 个分支也不能激活。

选择序列的结束称为合并。在图 8-1-4 中，不论哪个分支的最后一步成为活动步，转移条件满足时都要转向步 12。

（3）并行顺序结构

并行顺序结构是指在某一转移条件下，能同时启动若干个单一顺序的结构。并行顺序的开始也称为分支，但为了区别于选择顺序，用双线来表示并行序列分支的开始，如图 8-1-5 所示。当步 1 为活动步且条件满足时，则步 2、步 3、步 4 同时被激活，变为活动步，而步 1 变为不活动步。

并行顺序的结束也称为合并，但为了区别于选择顺序，用双线来表示并行序列分支的合并。在图 8-1-5 中，并行顺序各分支的最后一步（即步 5、步 6 和步 7）为活动步，且条件 e 满足时，步 8 成为活动步，步 5、步 6 和步 7 同时变成不活动步。

（4）循环结构

循环结构是指在控制过程执行时，某些步反复执行的结构。循环可分为全局循环和局部循环，如图 8-1-6 所示。图 8-1-6a 所示为全局循环的顺序功能图，当最后一步为活动步、转移条件 S_{n+1} 变为 ON 时，最后一步停止，转到第 1 步执行，又开始整个过程，循环往复。图 8-1-6b 所示为局部循环的顺序功能图，图中在第 5 步后转移条件有 2 个，分别为 d 和 e。当第 5 步为活动步、转移条件 d 满足时，向下执行第 6 步；而当第 5 步为活动步、转移条件 e 满足时，执行第 3 步，之后顺序向下执行，到第 5 步再次判断 d 和 e 哪个条件满足，只要 e 满足，则继续循环执行步 3、步 4、步 5。

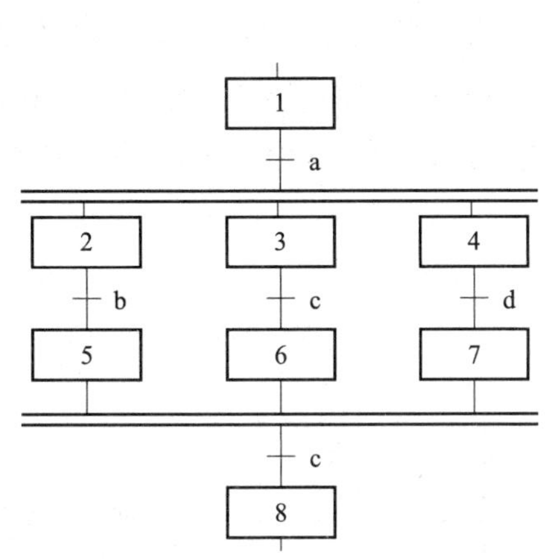

图 8-1-5 并行顺序结构的顺序功能图

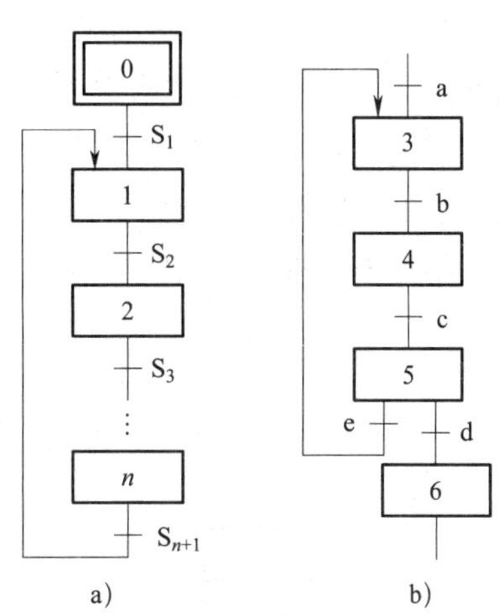

图 8-1-6 循环结构的顺序功能图
a）全局循环 b）局部循环

提示

顺序功能图绘制注意事项：

（1）顺序功能图的流程顺序一般是从上到下，从左到右。正常顺序时可以省略箭头，否则必须加箭头。

（2）如果在画图时有向连线必须中断，应在有向连线与中断之处表明下一步的标号和所在页码。

（3）两个步不能直接相连，必须用一个转移将它们分隔开。两个转移也不能直接相连，必须用一个步将它们分隔开。

三、步进逻辑公式设计法

步进逻辑公式设计法是通过步进逻辑公式列出每个程序步的逻辑代数式后，再利用“启—保—停”电路，通过 PLC 的基本指令，画出每个程序步的梯形图的方法。下面介绍其列写规则。

1. 除初始步外，每步用 1 个辅助继电器（内部工作位）表示其状态。该步执行时，该辅助继电器状态为“1”。

2. 在列写辅助继电器逻辑公式时，对于功能图中第 i 步，用 M_i 代表该步辅助继电器，如图 8-1-7 所示，其逻辑公式为：$M_i=(X_iM_{i-1}+M_i)\overline{M_{i+1}}$。

根据逻辑公式画出梯形图，如图 8-1-8 所示。在公式中，X_i 是第 i 步的启动条件，即每步前的转移条件；M_{i-1} 是启动约束条件，目的是防止因为误操作或转移条件的重复出现而引起误动作，用第 i 步的上一步（即第 i-1 步）状态作为约束条件，表明只有在上一步正在执行的情况下，X_i 才能启动本步，从而保证过程严格按顺序执行。对控制过程的第 1 步，其启动信号的约束应为“控制过程所有步均不动作”，若控制过程有 n 步，分别用辅助继电器 M_1、M_2、…、M_n 表示各步状态，则第 1 步的启动约束条件为 $\overline{M_1}$、$\overline{M_2}$、…、$\overline{M_n}$。M_i 是自锁触点，保证该辅助继电器在该步执行时连续得电；M_{i+1} 是关断条件，每步用下一步的辅助继电器 M_{i+1} 的得电作为关断条件；最后一步的关断条件为该步之后的转移条件。

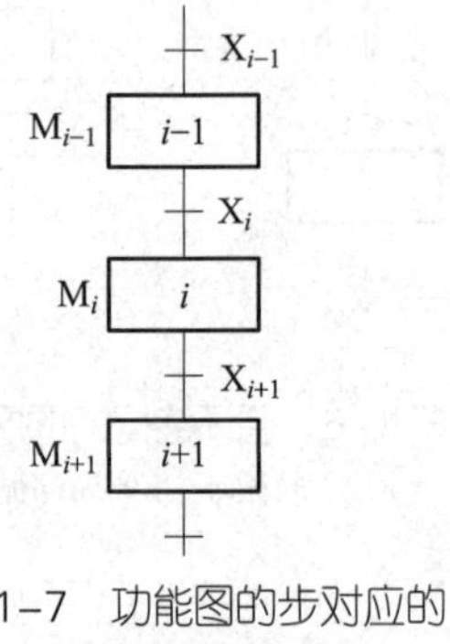

图 8-1-7　功能图的步对应的辅助继电器

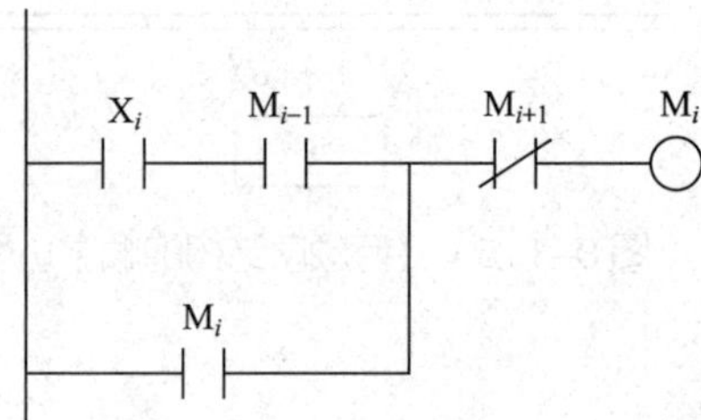

图 8-1-8　逻辑公式对应的梯形图

3. 选择顺序的表示有三种方法。第一种采用调用子程序的方法，即把每个顺序写成 1 个子程序，当转移条件满足时调用。第二种采用跳转指令的方法，即把每个顺序的程序放在一对跳转开始指令和跳转结束指令之间，当转移条件满足时执行该顺序，跳过其他顺序的程序。这两种方法的优点是只执行选中的顺序，从而缩短扫描时间。第三种采用逐步列写逻辑公式的方法，然后将逻辑公式转换为梯形图。这种方法的缺点是不论选中哪一个顺序，都需要扫描全部程序。

4. 并行顺序的表示可采用逐步列写步进逻辑公式的方法。

5. 对循环结构的功能图，按列写规则 2 中的方法列写逻辑公式，但应注意循环开始步的启动条件，如图 8-1-6b 所示，第 3 步的启动条件是 a 或 e，即 a+e；而循环结束步的转移条件 d 和 e 之间应为“非”的关系，当 e 满足（d 不满足）时进行循环，当 d 满足（e 不满足）时停止循环，顺序向下执行。循环结束步的退出条件将启动第 6 步的执行。

6. 输出元件的逻辑公式。当某输出元件仅在 1 步中接通时，则该输出的状态等于该步辅助继电器的状态，如图 8-1-9 中的 Y1 和 Y3。当某输出元件在若干步均接通时，则该输出状态为这几个辅助继电器状态的逻辑“或”，如图 8-1-9 中的 Y2。

7. 每步中的输出除了可以是执行元件、辅助继电器外，还可以是指令，即将该指令的执行当作一种执行元件在动作。

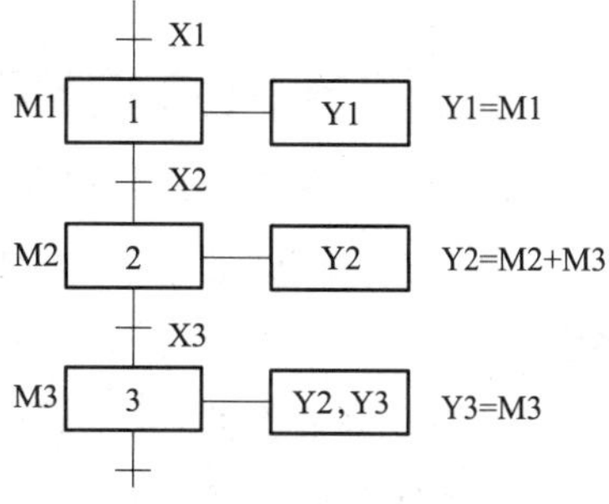

图 8-1-9　输出元件的逻辑公式

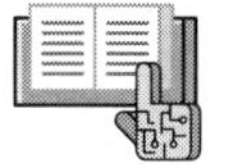

任务实施

一、分配 I/O 地址

通过对本任务控制要求的分析，可确定 PLC 需要 4 个输入点、3 个输出点，其 I/O 地址分配见表 8-1-1。

表 8-1-1　I/O 地址分配表

输入			输出		
元件代号	作用	输入继电器	元件代号	作用	输出继电器
SB1	启动按钮	X000	YV1	快进电磁阀	Y000
SQ1	限位开关	X001	YV2	工进电磁阀	Y001
SQ2	限位开关	X002	YV3	快退电磁阀	Y002
SQ3	限位开关	X003			

二、绘制 PLC 硬件接线图

根据图 8-1-1 所示示意图及表 8-1-1 所列地址分配，绘制 PLC 系统硬件接线图，如图 8-1-10 所示，以保证硬件接线操作正确。

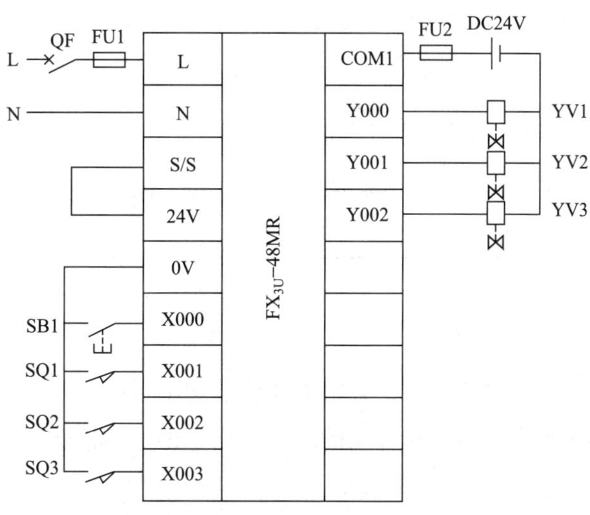

图 8-1-10　PLC 系统硬件接线图

三、设计 PLC 控制程序

1. 给各步分配辅助继电器

第 1 步的辅助继电器为 M1，第 2 步的辅助继电器为 M2，第 3 步的辅助继电器为 M3。

2. 列出逻辑公式

（1）辅助继电器方程

$M1=(X000\cdot\overline{X003}\cdot\overline{M1}\cdot\overline{M2}\cdot\overline{M3}+M1)\cdot\overline{M2}$

$M2=(X001\cdot M1+M2)\cdot\overline{M3}$

$M3=(X002\cdot M2+M3)\cdot\overline{X003}$

（2）输出元件方程

Y001=M1

Y002=M2

Y003=M3

3. 画出本任务梯形图（见图 8-1-11）

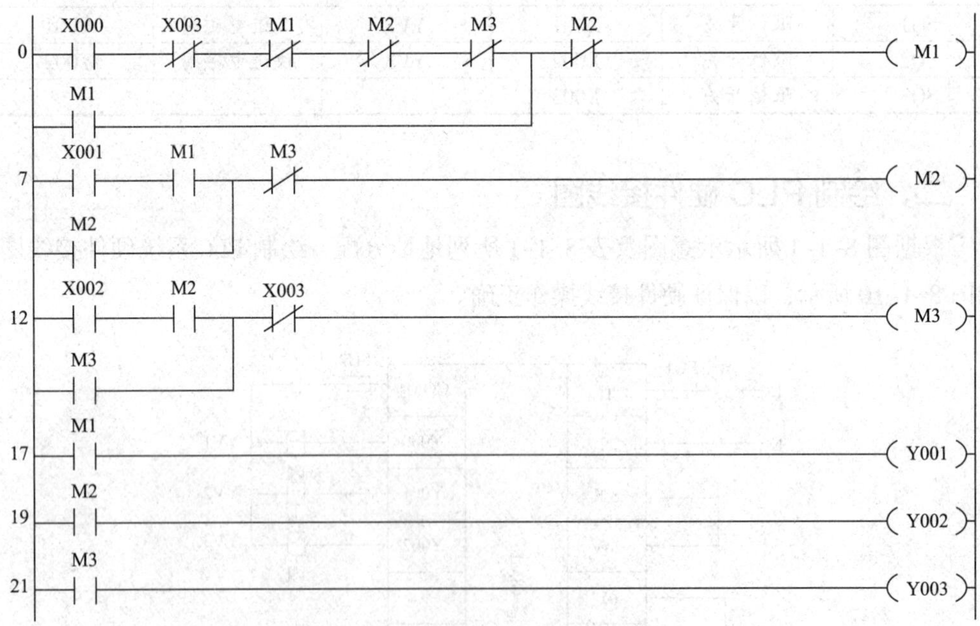

图 8-1-11　动力头进给控制梯形图

（1）初始步动力头在原位等待，各辅助继电器均不得电。

（2）第 1 步是系统快进步。在各辅助继电器均不得电的情况下，按下启动按钮后，该步就成为活动步。

（3）第 2 步是系统工进步。在第 1 步正在执行（M1 状态为“ON”）的条件下，压下限位开关 SQ1，该步变成活动步。

（4）第 3 步是系统快退步。在第 2 步正在执行（M2 状态为“ON”）的条件下，压下限位开关 SQ2，该步变成活动步。该步的关断条件为动力头退回原位、压下限位开关 SQ3。该步为系统的最后一步，当关断条件满足时，回到初始状态。

四、系统安装、调试与运行

1. 识图、安装与接线

根据图 8-1-11 所示的 PLC 系统硬件接线图，准备任务所需电气元器件，并在配电板上进行元器件与线路安装。

（1）元器件检查

检查元器件规格是否符合技术要求，并检查电气元器件是否完好。

（2）固定元器件

在配电板合理布置并固定本任务所需的元器件。

（3）配线安装

根据配线原则和工艺要求进行配线安装。

（4）自检

对照接线图检查接线是否正确，确认无误后方可通电调试。

2. 程序下载

线路安装完成并检查无误后，接通电源，将程序下载到 PLC 中。

3. 运行调试

（1）经自检无误后，在指导教师的指导下，方可通电调试。

（2）接通系统电源开关，将 PLC 运行方式置于“RUN”位置，然后通过计算机上的软件“监控”功能监视程序运行情况，再按表 8-1-2 进行操作，观察并记录系统运行情况。如出现异常情况，应立即切断电源，分析原因，检查硬件电路和程序，解决问题后再重新调试；若是程序问题且不影响安全运行，可通过在线修改程序进行调试，直至系统功能全部调试成功为止，最后关闭系统电源开关。

表 8-1-2 系统调试运行情况记录表

步骤	调试内容	观察内容	运行情况记录
第一步	将程序下载到 PLC 后，合上断路器 QF	“POWER”灯	
		所有的“IN”灯	
第二步	压下 SQ3 和 SB1	YV1、YV2、YV3 的运行状态	
第三步	压下行程开关 SQ1		

续表

步骤	调试内容	观察内容	运行情况记录
第四步	压下行程开关 SQ2	YV1、YV2、YV3 的运行状态	
第五步	压下行程开关 SQ3		
问题处理方法			
 安全提示	运行与调试结束后必须关断电源		

提示

常见问题：在进行 PLC 外部输入的接线时错将行程开关接到常闭点上。

后果及原因：在进行 PLC 外部输入的接线时错将行程开关接到常闭点上，会使动力头不能正常换向，严重时会烧坏电动机。

预防措施：应根据 I/O 接线图，在 PLC 外部输入接线时将行程开关接到常开触点上。

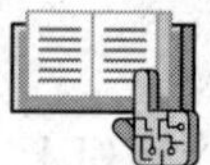

任务测评

对任务实施的完成情况进行检查，并参照表 2-2-6 进行评分。

知识拓展

PLC 的使用注意事项

PLC 为工业控制装置，一般不需要采取特别措施即可直接用于工业环境，但必须严格按技术指标使用，才能保证长期安全运行，同时还应考虑与 PLC 连接的外部线路的可靠性。

1. 工作环境和安装注意事项

技术指标规定 PLC 的工作环境温度为 0 ~ 55 ℃，相对湿度为 85% RH 以下（无结霜）。因此，不得将 PLC 安装在高温、结露、雨淋的场所，不宜安装在多灰尘、油烟，具有腐蚀性和可燃性气体的场所，也不得将其安装在震动、冲击强烈的地方。如果环境条件恶劣，应采取相应的通风、防尘、防震措施，必要时可将其安装在控制室内。

PLC 不能与高压电器安装在一起，控制柜中应远离强干扰和动力线，如大功率晶闸管装置、高频电焊机、大型动力设备等，两者间距应大于 200 mm。

PLC 的 I/O 连接线与控制线应分开布线，并保持一定距离。如不得已要在同一线槽中布线，应使用屏蔽线。交流线与直流线、输入线与输出线最好分开走线，开关量与模拟量最好分开敷设，传送模拟量的信号可采用屏蔽线，其屏蔽层应在模拟量模块一端接地。

2. 系统供电与接地

系统的多数干扰往往通过电源进入 PLC。在干扰较强或可靠性要求高的场合，动力部分、控制部分、PLC 自身电源及 I/O 回路的电源应分开配线，用带屏蔽层的隔离变压器给 PLC 供电，隔离变压器与 PLC 之间采用双绞线连接。图 8-1-12 所示为 PLC 常用供电方式。隔离变压器一次侧以接交流 380 V 为宜，可避免地电流干扰。用这种方式供电，在紧急停止时，PLC 的输出电路可在 PLC 外部切断。输入电路用的外接直流电源最好采用稳压电源，一般的整流滤波电源有较大的纹波，容易引起误动作。

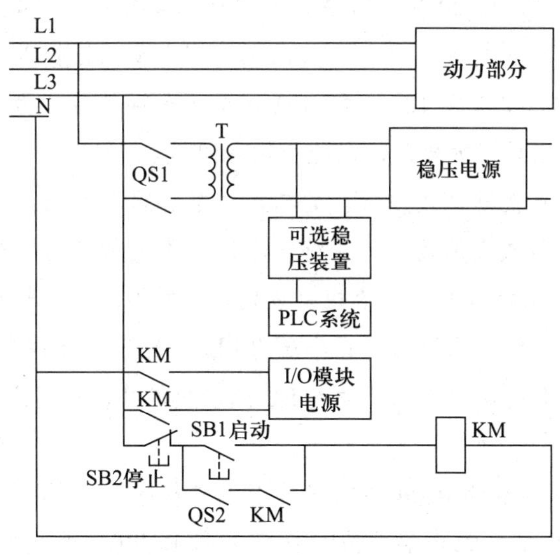

图 8-1-12　PLC 常用供电方式

另外，PLC 电源线截面应根据容量进行选择，一般情况下不能小于 2 mm^2。

良好的接地是保证 PLC 安全可靠运行的重要措施。PLC 控制回路尽量采用单点接地，其接地与其他设备分开使用。一般接地电阻小于 4 Ω，接地线长度尽可能短，一般不超过 20 m，截面积应大于 2 mm^2。在不能够保证单独接地的情况下，为了减少其他电路对 PLC 的干扰，PLC 接地可以浮空。

3. 输入、输出回路的接线及注意事项

（1）根据负载性质并结合输出点的要求，确定负载电源的种类及电压等级，能用交流的就不选直流。

（2）正确确定负载电源容量。应考虑接触器、电磁阀等负载同时工作等因素，不宜简单采取总容量乘以系数的办法估算。尤其是在大型系统中，容量若不能满足，容易引起电压损失过大，影响负载正常工作。

（3）负载电源即便是交流 220 V，也不宜直接取自电网，应采取屏蔽隔离措施，而且同一系统的基本单元、扩展单元的电源与其输出电源应取自同一相。

（4）在电源线配线施工中，输出模块的电源配线必须采用放射式，不能采用链式跨接。跨接很容易造成首块模块的电源端子过电流。

（5）正确选配输入传感元件。一般情况下，PLC 一经选定，输入传感元件的技术参数也就确定了，选购时必须妥善考虑参数的匹配。

目前，PLC 多采用正逻辑输入，要求接近开关动作时输出 24 V 高电平。另外，凡作为 PLC 输入元件的开关、传感器，不论其容量是否允许，都不允许再接其他负载，必须保证每个输入通道是独立的，以防止干扰或损坏 PLC 的内部输入电路。

在采用无触点元件作为输入时，要注意输入漏电流。PLC 的输入灵敏度高，FX_{3U} 系列 PLC 的输入电流为 DC 24 V、7 mA。引起输入动作的最小电流为 3.5 ~ 4.5 mA，但要确保输入有效，输入电流必须大于 4.5 mA。反之要保证输入信号无效，输入电流必须小于 1.5 mA，输入电流在 1.5 ~ 4.5 mA 时会产生误信号。为此，必要时应在输入元件两端并接阻值适当地泄放电阻，以减小输入阻抗。

（6）PLC 一般可直接驱动接触器、继电器和电磁阀等负载，但对于环境恶劣、输出回路接地、短路故障较多的场合，最好在输出回路上加装熔断器作短路保护。采用继电器输出的 PLC 接感性负载时，应在负载两端并接 RC 浪涌电流抑制器，接直流负载时，应并接续流二极管。采用晶闸管输出的 PLC，输出时会伴有较大的开路漏电流，可能会引起小电流负载的误动作，应加入 RC 或泄放电路，提高系统的可靠性。

4. 用户程序存储

FX_{3U} 型 PLC 中标准配置 RAM 存储器用于用户程序及运行中的数据的存储，运行中应时常注意 PLC 面板上的后备电池异常信号灯 BATT.V 的状态。当后备电池异常时，必须在一周内更换电池，更换时长不要超过 5 min。另外还要做好程序的备份工作。

任务 2 多种液体自动混合装置的 PLC 控制

学习目标

知识目标：

1. 理解状态继电器（S）的基本含义，掌握步进指令的使用方法。

2. 理解状态三要素和状态编程的方法。

能力目标：

1. 能使用步进指令编写步进顺控程序。

2. 能正确分析多种液体自动混合控制系统的运行要求。

3. 能正确绘制顺序功能图（SFC），能够将顺序功能图转换成梯形图。

4. 完成多种液体自动混合控制系统的安装、调试和监控，体会步进顺序控制程序的执行特点。

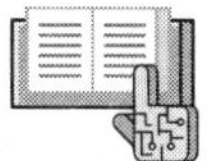

任务引入

在炼油、医药、化工、食品、染料、农药等行业，多种液体自动混合是必不可少的工序，也是生产过程中十分重要的组成部分。为了提高产品质量、缩短生产周期、降低成本，在工业生产中已普遍采用 PLC 实现对多种液体的自动混合进行控制，常见的液体自动混合装置如图 8-2-1 所示。该控制系统提高了自动化控制程度，具有控制可靠、稳定性高等特点，能够满足工业生产的需要。

本任务主要通过液体自动混合控制系统模块来模拟、仿真工业生产中液体自动混合系统的控制，液体自动混合装置示意图如图 8-2-2 所示。本任务的主要任务是：运用 PLC 的顺序功能图设计法，使用步进顺控指令，完成对液体自动混合装置的电气控制。

其控制要求如下：

本混合装置的上限位、下限位和中限位液位传感器被液体淹没时为 ON。阀 A、B、C 为电磁阀，其线圈通电时打开，断电时关闭。

图 8-2-1　液体自动混合装置

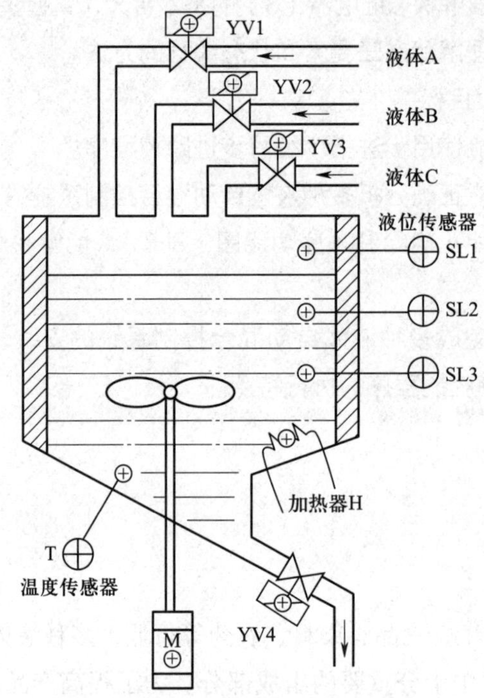

图 8-2-2　液体自动混合装置示意图

1. 初始状态

容器初始状态是空的，各个阀门皆关闭，YV1、YV2、YV3、YV4 均为 OFF，传感器 SL1、SL2、SL3 均为 OFF，电动机 M 为 OFF，加热器 H 为 OFF，温度传感器 T 为 OFF。

2. 启动操作

按下启动按钮，液体混合装置开始按如下顺序工作：

（1）YV1=YV2=ON，液体 A 和液体 B 同时注入容器，当液面达到中限位时，SL2、SL3 均为 ON，使 YV1=YV2=OFF、YV3=ON，即关闭 YV1 和 YV2 阀门，打开液体 C 的阀门 YV3。

（2）当液面达到上限位时，YV3=OFF，M=ON，即关闭阀门 YV3，电动机 M 启动开始搅拌。

（3）搅拌 10 s 后，M=OFF，停止搅动，H=ON，加热器开始加热。

（4）当混合液温度达到某一指定值时，T=ON、H=OFF，停止加热，使 YV4=ON，阀门 YV4 打开，开始放出混合液体。

（5）当液面下降到下限位时，SL3 从 ON 到 OFF，再经过 5 s 容器放空，使 YV4=OFF，开始下一周期。

3. 停止操作

按下停止按钮，在当前的混合操作处理完成后才停止操作（停在初始状态上）。

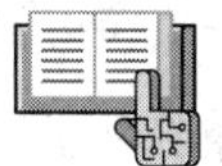

相关知识

本任务控制是典型的步进顺序控制，可以使用步进逻辑公式进行步进顺序控制程序的设计，但是对于复杂的步进顺序控制系统而言，采用步进逻辑公式法进行设计较为困难，为了提高设计的有效性和缩短设计周期，一般选择利用状态继电器（S）来绘制顺序功能图的方法，使用专门的步进控制指令进行程序设计。

一、状态继电器（S）

状态继电器（S）不仅是三菱 FX_{3U} 系列 PLC 中重要的软元件之一，也是利用步进顺控指令编写 PLC 步进顺序控制程序时必不可少的编程要素，同时也是绘制顺序功能图（SFC）的最基本的元素。因此，理解状态继电器（S）的基本概念尤为重要。

状态继电器（S）用于 SFC 编程，是二进制位编程元件，但可以按照十进制格式连续排列，见表 8-2-1。

表 8-2-1 状态继电器的编号

序号	分类	编号	说明
1	初始状态	S0 ~ S9	步进程序开始时使用
2	回原点状态	S10 ~ S19	在多运行模式控制中，用于返回原点状态
3	通用状态	S20 ~ S499	在实现顺序控制的各个步骤时使用
4	断电保持状态	S500 ~ S899	具有断电保持功能
5	信号报警状态	S900 ~ S999	用作报警元件

状态继电器（S）是对工序步进控制编程的重要元件，经常与步进指令 STL 配合使用。其使用与辅助继电器（M）相同，它既可以当触点使用，也可以通过输出指令、

置位 / 复位指令来控制线圈。

二、PLC 步进指令

FX_{3U} 系列 PLC 在 SFC 程序总体结构和流程确定后，需要通过 STL 指令、RET 指令等以梯形图的形式编程。

1. 步进开始指令

步进开始指令（STL）与左母线直接连接，表示步进顺控开始。在梯形图中，状态继电器触点采用 S 或 STL 表示，如图 8-2-3 所示。

在图 8-2-3 中，当 X000=ON 时，状态 S20 有效，触点 S20 接通，与 S20 触点连接的状态母线接通，Y001 或 Y002 输出接通。在 S20 有效期间，如果 X020=ON，则状态 S21 有效，触点 S21 接通，并自动断开状态 S20，Y001 或 Y002 回路停止工作。

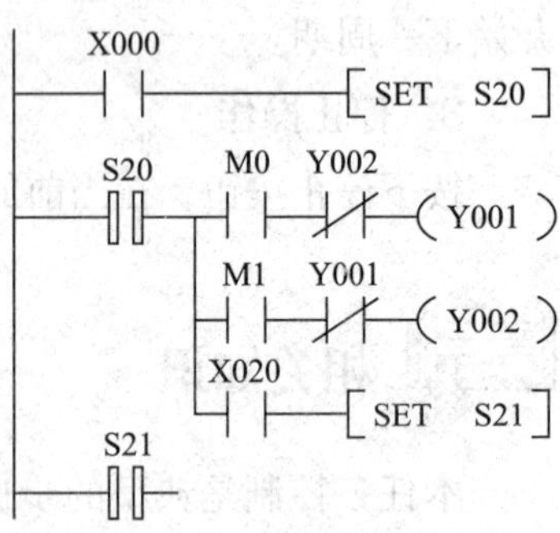

图 8-2-3　STL 指令的使用

提示

1. 图 8-2-3 中 STL 触点及其驱动电路块的画法来自三菱 FX 系列 PLC 的编程手册，这种画法更有助于理解步进顺控指令的功能，但编程软件中实际采用的画法有所不同。例如，图 8-2-3 所示梯形图在编程软件中的画法如图 8-2-4 所示。这两种画法表示的电路是等效的。

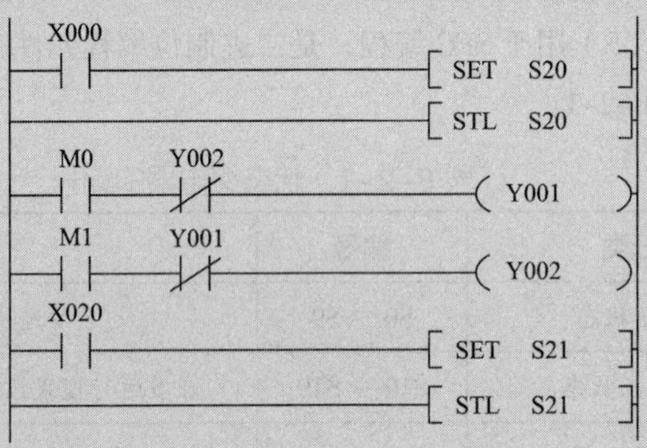

图 8-2-4　编程软件中的 STL 指令用法

2. 由图 8-2-3 可以看出，执行 STL 指令后母线是右移的。而在图 8-2-4 所示画法中，虽然看起来母线仍为连续的一条，但实质上，“[SLT S20]”和“[SET S21]”两个指令之间的母线已经不再是主母线，而是状态母线（或称为子母线）。

2. 步进返回指令

步进返回指令（RET）表示步进顺控程序结束。它没有操作元件，仅在最后一步的末行使用一次，否则程序不能执行，如图 8-2-5 所示。

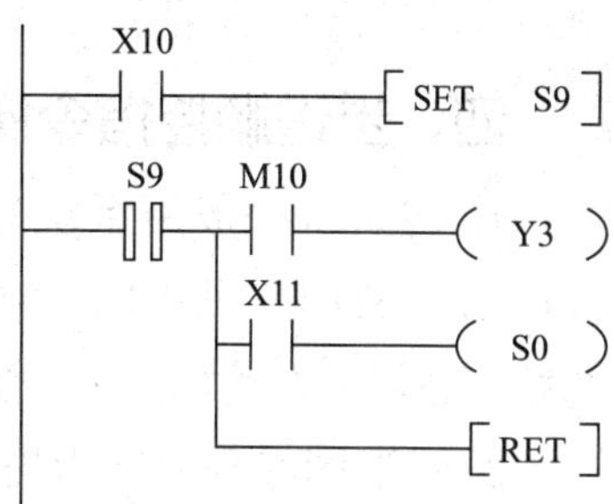

图 8-2-5 RET 指令的使用

三、顺序功能图与梯形图之间的转换

使用步进开始指令（STL）和步进返回指令（RET）可以将顺序功能图转换为梯形图，其对应关系如图 8-2-6 所示。将顺序功能图转换为梯形图时，编程顺序为先进行负载的驱动处理，再进行转移处理。对应于某步的状态继电器（S）在梯形图中用 STL 的触点表示，STL 指令为与主母线连接的常开触点指令，它在梯形图中占一行，接着就可以进行驱动处理，它可以直接驱动各种线圈及应用指令或通过触点驱动线圈。通常用单独触点作为转移条件，但是在实际中，X、Y、M、S、T、C 等各种软元件触点的逻辑组合也可作转移条件。转移目标用 SET 或 OUT 指令实现。最后使用 RET 指令由状态母线返回原来的主母线。

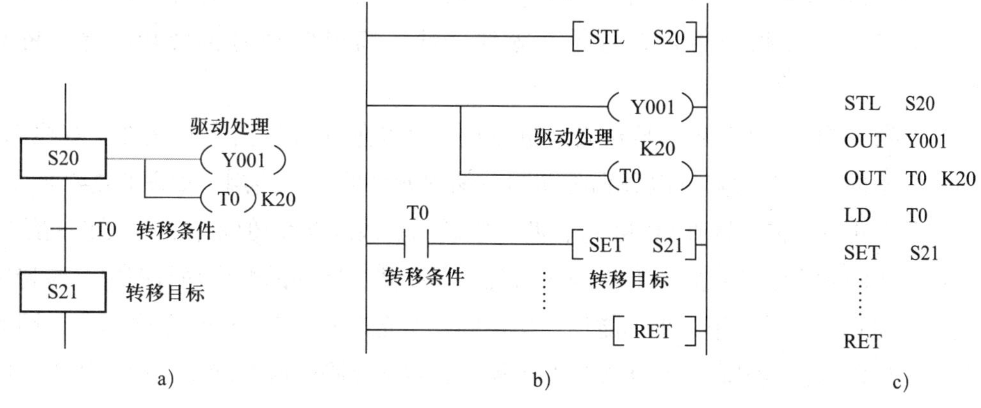

图 8-2-6 顺序功能图与步进梯形图之间的转换

a）顺序功能图 b）使用 STL 指令的梯形图 c）指令表

提示

如前所述，实质上，图 8-2-6 所示程序中，“[SLT S20]”和“[SET S21]”两个指令之间的母线不再是主母线，而是状态母线，因此才会出现图 8-2-6b 中 Y001 输出线圈直接与母线连接的情况，否则，按照编程规则，输出线圈是不能直接和主母线相连的。

四、步进顺控指令梯形图编程规则

1. 初始步一般用系统的初始条件驱动，若无初始条件，可用 M8002 或 M8000（PLC 从“STOP”状态向“RUN”状态切换时的初始化脉冲）进行驱动。运行开始时，初始步必须预先做好驱动，否则状态流程不可能向下进行。

2. 梯形图编程顺序为先进行驱动处理，后进行转移处理，二者不能颠倒。驱动处理就是该步的输出处理，转移处理就是根据转移方向和转移条件实现下一步的状态转移。

3. 编程时 STL 指令与顺序功能图上的每一步必须对应。

4. STL 触点的驱动电路可以放在一起，最后一个 STL 电路结束时，一定要使用 RET 指令使其返回主母线。

5. STL 触点可以直接驱动，也可以通过别的触点驱动，如 Y、M、S、T、C 等元件的线圈和应用指令。与 STL 触点相连的触点应使用 LD 或 LDI 指令，STL 触点的右边不能使用 MPS 指令。在转移条件对应的电路中，不能使用 ANB、ORB、MPS、MRD、MPP 指令。

6. 驱动负载使用 OUT 指令。当同一负载需要连续多步驱动时可使用多重输出，也可使用 SET 指令将负载置位，等到负载不需要驱动时再用 RST 指令将其复位。

7. 由于 CPU 只执行活动步对应的电路块，因此使用 STL 指令时允许“双线圈”输出，即不同的 STL 触点可以分别驱动同一编程元件的一个线圈。如图 8-2-7 所示，S20 驱动线圈 Y0，S21 驱动 Y0 和 Y1，两者驱动同一线圈 Y0。但是，同一元件的线圈不能在可能同时为活动步的 STL 指令内出现，在有并行序列的顺序功能图中，应特别注意这一问题。另外，相邻步不能重复使用同一个定时器（T）或计数器（C），因为指令会互相影响，使定时器或计数器无法复位。对于分隔的两个状态，如图 8-2-8 中的 S20 和 S22，可以使用同一个定时器 T0。

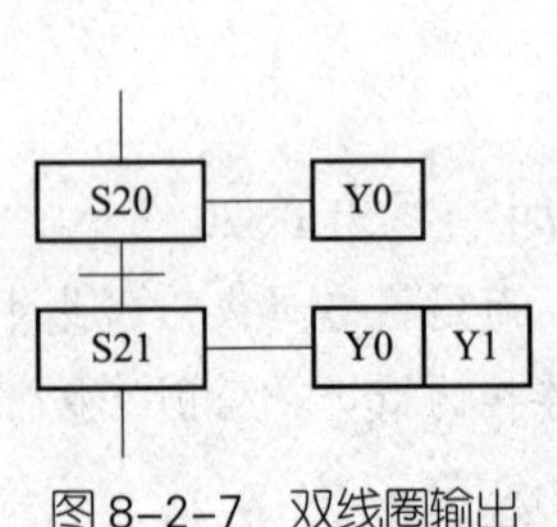

图 8-2-7 双线圈输出

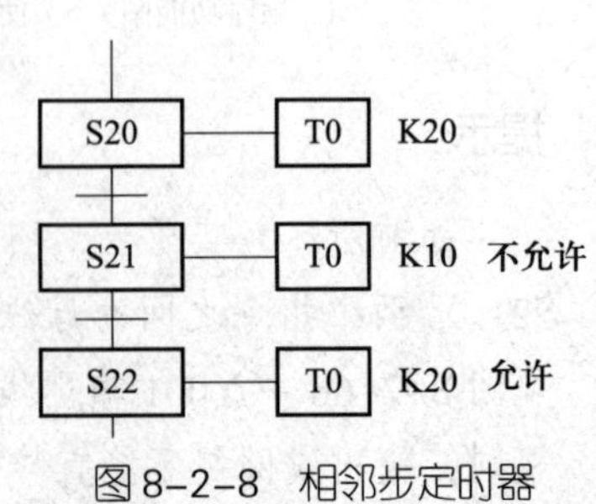

图 8-2-8 相邻步定时器

任务实施

一、分配 I/O 地址

通过对本任务控制要求的分析，可确定 PLC 需要 6 个输入点、6 个输出点，其 I/O 地址分配见表 8-2-2。

表 8-2-2 I/O 地址分配表

输入			输出		
元件代号	作用	输入继电器	元件代号	作用	输出继电器
SB1	启动按钮	X000	YV1	A 液体电磁阀	Y000
SB2	停止按钮	X001	YV2	B 液体电磁阀	Y001
SL1	液位传感器	X002	YV3	C 液体电磁阀	Y002
SL2	液位传感器	X003	YV4	卸料电磁阀	Y003
SL3	液位传感器	X004	KA1（M）	搅拌电动机控制	Y004
T	温度传感器	X005	KA2（H）	加热器	Y005

二、绘制 PLC 硬件接线图

根据图 8-2-2 所示的示意图及表 8-2-2 所列的 I/O 地址分配，绘制 PLC 硬件接线图，如图 8-2-9 所示。

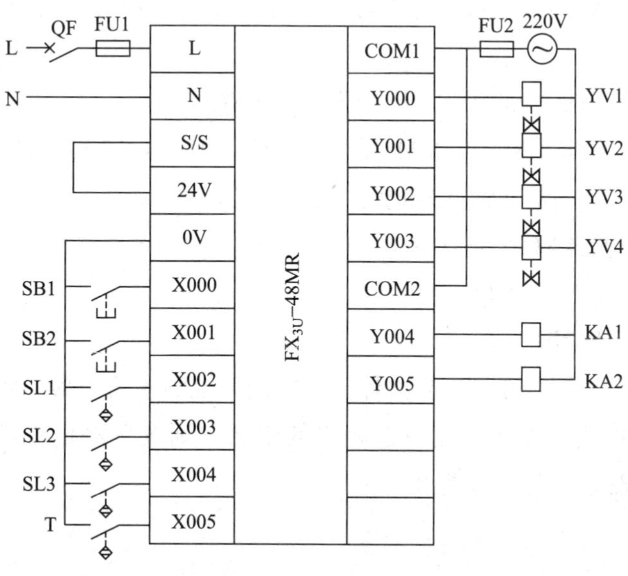

图 8-2-9 PLC 硬件接线图

三、设计 PLC 控制程序

1. 任务分解

确定顺序功能图的步数，明确每一步的动作，具体见表 8-2-3。

表 8-2-3 确定顺序功能图各步及相应动作

步号	状态	对应的状态继电器	动作
0	初始状态	S0	无动作
1	注入液体 A 和 B	S10	驱动 Y000、Y001 为 ON，开始注入液体 A 和 B
2	注入液体 C	S11	驱动 Y002 为 ON，开始注入液体 C
3	搅拌液体	S12	驱动 Y004，开始搅拌液体，定时 10 s
4	加热液体	S13	驱动 Y005，开始加热液体
5	放出液体	S14	驱动 Y003，开始放出液体
6	放空液体	S15	驱动 Y003，定时 5 s

2. 找出每一步的转移条件

找出每一步的转移条件，即确定在什么条件下可激活下一步。由工作过程可知，各步的转移条件如下。

S0：PLC 上电之初由初始化脉冲 M8002（只闭合一个扫描周期）对其置位为 ON；工作中由 T1 的常开触点对其置位为 ON。

S10：传感器 X002 ~ X004 均为 OFF，启动按钮 X000 按下，即 $\overline{\text{X002}} \cdot \overline{\text{X003}} \cdot \overline{\text{X004}} \cdot \text{X000}$；

S11：传感器 X003、X004 为 ON，即 X003 · X004；

S12：传感器 X002、X003、X004 为 ON，即 X002 · X003 · X004；

S13：定时器 T0 的常开触点为 ON；

S14：温度传感器 X005 为 ON；

S15：传感器 X004 为 OFF。

3. 绘制顺序功能图

经过上述 7 个步骤，即可得到液体混合控制系统顺序功能图，如图 8-2-10 所示。其中，M10 的功能为，在系统运行过程中的任意时刻按下停止按钮，M10 为 1 并保持，不按下停止按钮，则 M10 为 0。

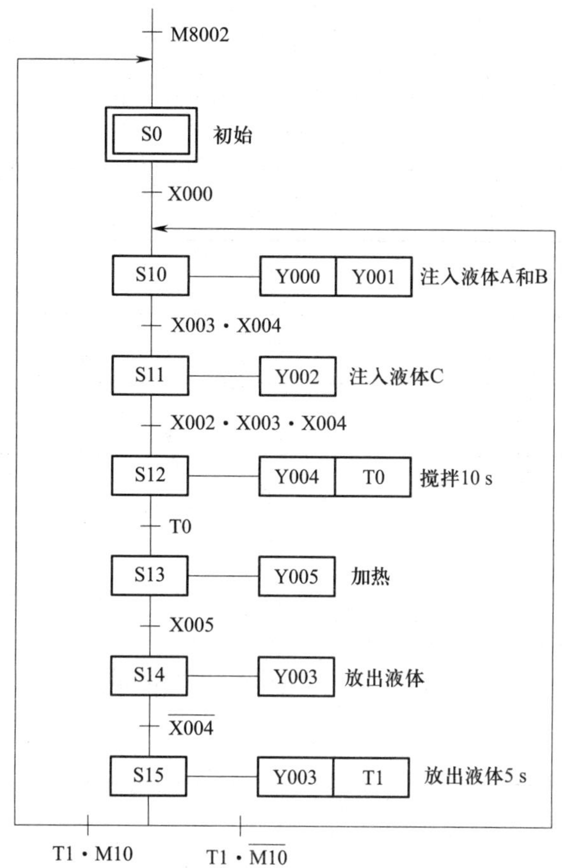

图 8-2-10　多种液体自动混合控制流程顺序功能图

4. 设计 PLC 控制程序

（1）液体加入控制

液体加入控制梯形图如图 8-2-11 所示。系统在停止状态下按下运行按钮 X000，Y000 和 Y001 为 ON，控制电磁阀 YV1 和 YV2 为 ON，向容器内加入液体 A 和液体 B，当中限位液位传感器 SL2 检测到液体时，输入信号 X003 和 X004 为 ON，Y000 和 Y001 为 OFF，Y002 为 ON，控制电磁阀 YV3 为 ON，向容器内加入液体 C，当高限位液位传感器 SL1 检测到液体时，输入信号 X002 为 ON，停止向容器内加入任何液体。

（2）液体搅拌、加热控制

液体搅拌、加热控制梯形图如图 8-2-12 所示。容器在装满料的情况下，Y004 为 ON，搅拌电动机 M 开始工作，将容器中 A、B、C 三种液体进行混合，搅拌时间为 10 s，10 s 后，Y005 为 ON，加热器 H 开始工作，对混合液体进行加热。当温度传感器 T 检测到温度已达到目标值时，X005 为 ON，加热器停止对混合液体加热。

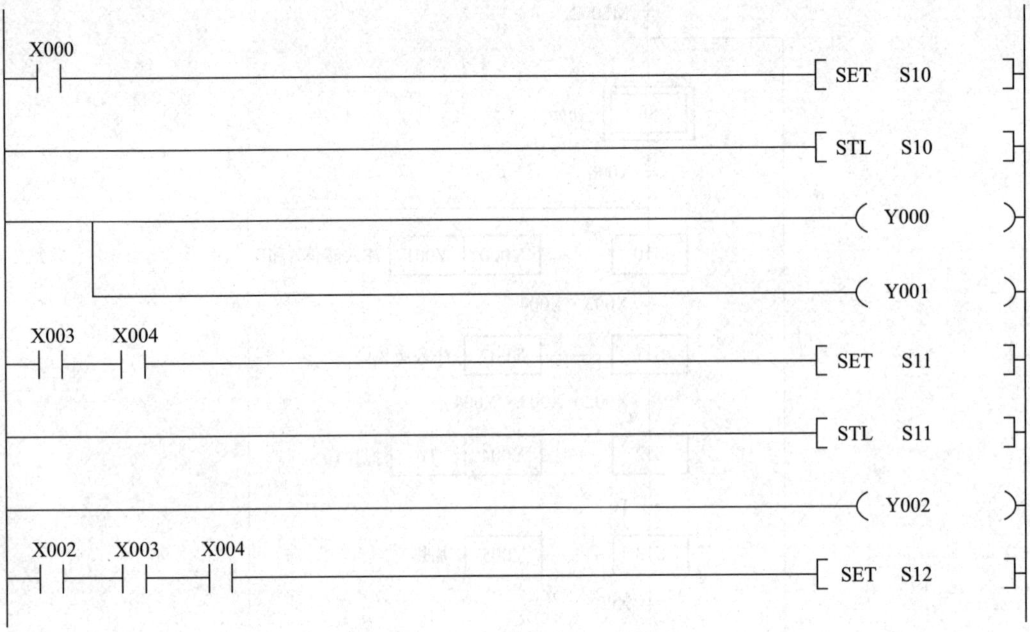

```
X000
─┤ ├──────────────[SET S10]
─────────────────[STL S10]
─┬───────────────( Y000 )
 └───────────────( Y001 )
X003  X004
─┤ ├──┤ ├────────[SET S11]
─────────────────[STL S11]
─────────────────( Y002 )
X002  X003  X004
─┤ ├──┤ ├──┤ ├───[SET S12]
```

图 8-2-11　液体加入控制梯形图

```
─────────────────[STL S12]
─┬───────────────( Y004 )
 │                 K100
 └───────────────( T0 )
T0
─┤ ├─────────────[SET S13]
─────────────────[STL S13]
─────────────────( Y005 )
X005
─┤ ├─────────────[SET S14]
```

图 8-2-12　液体搅拌、加热控制梯形图

（3）液体混合完成后泄放和停止

液体泄放控制梯形图如图 8-2-13 所示。容器在装满达到一定温度的混合料的情况下，Y003 为 ON，卸料电磁阀 YV4 为 ON，开始卸料，将容器内的混合液体放出容器，当低限位液位传感器 SL3 检测不到液体，输入信号 X004 为 OFF，5 s 以后，Y003 为 OFF，卸料电磁阀 YV4 为 OFF，停止卸料。此时根据停止信号的状态，停止操作或进入下一个周期。

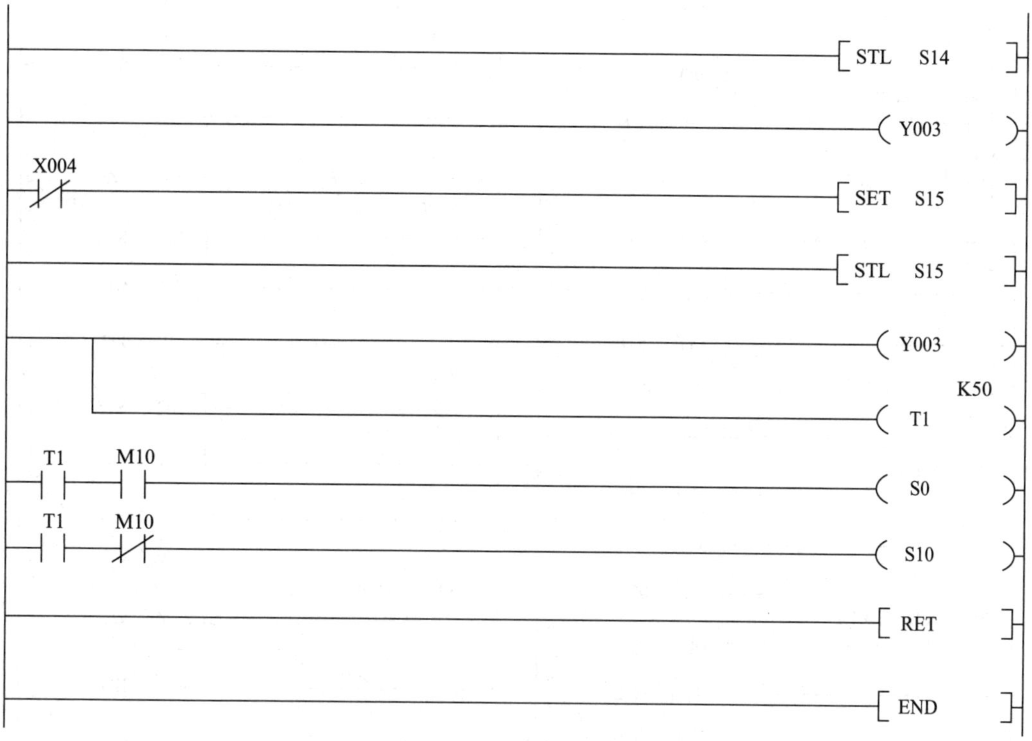

图 8-2-13 液体卸放控制梯形图

使用步进指令编写系统停止程序时，必须将停止程序部分放到步进指令执行程序的外面，否则不能正确执行停止要求，如图 8-2-14 所示。

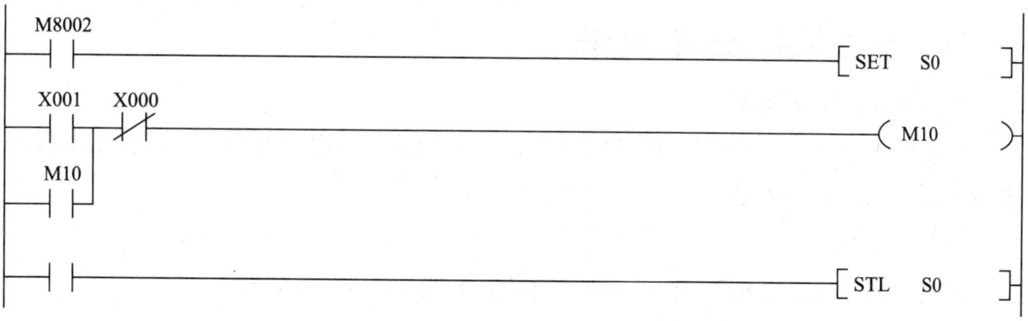

图 8-2-14 系统停止控制梯形图

（4）形成完整程序

将液体加入控制程序，液体搅拌、加热控制程序和液体泄放控制程序三段程序依次组合并调整后，即可形成多种液体自动混合装置 PLC 控制系统完整的程序，如图 8-2-15 所示。

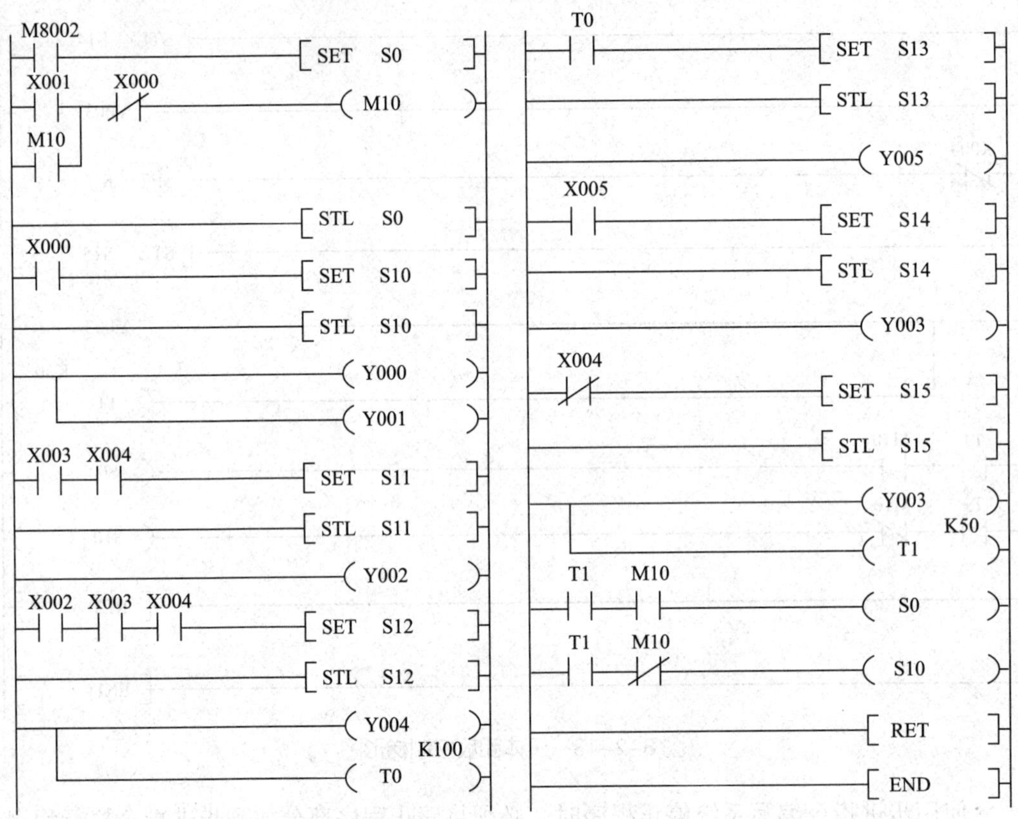

图 8-2-15　多种液体自动混合装置 PLC 控制系统程序

四、系统安装、调试与运行

1. 识图、安装与接线

根据图 8-2-9 所示的 PLC 硬件接线图，准备任务所需电气元器件，并在配电板上进行元器件与线路的安装。

（1）元器件检查

检查元器件规格是否符合技术要求，并检查电气元器件是否完好。

（2）固定元器件

在配电板合理布置并固定本任务所需的元器件。

（3）配线安装

根据配线原则和工艺要求进行配线安装。

（4）自检

对照接线图检查接线是否无误，确认无误后方可通电调试。

2. 程序下载

线路安装完成并检查无误后，接通电源，将程序下载到 PLC 中。

3. 运行调试

（1）经自检无误后，在指导教师的指导下，方可通电调试。

（2）接通系统电源开关，将 PLC 运行方式置于“RUN”位置，然后通过计算机上的软件“监控”功能监视程序运行情况，再按表 8-2-4 进行操作，观察并记录系统运行情况。如出现异常情况，应立即切断电源，分析原因，检查硬件电路和程序，解决问题后再重新调试；若是程序问题且不影响安全运行，可通过在线修改程序进行调试，直至系统功能全部调试成功为止，最后关闭系统电源开关。

表 8-2-4　系统调试运行情况记录表

步骤	调试内容	观察内容	运行情况记录
第一步	将程序下载到 PLC 后，合上断路器 QF	“POWER”灯	
		所有的“IN”灯	
第二步	按下按钮 SB1	YV1、YV2、YV3、YV4、KA1 和 KA2 的运行状态	
第三步	压下开关 SL3		
第四步	压下开关 SL2		
第五步	压下开关 SL1		
第六步	10 s 后		
第七步	压下开关 T		
第八步	松开开关 SL1		
第九步	松开开关 SL2		
第十步	松开开关 SL3		
第十一步	5 s 后		
问题处理方法			
 安全提示	运行与调试结束后必须关断电源		

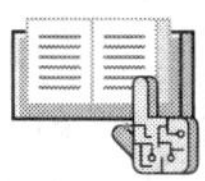

任务测评

对任务实施的完成情况进行检查，并参照表 2-2-6 进行评分。

知识拓展

采用顺序功能图输入法进行步进顺序控制程序设计

关于程序的设计，在前面的任务中介绍的都是先画出梯形图，然后通过梯形图输入法进行编程，或根据梯形图写出对应的指令语句表，用指令表输入法进行编程。采用此种方法进行程序设计，要求梯形图的设计水平较高，也具有一定的难度。

在进行步进顺序控制程序设计时，通常还可采用顺序功能图输入法（即 SFC 块输入法）输入所设计出的顺序功能图，然后转换成梯形图得出控制程序，并由此转换成指令语句表，其过程可概括为“顺序功能图→梯形图→指令表”。

采用顺序功能图输入法，可以将复杂的程序化整为零，即将复杂的梯形图程序化简为每个状态里的简单动作程序，当所有状态的动作程序都输入完毕后，再通过编程软件的转换功能，将其转换成用步进指令（STL）设计的完整梯形图程序，然后再由梯形图程序转换成指令表语句。这种通过顺序功能图采用 STL 指令设计复杂系统梯形图的方法具有其他编程方法无法比拟的优越性。

下面以本任务为例介绍采用顺序功能图输入法进行步进顺序控制程序设计的方法和步骤。

一、程序输入

1. 工程名的建立

启动 GX Works2 编程软件，创建新文件，先选择 PLC 的类型为“FX3U”，在程序类型框内选择“SFC”，如图 8-2-16 所示。

单击“确定”按钮，弹出“块信息设置”对话框（见图 8-2-17），在“标题”项中填入“初始化”，“块类型”选择“梯形图块”，然后单击“执行”按钮，进入图 8-2-18 所示编程界面。

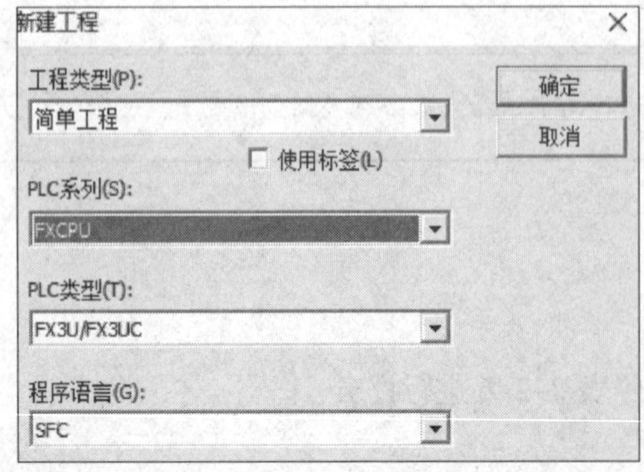

图 8-2-16　创建 SFC 新文件

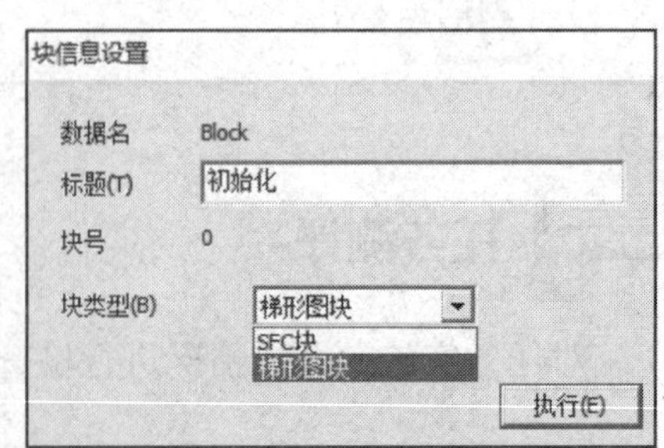

图 8-2-17　块信息设置

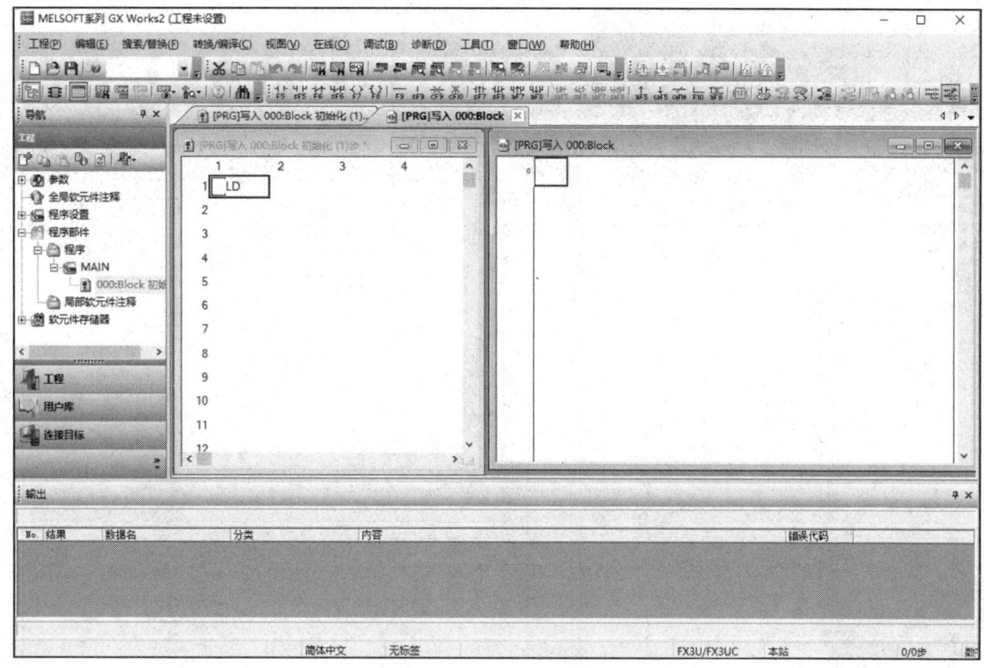

图 8-2-18　程序初始化梯形图编程界面

2. 启动、停止控制梯形图的输入

利用“启—保—停”编程方法，输入本任务控制系统的启动、停止控制的梯形图，如图 8-2-19 所示。

3. 顺序功能图（SFC 块）的输入

（1）顺序功能图（SFC 块）的命名

右键单击管理窗口中“程序”下的“MAIN”图标，在弹出的菜单中单击“打开 SFC 块到表”，在打开的表格中双击“No.1”黑色框，弹出“No.1”的“块信息设置”对话框，如图 8-2-20 所示。在“块信息设置”的“标题”内输入“自动混合”，“块类型”选择“SFC 块”，然后单击“执行”按钮，即进入图 8-2-21 所示顺序功能图编辑界面。

（2）顺序功能图（SFC 块）步符号的输入

将光标移至图 8-2-21 中顺序功能图（SFC 块）的第 1 行，双击“1□?0”，单击快捷工具栏中的“F5”图标或按快捷键 F5，弹出如图 8-2-22 所示“SFC 符号输入”对话框，单击“确定”按钮即可完成步符号的输入。

（3）顺序功能图（SFC 块）转移符号的输入

将光标移至图 8-2-23 中顺序功能图（SFC 块）的第 2 行蓝色线条框内，双击“2┼?0”、单击快捷工具栏中的“F5”图标或按快捷键 F5，进入图 8-2-23 所示界面，单击“确定”按钮完成转移符号的输入。

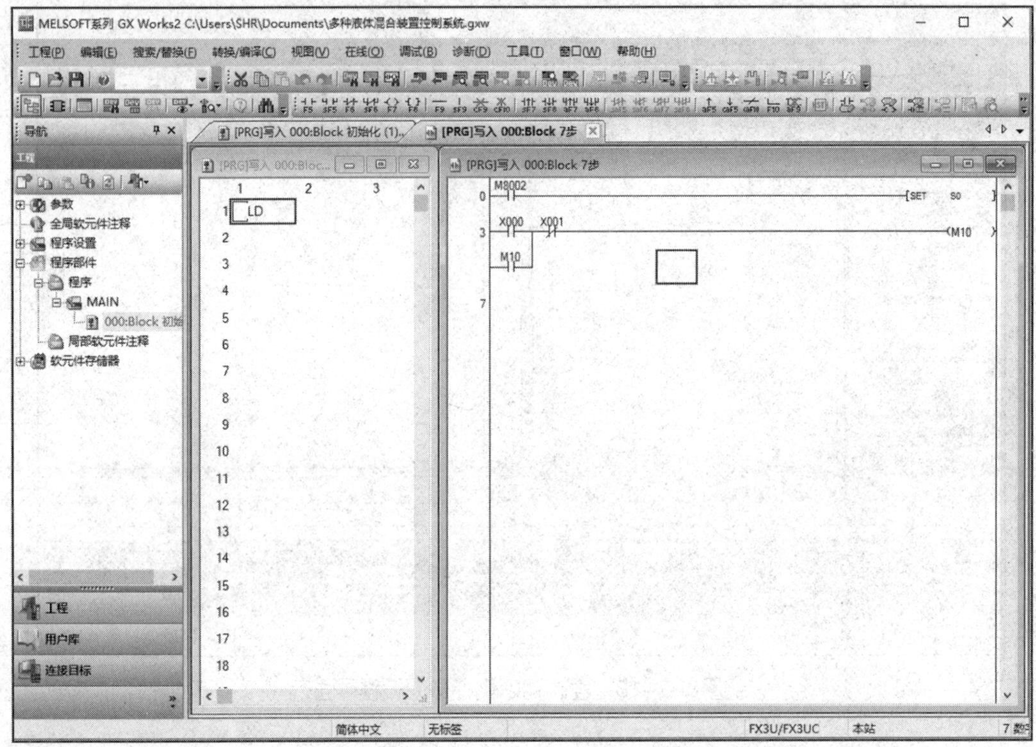

图 8-2-19 启动、停止控制梯形图

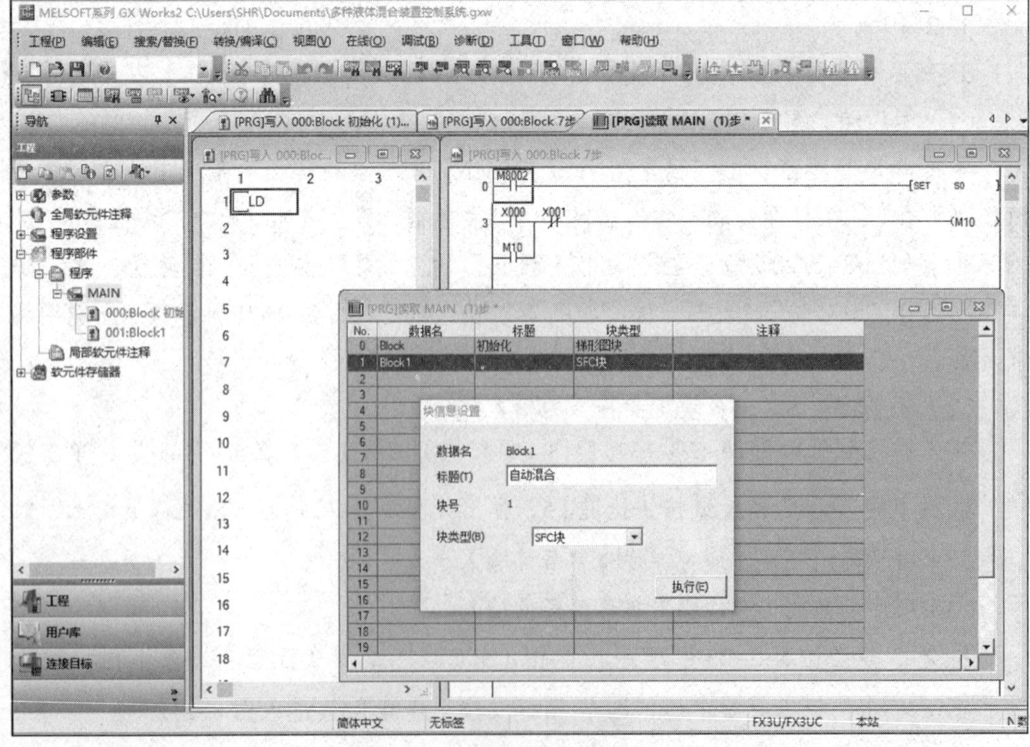

图 8-2-20 顺序功能块（SFC）命名界面

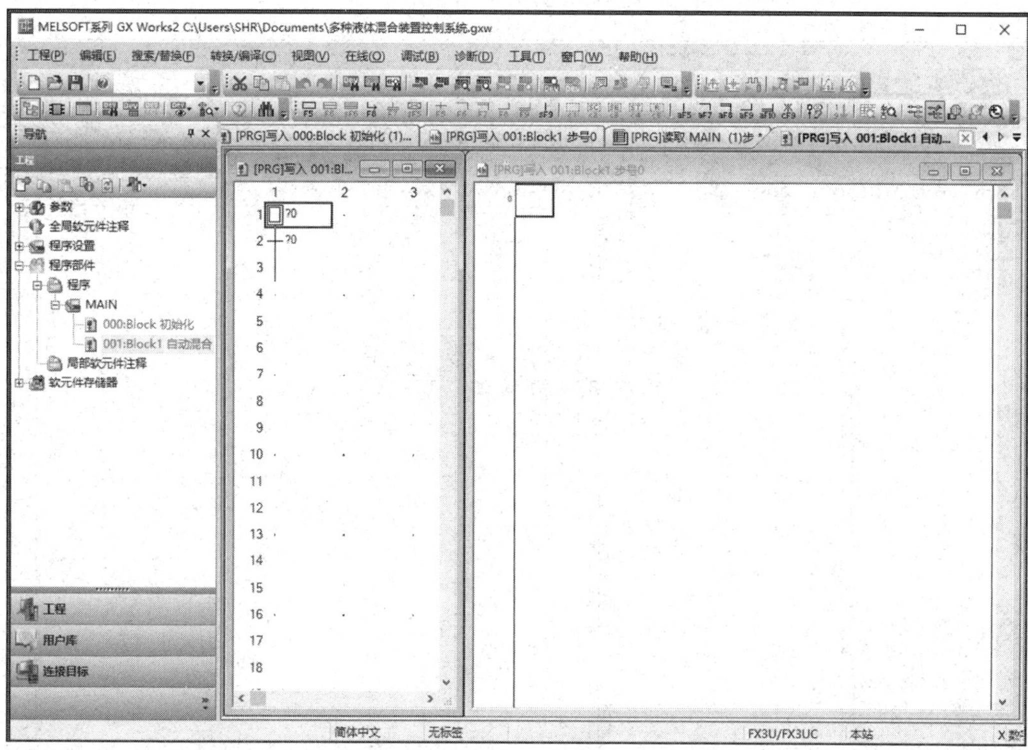

图 8-2-21　顺序功能图编辑界面

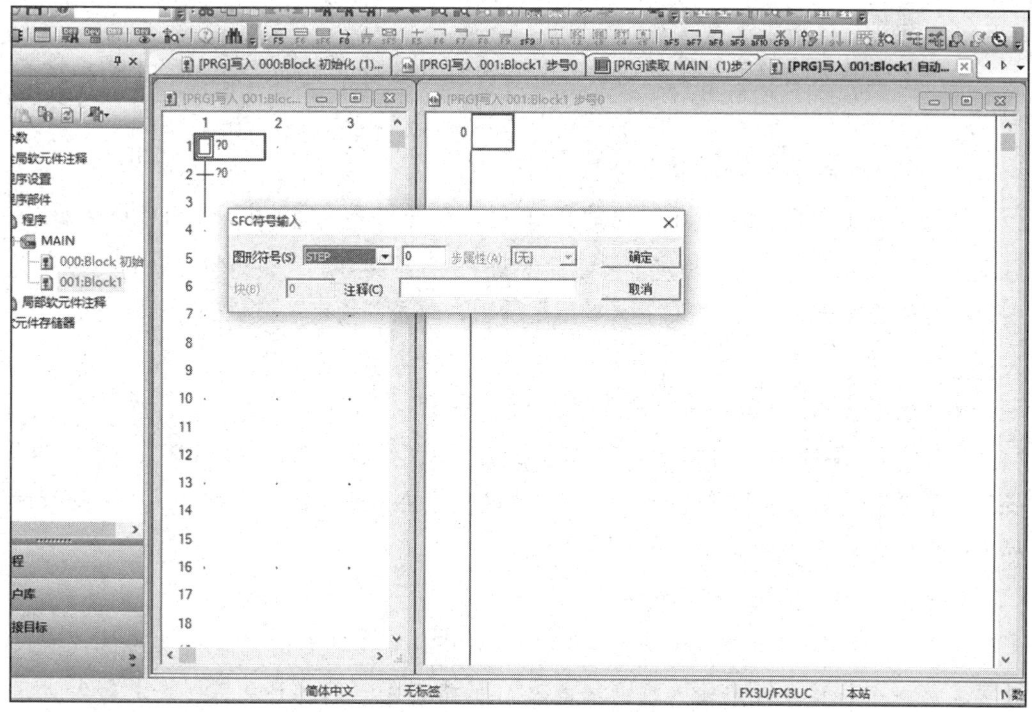

图 8-2-22　顺序功能图的步符号输入界面

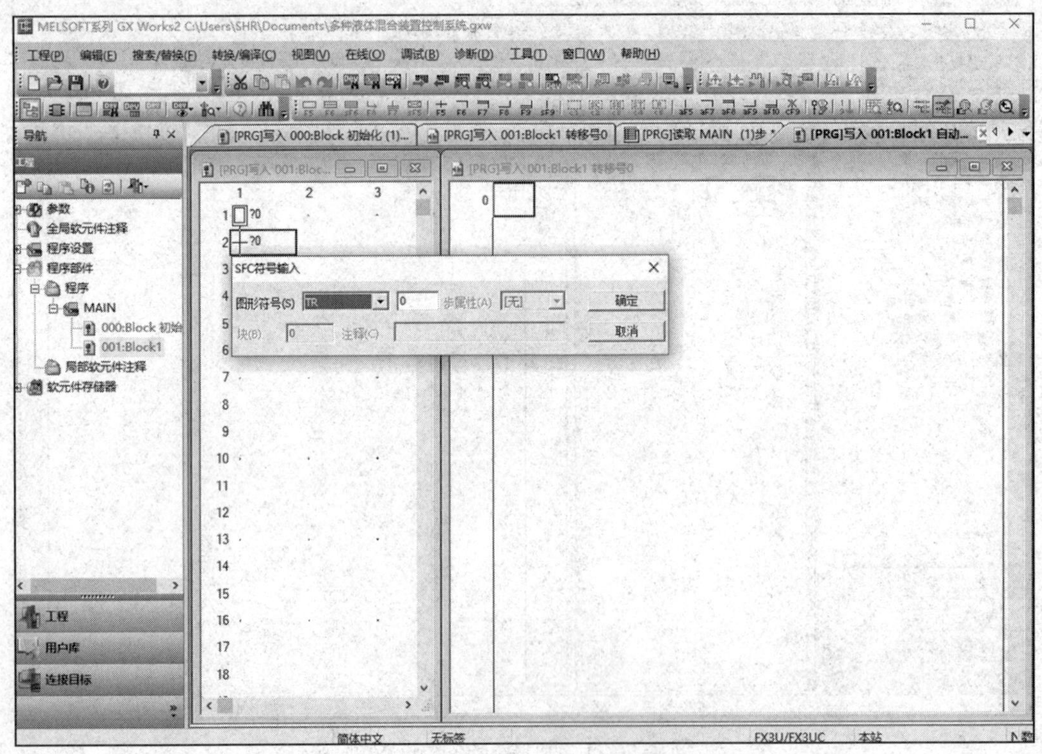

图 8-2-23 顺序功能图的转移符号输入界面

（4）其他步符号和转移符号的输入

运用上述输入法将本任务所需的各步和转移符号输入完毕，结果如图 8-2-24 所示。

（5）顺序功能图分支线的输入

将光标移至图 8-2-24 所示界面的第 20 行，双击“20 □”出现“SFC 符号输入”界面，选择“--D”，单击“确定”按钮后出现“20 ├──┐”，光标移动到两条分支线的下端分别双击，出现“SFC 符号输入”界面，单击“确定”按钮完成转移符号的输入，显示为“20 21 ?6 ?7”。

（6）顺序功能图（SFC 块）跳符号的输入

光标移至第 22 行，双击后出现图 8-2-25 所示界面，选择“JUMP”，输入“0”步，表示将跳转到 0 步即第 1 行，单击“确定”按钮，结束输入。在另一个分支做同样的操作后的效果如图 8-2-26 所示。

4. 启动转移条件梯形图的输入

由于启动转移条件是通过辅助继电器（M）的常开触点的闭合来实现的，所以只要在第一个转移条件中输入辅助继电器 M 的常开触点的梯形图即可。其输入过程如下：

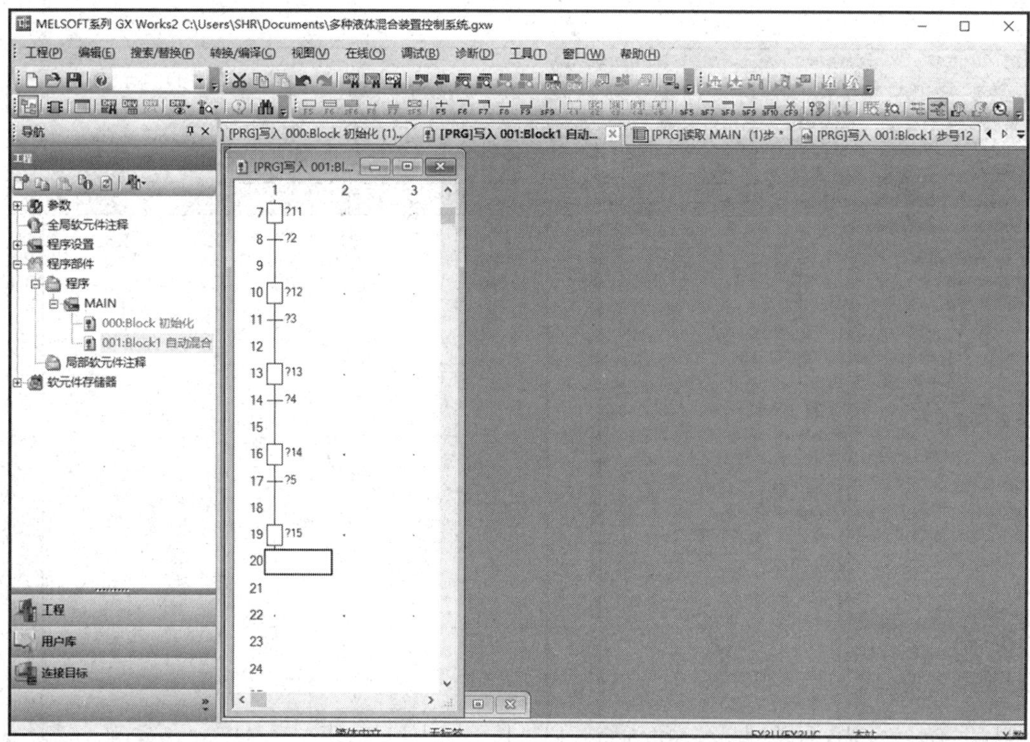

图 8-2-24 输入步符号和转移符号后的顺序功能图界面

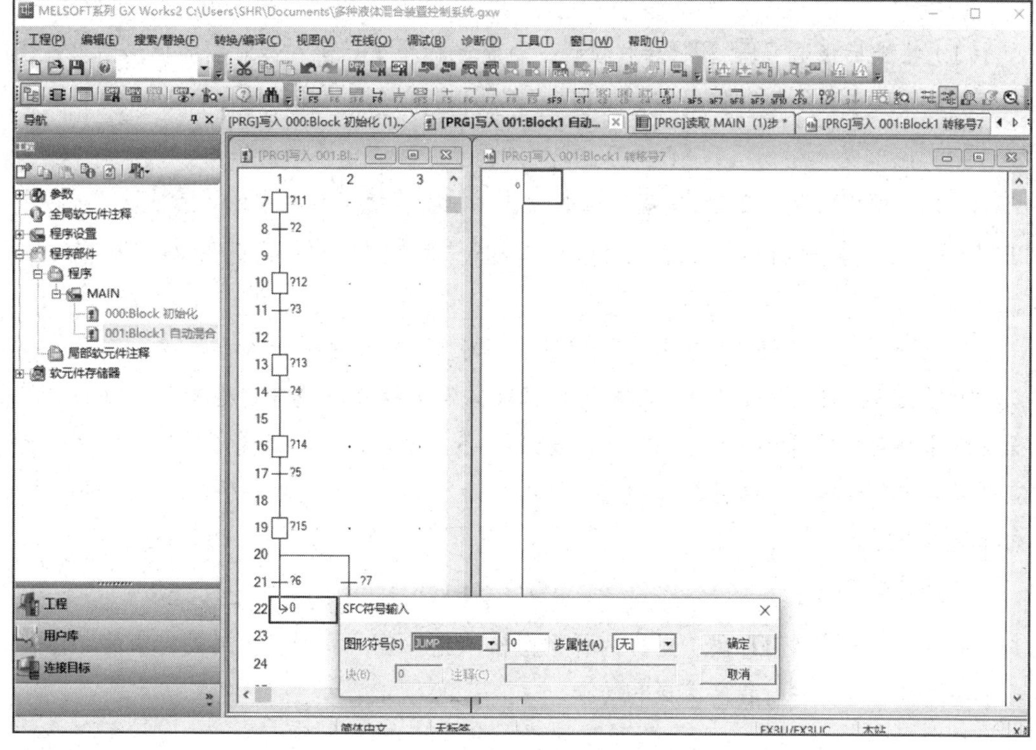

图 8-2-25 SFC 块跳符号的输入

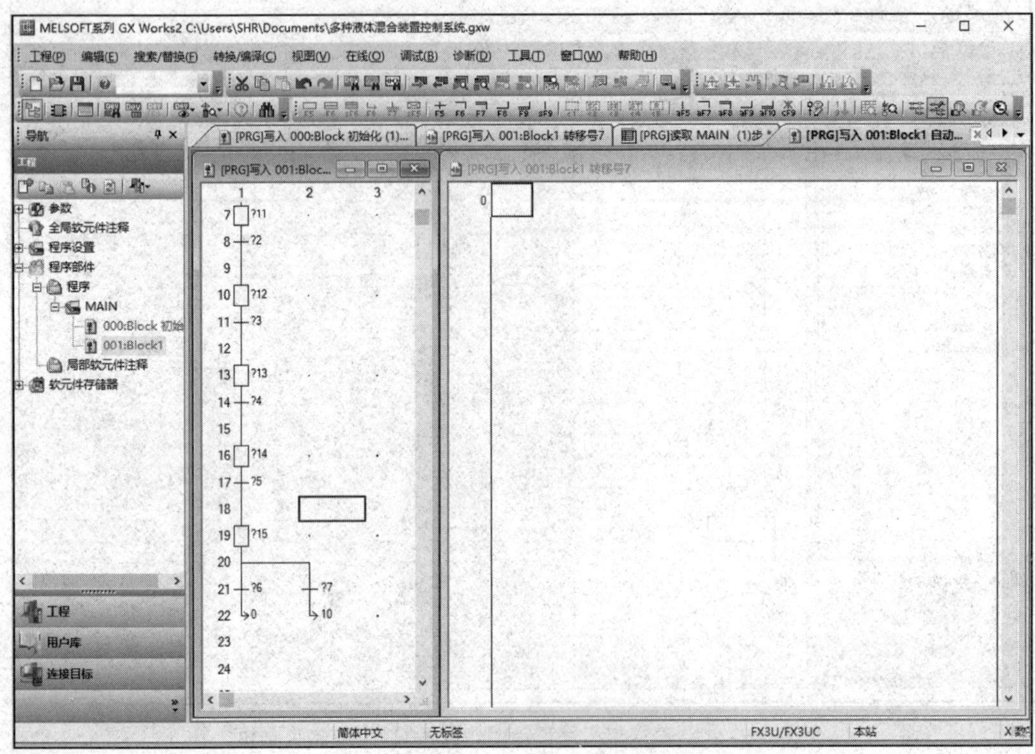

图 8-2-26　完整的顺序功能图界面

（1）将光标移至“ ”转移位置，再将光标移至界面右边对应的梯形图编程栏中，用光标双击蓝线框，弹出“梯形图输入”对话框，输入辅助继电器 M10 的常开触点。

（2）光标放到图 8-2-27 中蓝色线框位置，单击快捷工具栏中的“ ”或者按下“F7”快捷键，出现图 8-2-28 所示界面，单击“确定”按钮，出现图 8-2-29 所示界面。

5. 顺序功能图（SFC 块）各步及转移条件对应的梯形图的输入

根据图 8-2-10 所示的顺序功能图，将液体混合控制系统各状态步和转移条件流程图以及所对应的梯形图进行归纳，见表 8-2-5。然后利用上述梯形图输入方法，对应输入各状态步和转移条件的梯形图。梯形图输入完毕后再进行顺序功能图（SFC 块）向梯形图的转换。

6. 程序转换

当顺序功能图（SFC 块）对应的梯形图输入完毕后，单击快捷工具栏中的“ ”或按快捷键“F4”进行程序编译和转换。

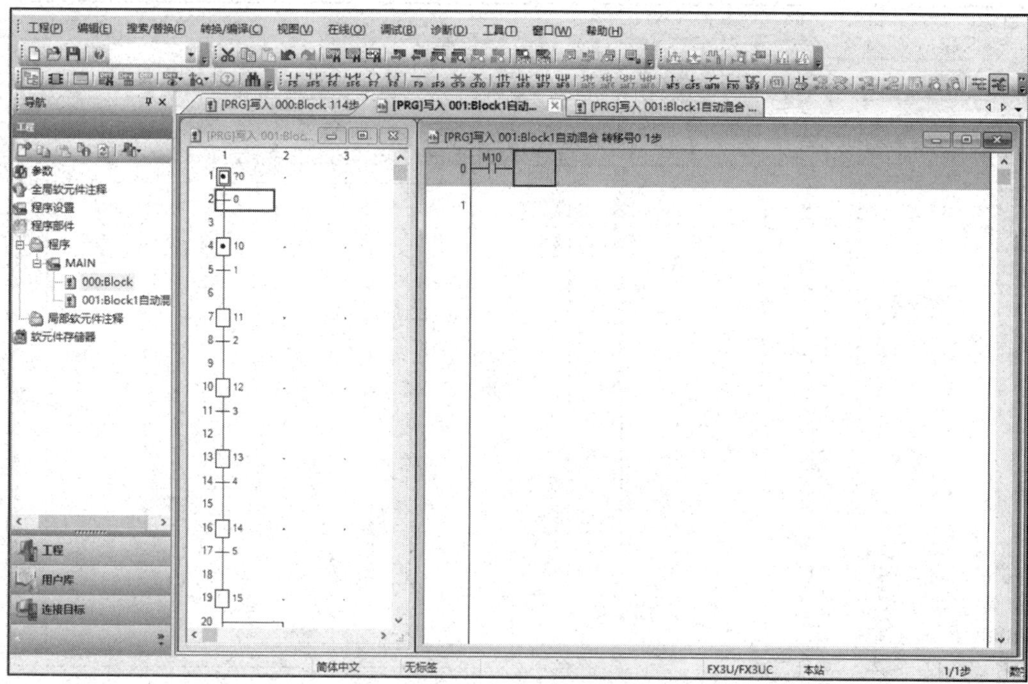

图 8-2-27 启动转移条件梯形图的输入界面（1）

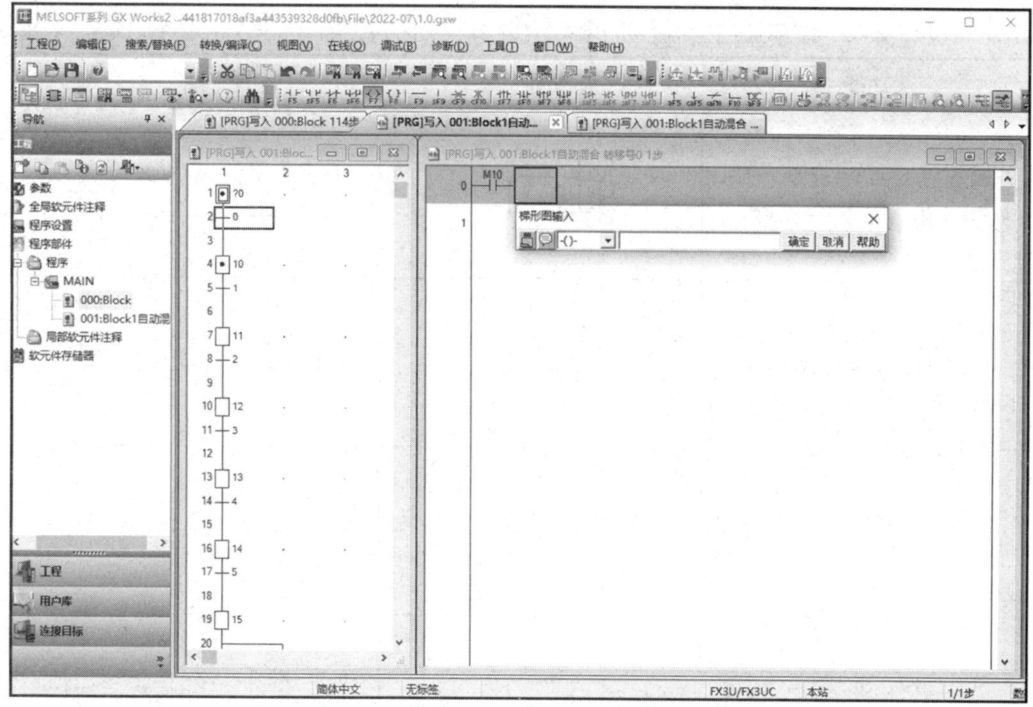

图 8-2-28 启动转移条件梯形图的输入界面（2）

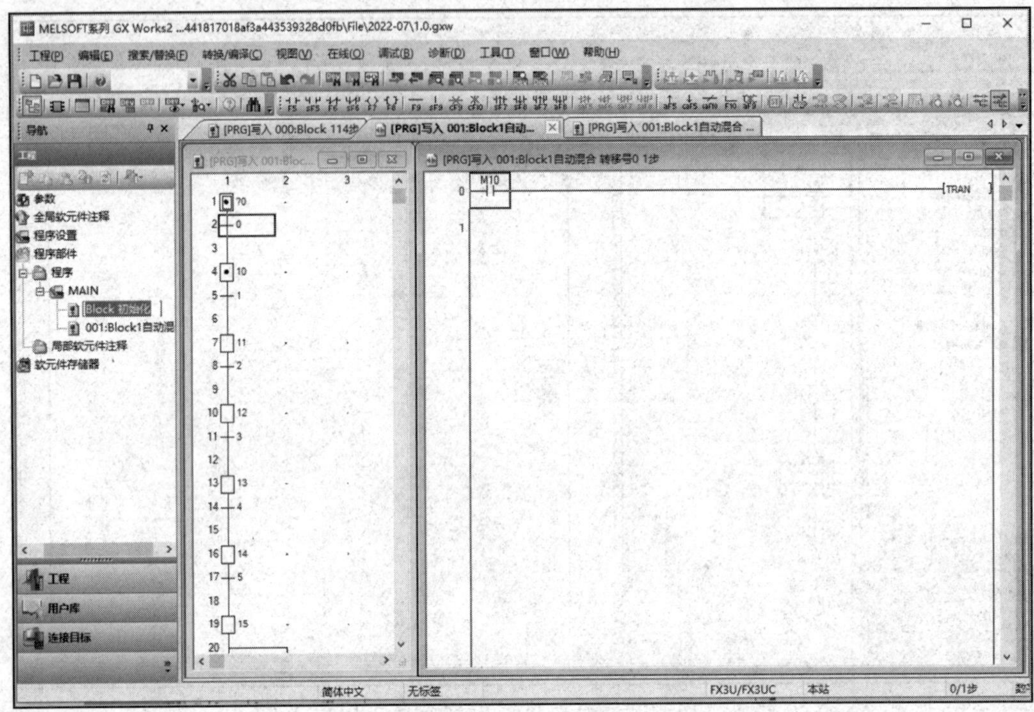

图 8-2-29　启动转移条件梯形图的输入界面（3）

表 8-2-5　液体混合控制系统各状态步和转移条件流程图及其对应的梯形图

功能	流程图	梯形图
驱动 YV1、YV2 打开，注入 A、B 液体	4 ● 10	0 —(Y000)—，—(Y001)—
SL2、SL3 液位传感器接通	5 ┼ 1	0 X003 X004 —[TRAN]—
驱动 YV3 打开，注入 C 液体	7 □ 11	0 —(Y002)—
SL1、SL2、SL3 液位传感器接通	8 ┼ 2	0 X002 X003 X004 —[TRAN]—

续表

功能	流程图	梯形图
驱动搅拌电机搅拌液体，同时开始定时 10 s	10 12	0 (Y004) K100 (T0)
定时 10 s 时间到	11 3	0 T0 [TRAN]
加热	13 13	0 (Y005)
温度达到设定值，温控开关接通	14 14	0 X005 [TRAN]
驱动 YV4，放出混合液体	16 14	0 (Y003)
液面低于液位传感器 SL3	17 5	0 X004 [TRAN]
驱动 YV4，继续放出混合液体	19 15	0 (Y003) K50 (T1)
定时 5 s 时间，放空液体，开始下一个循环	21 6	0 T1 M10 [TRAN]
按下停止按钮，待液体放空后停止工作	7	0 T1 M10 [TRAN]

二、顺序功能图（SFC 块）转换成梯形图

1. 单击工具栏“工程”出现下拉菜单，单击“工程类型更改”，弹出“工程类型更改”对话框，如图 8–2–30 和图 8–2–31 所示。

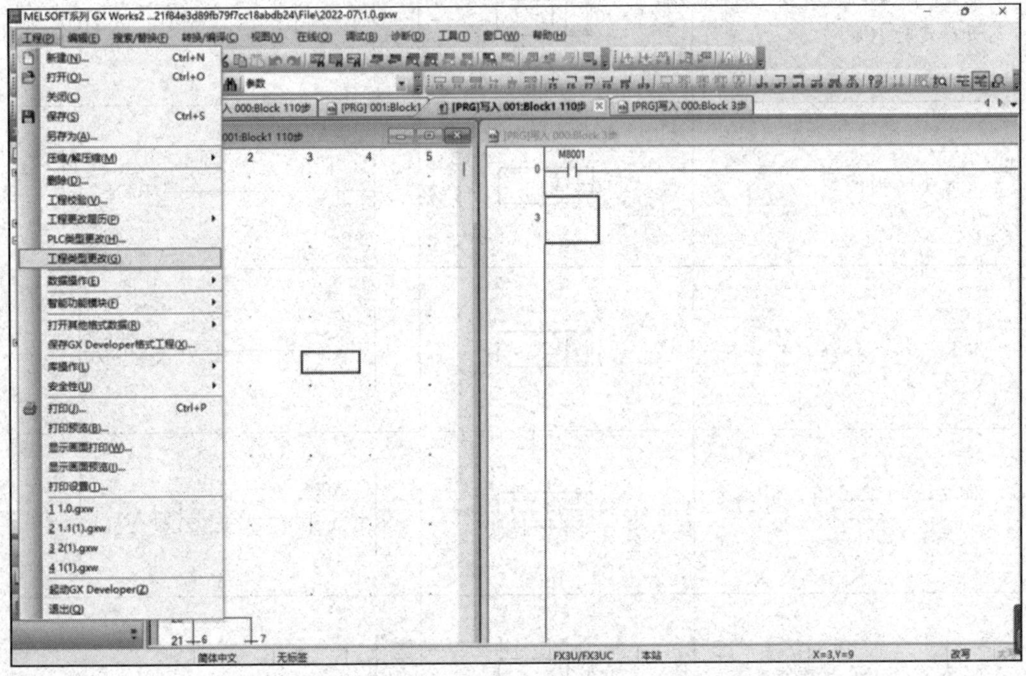

图 8–2–30　工程类型更改

2. 单击图 8–2–31 所示“工程类型更改”对话框中的“确定”按钮，出现转换提示对话框，如图 8–2–32 所示。

3. 单击图 8–2–32 所示对话框中的“确定”按钮，进行转换。可以通过点击左侧导航栏“程序部件”→程序→“MAIN”来查看转换成功的梯形图，如图 8–2–33 所示。

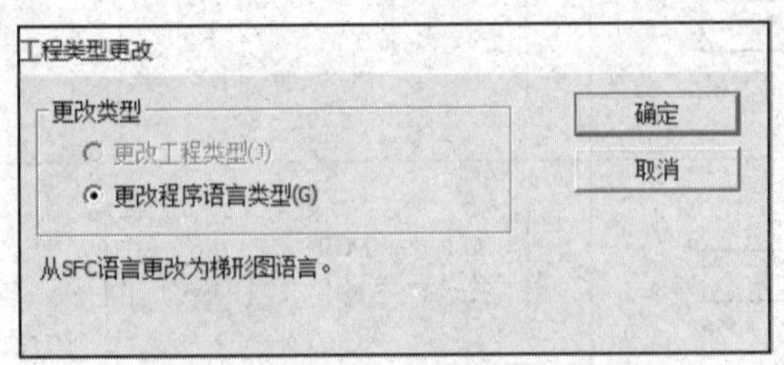

图 8–2–31　工程类型更改对话框

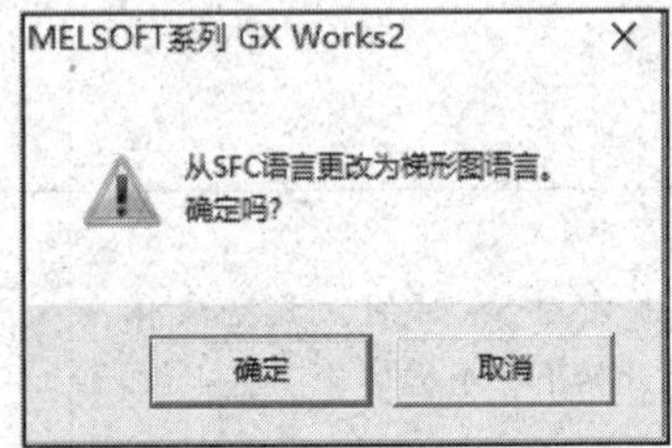

图 8–2–32　转换提示对话框

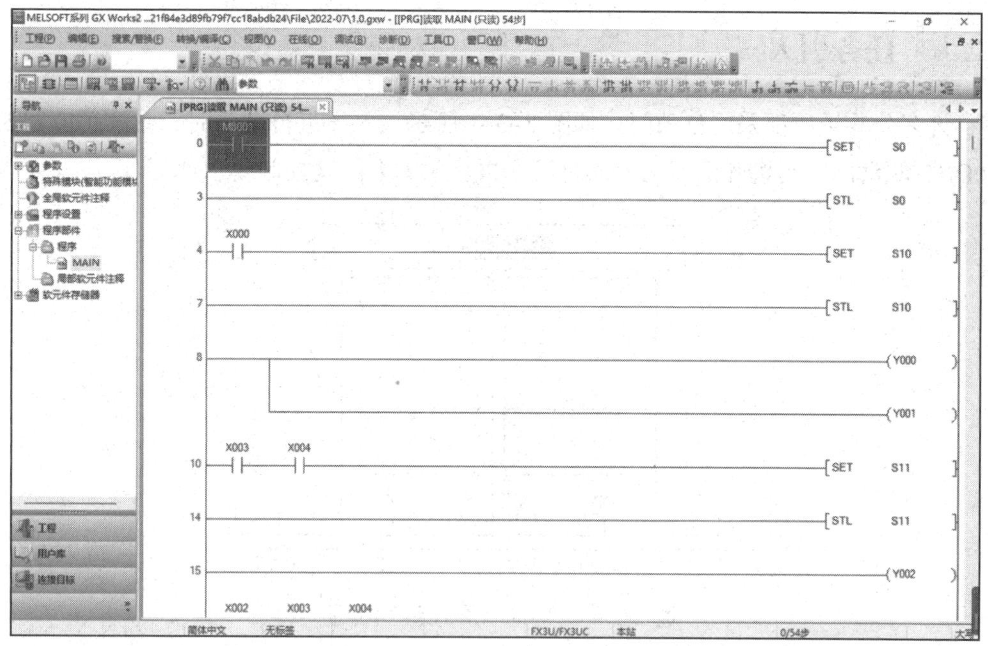

图 8-2-33　利用顺序功能图（SFC 块）编程方法转换成的梯形图界面

任务 3　自动门的 PLC 控制

学习目标

知识目标：

1. 掌握选择序列结构顺序功能图的画法。
2. 掌握通过顺序功能图进行步进顺序控制的设计方法。

能力目标：

1. 能根据控制要求正确画出顺序功能图，并能将其转换为梯形图程序。
2. 能正确编写自动门控制系统的控制程序。
3. 能完成自动门控制系统的线路安装、运行与调试。

任务引入

许多公共场所都采用自动门。如图 8-3-1 所示，人靠近自动门时，微波感应器 SB 为 ON，驱动门电动机开门，当人通过后，再将门关上。其控制要求如下。

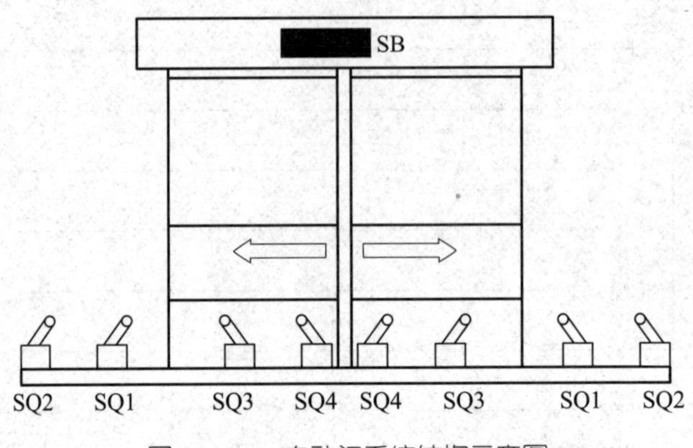

图 8-3-1　自动门系统结构示意图

（1）人靠近自动门时，感应器 SB 为 ON，门驱动电动机高速开门，当门到达开门减速开关 SQ1 时，变为低速开门。当门碰到开门极限开关 SQ2 时电动机停转。

（2）自动门在开门位置开始延时，若在 1 s 内感应器未检测到人或物体，启动电动机高速关门。当门碰到关门减速开关 SQ3 时，改为低速关门，当门碰到关门极限开关 SQ4 时电动机停转。

（3）在关门期间若感应器检测到有人，停止关门，延时 0.5 s 后自动进入高速开门状态。

通过分析控制要求可知，这是一个典型的选择分支控制系统，本任务的主要要求是运用 PLC 的步进顺序控制设计法中的选择序列结构的顺序功能图设计法，完成对玻璃自动平移门的电气控制。

相关知识

一、选择性分支的编程方法

所谓选择性分支就是从多个流程中选择执行一个流程执行。在进行选择性分支的顺序功能图与梯形图之间的转移时，应先进行分支状态继电器（S）的处理。处理方法是：如图 8-3-2 所示，先进行分支状态的输出连接，按照各分支的转移条件置位各转移分支的首转移状态元件（S21、S31）；然后按顺序进行各分支的连接；最后进行汇合状态的处理。汇合状态的处理方法是：先进行汇合前的驱动连接，然后依次顺序进行汇合状态（S50）的连接。

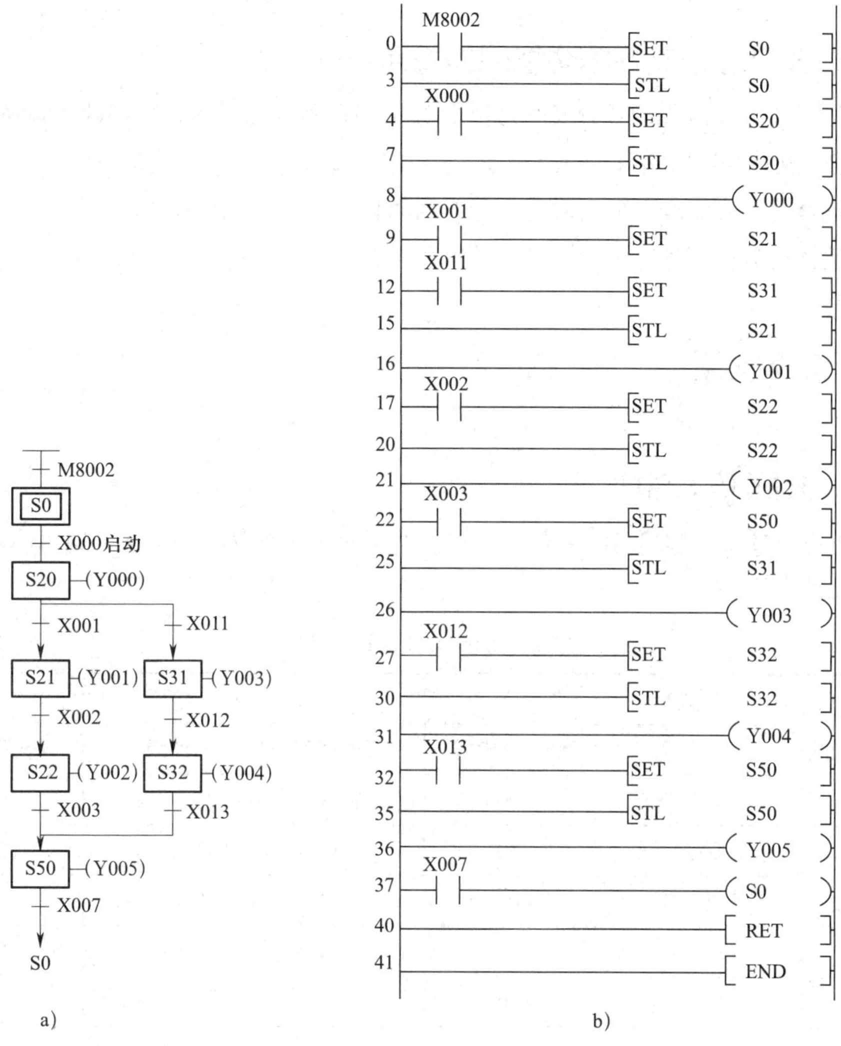

图 8-3-2 选择分支顺序控制程序

a）选择分支顺序控制功能图 b）选择分支顺序控制梯形图

开机后，初始脉冲 M8002 使初态 S0 置 1。按下启动按钮，状态转移到 S20，使 S20 置 1，驱动 Y000，同时等待状态转移。当 X001 闭合时，状态转移到 S21。当 X011 闭合时，状态转移到 S31。但 X001、X011 不能同时闭合。当某一分支条件满足时，则这一分支工作。例如，当 X001 闭合时，S21 置 1，驱动 Y001。当条件 X002 满足闭合条件时，状态转移到 S22，驱动 Y002。当 X003 闭合时，状态转移到 S50。同理，当 X011 闭合时，则流程沿第二分支进行。FX 系列 PLC 的分支电路最多可允许 8 列，每列最多允许 250 个状态。

提示

输入此类梯形图时，必须严格按照流程图的顺序输入，否则，不能实现选择分支控制。

二、选择性分支顺序功能图的特点

1. 选择性分支流程的各分支状态的转移由各自条件选择执行，不能进行两个或两个以上的分支状态同时转移。

2. 选择性分支流程在分支时是先分支后条件。

3. 选择性分支流程在汇合时是先条件后汇合。

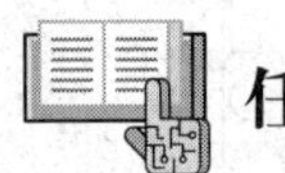

任务实施

一、分配 I/O 地址

通过对本任务控制要求的分析，可确定 PLC 需要 6 个输入点、4 个输出点，其 I/O 地址分配见表 8-3-1。

表 8-3-1　I/O 地址分配表

输入			输出		
元件代号	作用	输入继电器	元件代号	作用	输出继电器
SB	感应开关	X000	KA1	高速开门控制	Y000
SQ1	门减速限位开关	X001	KA2	减速开门控制	Y001
SQ2	开门到位开关	X002	KA3	高速关门控制	Y002
SQ3	减速限位开关	X003	KA4	减速关门控制	Y003
SQ4	关门到位开关	X004			

二、绘制 PLC 硬件接线图

根据图 8-3-1 所示示意图及表 8-3-1 所示的 I/O 地址分配，绘制 PLC 硬件接线图，如图 8-3-3 所示。

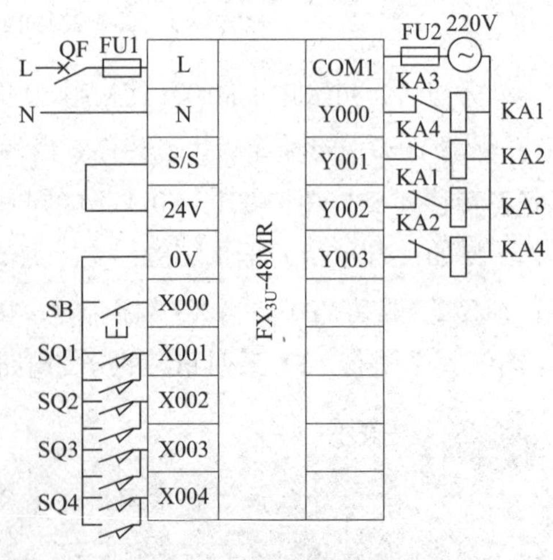

图 8-3-3　PLC 硬件接线图

三、设计 PLC 控制程序

1. PLC 控制流程顺序功能图设计

PLC 控制流程顺序功能图如图 8-3-4 所示。

2. PLC 控制程序设计

（1）自动门控制系统开门控制程序

自动门控制系统开门控制程序如图 8-3-5

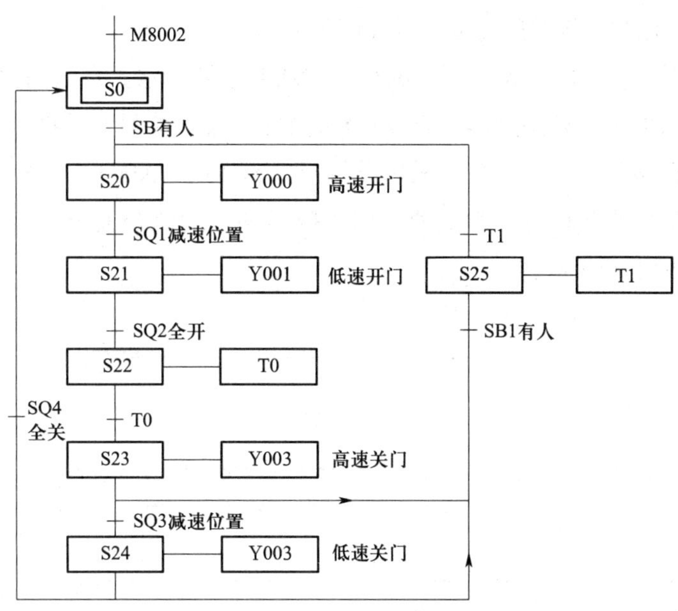

图 8-3-4 自动门控制系统的顺序功能图

所示。人靠近自动门时，感应器 X000 为 ON，Y000 为 ON，即驱动电动机高速开门，直至碰到开门减速限位开关 SQ1 时，X001 为 ON，Y000 为 OFF，Y001 为 ON，即驱动电动机低速开门。

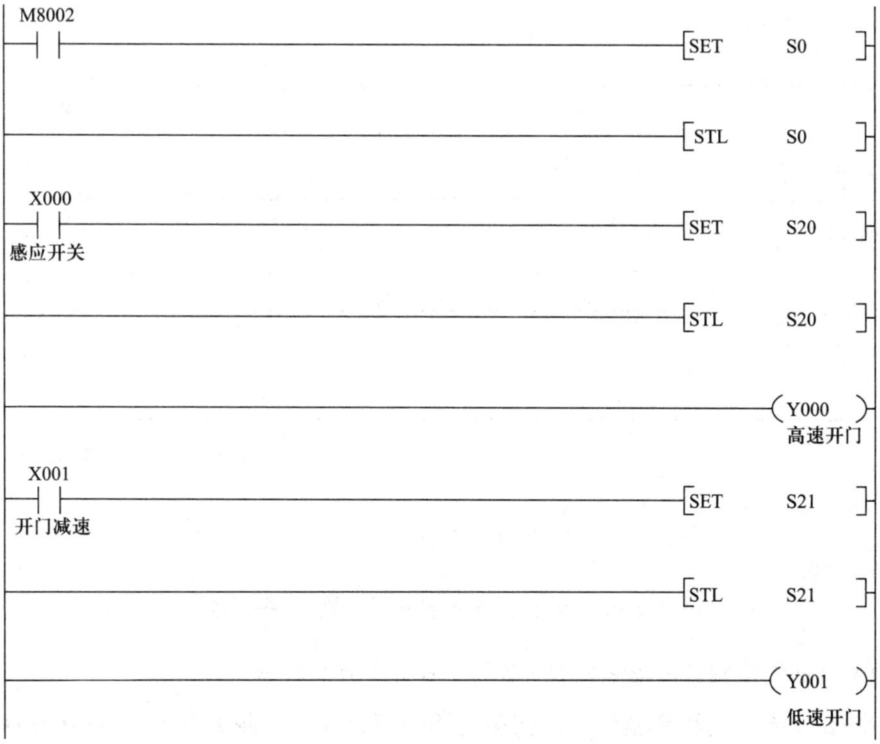

M8002 SET S0

STL S0

X000 感应开关 SET S20

STL S20

Y000 高速开门

X001 开门减速 SET S21

STL S21

Y001 低速开门

图 8-3-5 自动门控制系统开门控制程序

（2）自动门控制系统关门（无人）控制程序

自动门控制系统关门（无人）控制程序如图 8–3–6 所示。自动门碰到开门到位开关 SQ2 时，开门停止，开始延时，若在 0.5 s 内感应器未检测人或物体，Y002 为 ON，即启动电动机高速关门。碰到关门减速限位开关 SQ3 时，X003 为 ON，Y002 为 OFF，Y003 为 ON，即驱动电动机变为低速关门，碰到关门到位开关 SQ4 时，X004 为 ON，Y003 为 OFF，即电动机停转。

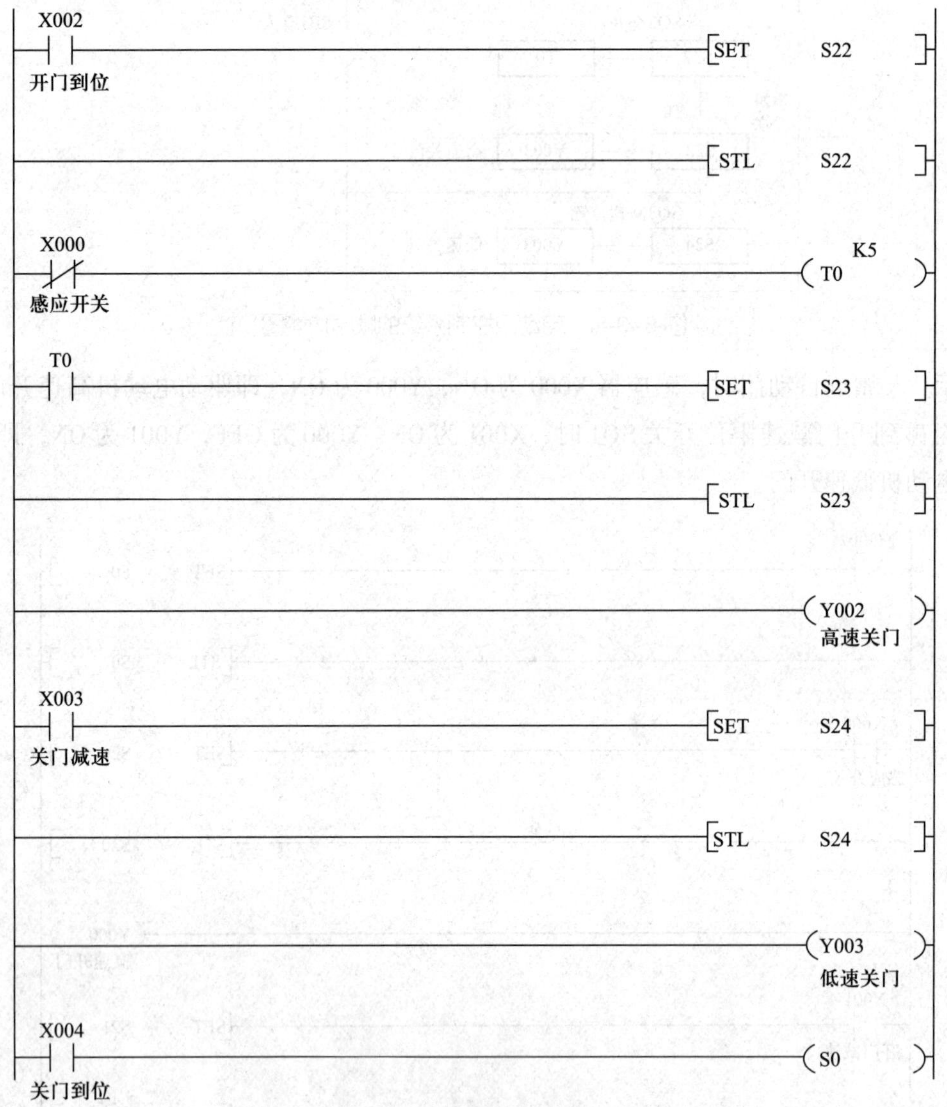

图 8–3–6 自动门控制系统关门（无人）控制程序

（3）自动门控制系统检测装置 / 关门（有人）延时控制程序

在图 8–3–6 所示程序基础上，在关门期间若感应器检测到有人，X000 为 ON，停止关门，延时 0.5 s 后自动转换为高速开门，其程序如图 8–3–7 所示。

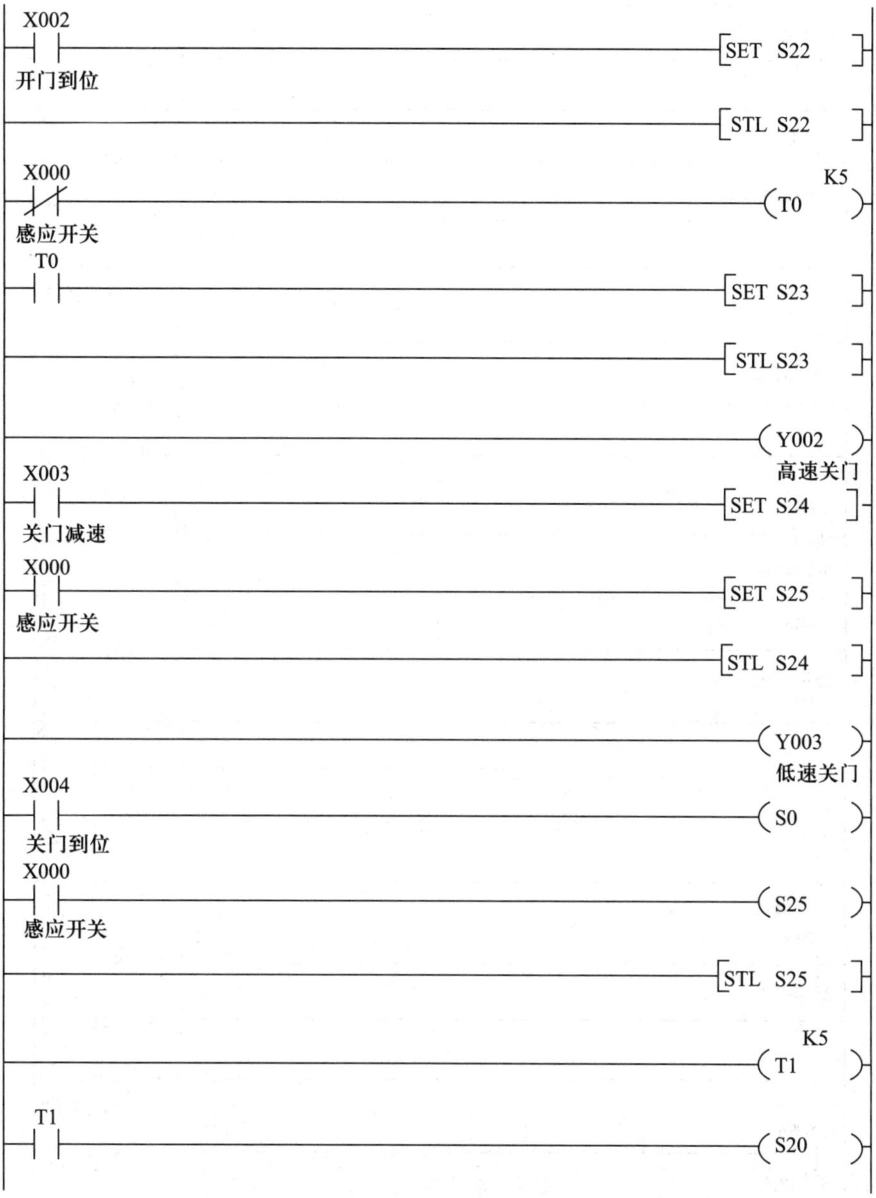

X002
开门到位 [SET S22]

[STL S22]

X000
感应开关 (T0 K5)

T0 [SET S23]

[STL S23]

(Y002 高速关门)

X003
关门减速 [SET S24]

X000
感应开关 [SET S25]

[STL S24]

(Y003 低速关门)

X004
关门到位 (S0)

X000
感应开关 (S25)

[STL S25]

(T1 K5)

T1 (S20)

图 8-3-7　自动门控制系统检测装置 / 关门（有人）延时控制程序

（4）自动门控制系统完整程序

自动门控制系统完整梯形图程序如图 8-3-8 所示。

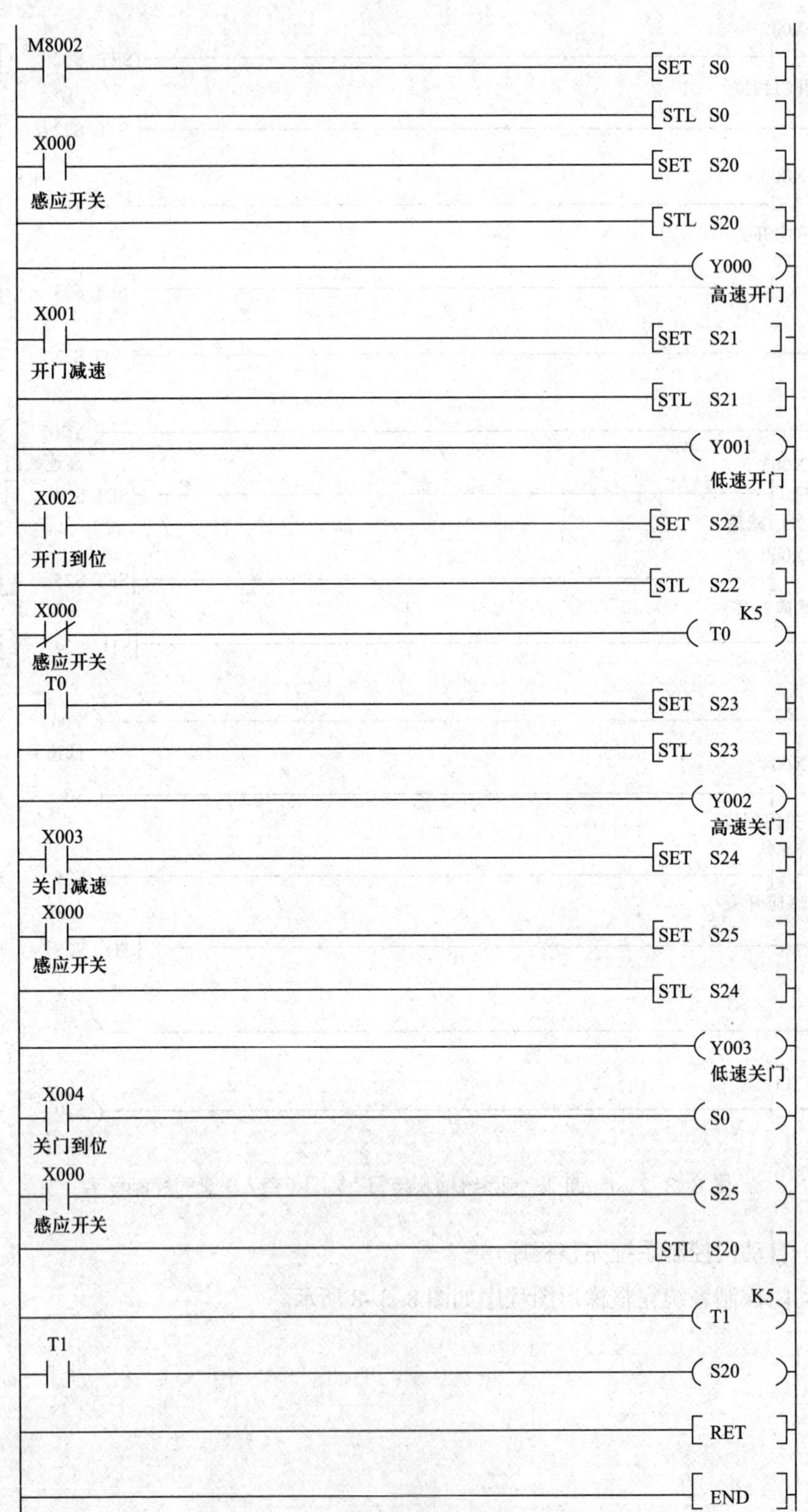

图 8-3-8　自动门控制系统完整梯形图程序

四、系统安装、调试与运行

1. 识图、安装与接线

根据图 8-3-3 所示的 PLC 硬件接线图，准备任务所需电气元器件，并在配电板上进行元器件与线路的安装。

（1）元器件检查

检查元器件规格是否符合技术要求，并检查元器件是否完好。

（2）固定元器件

在配电板合理布置并固定本任务所需的元器件。

（3）配线安装

根据配线原则和工艺要求进行配线安装。

（4）自检

对照接线图检查接线是否正确，确认无误后方可通电调试。

2. 程序下载

线路安装完成并检查无误后，接通电源，将程序下载到 PLC 中。

3. 运行调试

（1）经自检无误后，在指导教师的指导下，方可通电调试。

（2）接通系统电源开关，将 PLC 运行方式置于“RUN”位置，然后通过计算机上的软件“监控”监视程序运行情况，再按表 8-3-2 进行操作，观察并记录系统运行情况。如出现异常情况，应立即切断电源，分析原因，检查硬件电路和程序，解决问题后再重新调试；若是程序问题且不影响安全运行，可通过在线修改程序进行调试，直至系统功能全部调试成功为止，最后关闭系统电源开关。

表 8-3-2　系统调试运行情况记录表

步骤	调试内容	观察内容	运行情况记录
第一步	将程序下载到 PLC 后，合上断路器 QF	“POWER”灯	
		所有的“IN”灯	
第二步	压下按钮 SB	Y000、Y001、Y002 和 Y003 的运行状态	
第三步	压下开关 SQ1		
第四步	压下开关 SQ2 0.5 s 后		
第五步	压下按钮 SB 0.5 s 后		
第六步	压下开关 SQ1		
第七步	压下开关 SQ2 0.5 s 后		
第八步	压下按钮 SB 0.5 s 后		
第九步	压下开关 SQ3		

续表

步骤	调试内容	观察内容	运行情况记录
第十步	压下按钮 SB 0.5 s 后	Y000、Y001、Y002 和 Y003 的运行状态	
第十一步	压下开关 SQ4		
问题处理方法			
 安全提示	运行与调试结束后必须关断电源		

想一想

选择分支的顺序功能图在分支和汇合上有什么特点？如何编程？步进梯形图程序中电动机的过载保护一般如何处理？

任务测评

对任务实施的完成情况进行检查，并参照表 2–2–6 进行评分。

任务 4　交通灯的 PLC 控制

学习目标

知识目标：

1. 理解并行分支顺序功能图的基本概念，掌握并行分支的特点。
2. 掌握分支与汇合两个状态的编程原则和方法。

能力目标：

1. 能正确分析按钮式人行横道交通灯控制系统的基本要求。
2. 能熟练绘制顺序功能图（SFC），并完成本系统的安装、调试与监控。

任务引入

随着社会经济的发展，城市交通问题越来越引起人们的关注。如何协调人、车、路三者之间的关系，已经成为交通管理部门急需解决的重要问题之一。目前交通信号灯仍然是交通疏导管理的主要手段之一。图 8-4-1 所示就是生活中经常遇到的按钮式人行横道交通灯示意图。

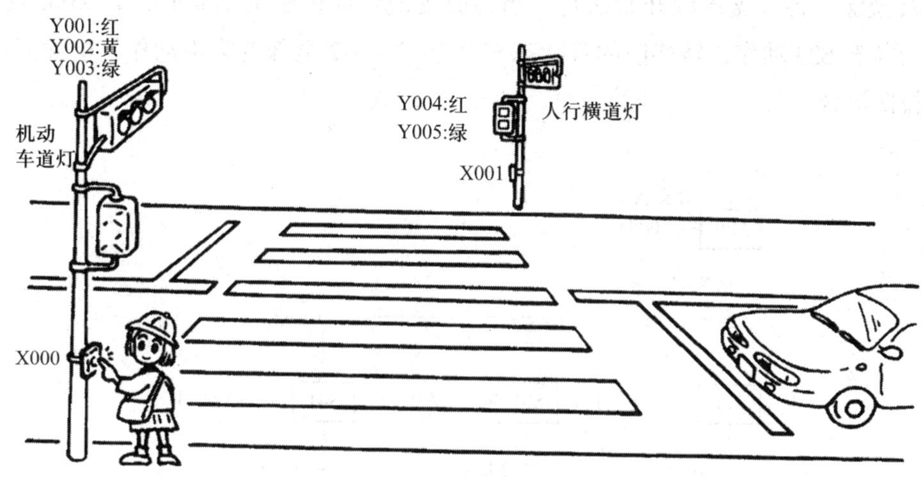

图 8-4-1 按钮式人行横道交通灯示意图

本任务主要通过按钮式人行横道交通灯的控制来学习并行序列结构的顺序功能图和以转换为中心的电路编程方法。

控制要求如下：

行人通过人行横道时，按下按钮，行人方向绿灯亮，可以通过人行横道，具体为，行人按下 X000 或 X001 后，机动车道方向的变化为绿灯 30 s→黄灯 10 s→红灯，人行横道方向的变化为红灯 45 s→绿灯 15 s→绿灯闪烁 5 次（闪烁间隔 0.5 s）→红灯 5 s。最后阶段，人行道变为红灯后，车道仍为红灯，5 s 后返回初始状态，完成一个周期的动作。注意，在程序执行周期过程中，再次按下人行横道按钮 X000、X001 无效。

相关知识

一、并行分支的定义

所谓并行分支，是指由两个及两个以上的状态分支组成，满足某个条件后多个分支流程同时执行的分支结构。

二、并行分支的特点

并行分支的特点是，转换实现后，其后续的几个结构将同时激活。为了强调转换的同步实现，水平连线用双线表示，只有当转换条件满足时才会发生合并，如图 8-4-2 所示的并行分支顺序功能图中有 3 个分支。

在图 8-4-2 所示示例中，当 S20 为活动步时，若 X000 接通，则 S21、S31、S41 同时被激活，各分支流程开始执行。当各分支流程动作全部结束时，若 X002 接通，则汇合状态 S23 动作，转移前的各状态 S22、S32、S42 全部变为不动作，这种汇合又称为排队汇合。

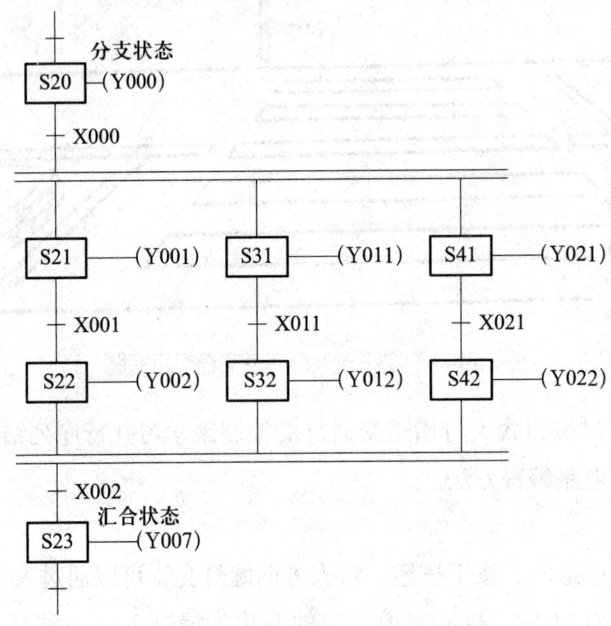

图 8-4-2　并行分支顺序功能图

1. 分支状态的处理

在进行并行分支顺序功能图与梯形图的转换时，首先进行分支状态元件的处理，再依顺序进行各分支的连接，最后进行汇合状态的处理。处理并行分支状态时，先对各分支进行集中转移处理，然后再分别按顺序对各分支进行编程。在图 8-4-3 所示程序中，在分支状态 S20 中先进行驱动处理（OUT　Y0），并集中进行三个分支的状态转移处理（SET 21、SET S31、SET S41），然后按顺序分别对三个分支进行编程。

2. 汇合状态的处理

处理并行汇合状态时，先使用 STL 指令将处于各分支最后的状态分别激活，再集中进行向汇合状态的转移处理，以保证每个分支在执行完毕才能向汇合状态转移，然后再对汇合状态编程。

在图 8-4-3 所示程序中，先利用步进节点指令 STL S22、STL S32、STL S42 将处于各分支最后的状态激活，再通过转移条件 X002，集中转移到并行分支的汇合状态 S23，然后进行其他处理。

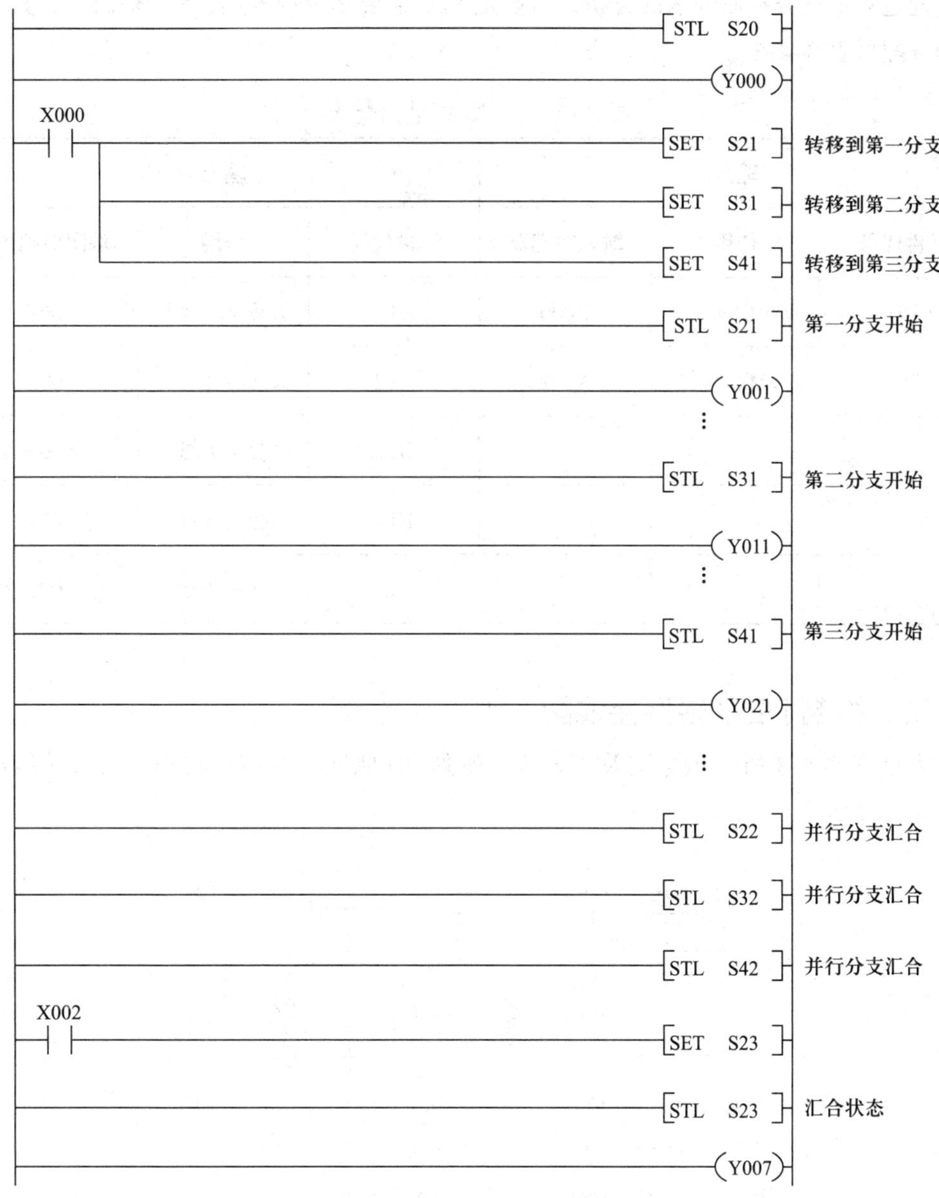

图 8-4-3 并行分支状态的编程

任务实施

一、分配 I/O 地址

通过对本任务控制要求的分析，可确定 PLC 需要 2 个输入点、5 个输出点，其 I/O 地址分配见表 8-4-1。

表 8-4-1 I/O 地址分配表

输入			输出		
元件代号	作用	输入继电器	元件代号	作用	输出继电器
SB1	人行横道按钮	X000	HL1	机动车道红灯	Y001
SB2	人行横道按钮	X001	HL2	机动车道黄灯	Y002
			HL3	机动车道绿灯	Y003
			HL4	人行横道红灯	Y004
			HL5	人行横道绿灯	Y005

二、绘制 PLC 硬件接线图

根据图 8-4-1 所示示意图及表 8-4-1 所列 I/O 地址分配，绘制 PLC 硬件接线图，如图 8-4-4 所示。

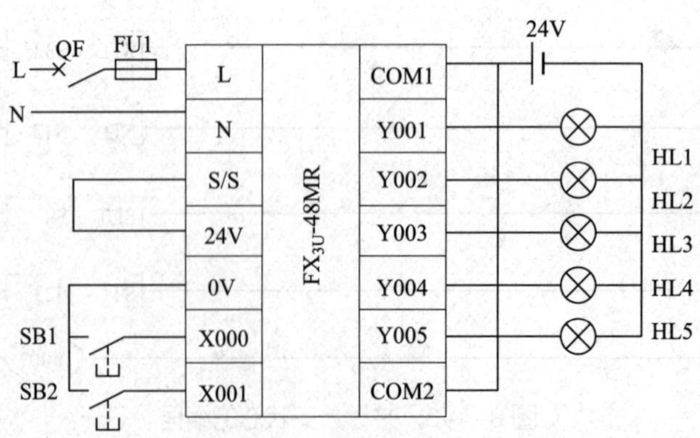

图 8-4-4 按钮式人行横道交通灯 PLC 硬件接线图

三、设计 PLC 控制程序

1. 按钮式人行横道交通灯控制时序（见图 8-4-5）

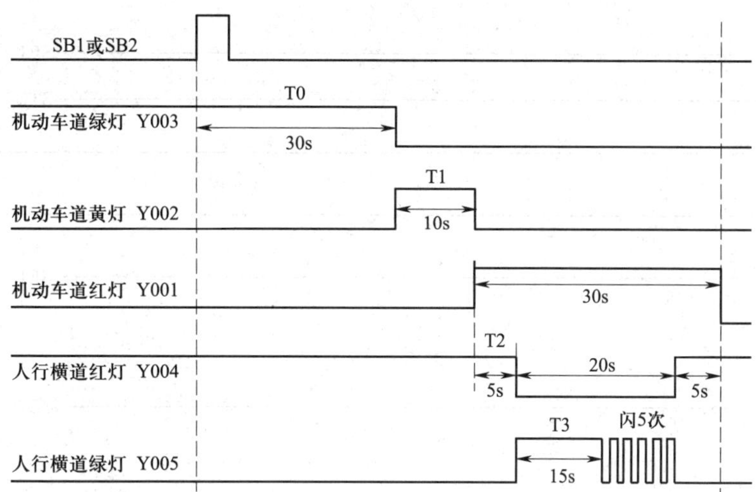

图 8-4-5 按钮式人行横道交通灯控制时序图

2. PLC 控制程序设计

（1）按钮式人行横道交通灯顺序功能图（见图 8-4-6）

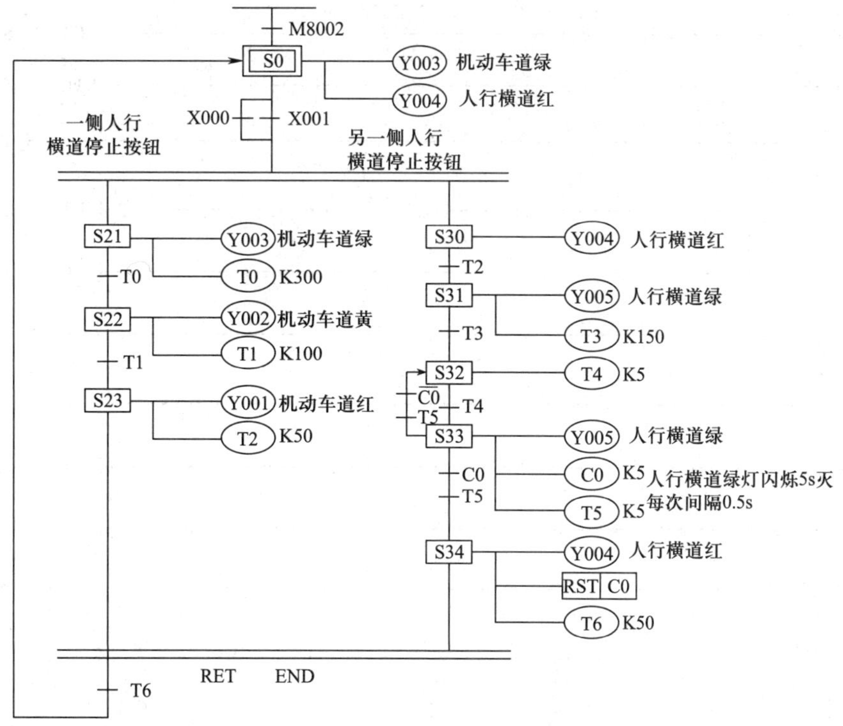

图 8-4-6 按钮式人行横道交通灯顺序功能图

（2）按钮式人行横道交通灯梯形图

根据图 8–4–6 所示按钮式人行横道交通灯顺序功能图编写梯形图，如图 8–4–7 所示。

```
    M8002
0   ─┤ ├──────────────────────[SET   S0 ]
3   ──────────────────────────[STL   S0 ]
4   ──────────────────────────(Y003 )
        └─────────────────────(Y004 )
    X000
6   ─┤ ├─┬────────────────────[SET   S21 ]
    X001 │
    ─┤ ├─┘
    X000
10  ─┤ ├─┬────────────────────[SET   S30 ]
    X001 │
    ─┤ ├─┘
14  ──────────────────────────[STL   S21 ]
15  ──────────────────────────(Y003 )
        │                       K300
        └─────────────────────(T0 )
    T0
19  ─┤ ├──────────────────────[SET   S22 ]
22  ──────────────────────────[STL   S30 ]
23  ──────────────────────────(Y004 )
    T2
24  ─┤ ├──────────────────────[SET   S31 ]
27  ──────────────────────────[STL   S22 ]
28  ──────────────────────────(Y002 )
        │                       K100
        └─────────────────────(T1 )
    T1
32  ─┤ ├──────────────────────[SET   S23 ]
35  ──────────────────────────[STL   S31 ]
36  ──────────────────────────(Y005 )
        │                       K150
        └─────────────────────(T3 )
```

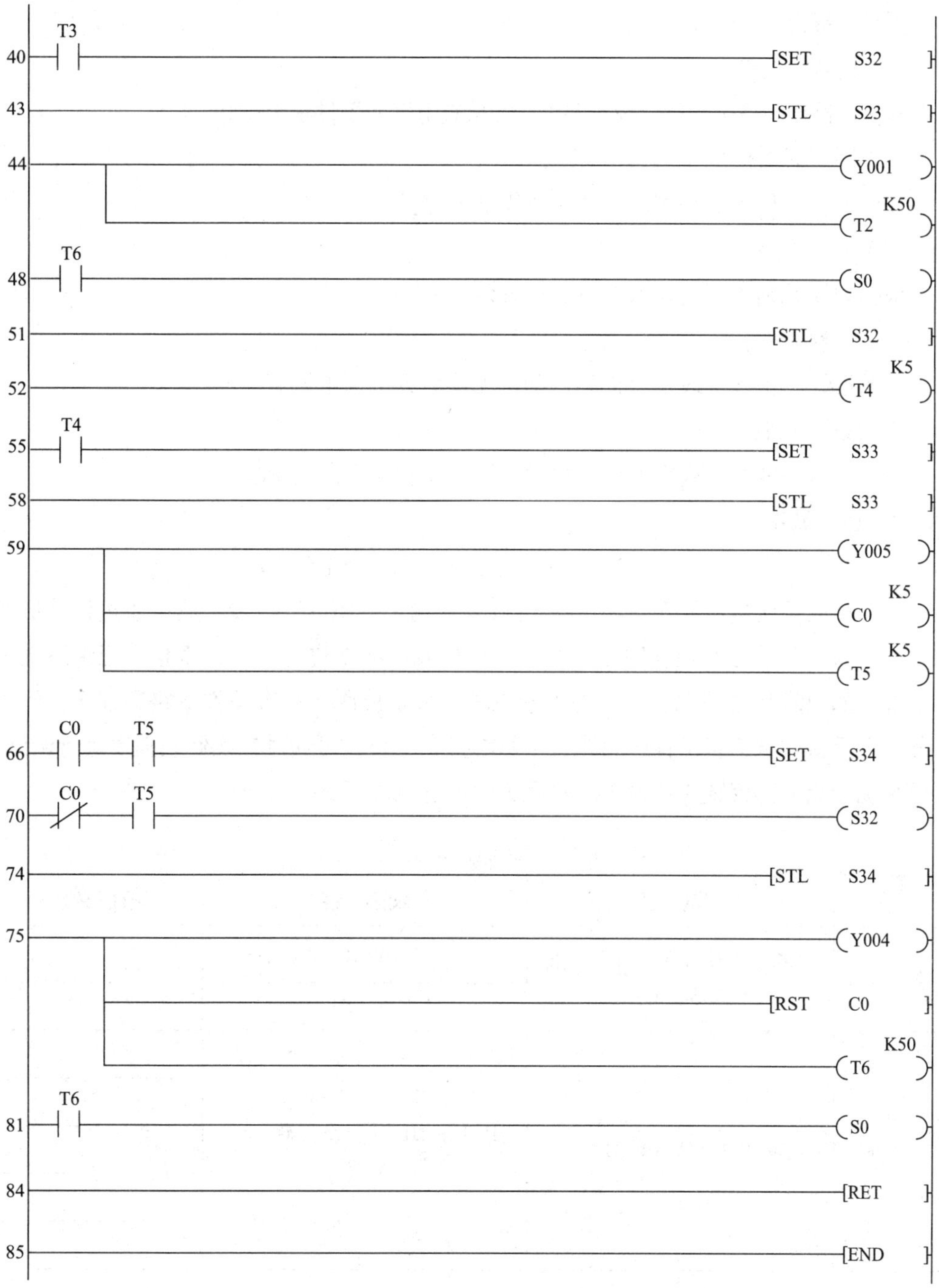

```
40  ─┤T3├──────────────────────[SET   S32]
43  ───────────────────────────[STL   S23]
44  ─┬─────────────────────────(Y001)
     └─────────────────────────(T2  K50)
48  ─┤T6├──────────────────────(S0)
51  ───────────────────────────[STL   S32]
52  ───────────────────────────(T4  K5)
55  ─┤T4├──────────────────────[SET   S33]
58  ───────────────────────────[STL   S33]
59  ─┬─────────────────────────(Y005)
     ├─────────────────────────(C0  K5)
     └─────────────────────────(T5  K5)
66  ─┤C0├──┤T5├────────────────[SET   S34]
70  ─┤/C0├─┤T5├────────────────(S32)
74  ───────────────────────────[STL   S34]
75  ─┬─────────────────────────(Y004)
     ├─────────────────────────[RST   C0]
     └─────────────────────────(T6  K50)
81  ─┤T6├──────────────────────(S0)
84  ───────────────────────────[RET]
85  ───────────────────────────[END]
```

图 8-4-7 按钮式人行横道交通灯控制梯形图

四、系统安装、调试与运行

1. 识图、安装与接线

根据图 8-4-4 所示的 PLC 硬件接线图准备任务所需电气元器件，并在配电板上进行元器件与线路的安装。

（1）元器件检查

检查元器件规格是否符合技术要求，并检查电气元器件是否完好。

（2）固定元器件

在配电板合理布置并固定本任务所需的元器件。

（3）配线安装

根据配线原则和工艺要求进行配线安装。

（4）自检

对照接线图检查接线是否正确，确认无误后方可通电调试。

2. 程序下载

线路安装完成并检查无误后，接通电源，将程序下载到 PLC 中。

3. 运行调试

（1）经自检无误后，在指导教师的指导下，方可通电调试。

（2）接通系统电源开关，将 PLC 运行方式置于“RUN”位置，然后通过计算机上的软件“监控”功能监视程序运行情况，再按表 8-4-2 进行操作，观察并记录系统运行情况。如出现异常情况，应立即切断电源，分析原因，检查硬件电路和程序，解决问题后再重新调试；若是程序问题且不影响安全运行，可通过在线修改程序进行调试，直至系统功能全部调试成功为止，最后关闭系统电源开关。

表 8-4-2 系统调试运行情况记录表

<table>
<tr><th>步骤</th><th>调试内容</th><th>观察内容</th><th>运行情况记录</th></tr>
<tr><td rowspan="2">第一步</td><td rowspan="2">将程序下载到 PLC 后，合上断路器 QF</td><td>“POWER”灯</td><td></td></tr>
<tr><td>所有的“IN”灯</td><td></td></tr>
<tr><td rowspan="5">第二步</td><td rowspan="5">按下 SB1 或 SB2 按钮</td><td rowspan="5">HL1 ~ HL5（一个周期）的状态</td><td></td></tr>
<tr><td></td></tr>
<tr><td></td></tr>
<tr><td></td></tr>
<tr><td></td></tr>
<tr><td rowspan="5">第三步</td><td rowspan="5">一个周期后</td><td rowspan="5">HL1 ~ HL5（一个周期）的状态</td><td></td></tr>
<tr><td></td></tr>
<tr><td></td></tr>
<tr><td></td></tr>
<tr><td></td></tr>
</table>

续表

<table>
<tr><th>步骤</th><th>调试内容</th><th>观察内容</th><th>运行情况记录</th></tr>
<tr><td colspan="2">问题处理
方法</td><td colspan="2"></td></tr>
<tr><td colspan="2">安全提示</td><td colspan="2">运行与调试结束后必须关断电源</td></tr>
</table>

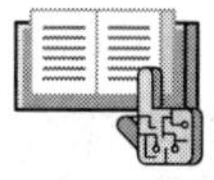

任务测评

对任务实施的完成情况进行检查，并根据表 2-2-6 任务评价表进行评分。

项目九
PLC 功能指令的应用

任务 1　多工位运料小车系统的 PLC 控制

学习目标

知识目标：

1. 了解功能指令的分类及用途。

2. 掌握三菱 FX_{3U} 系列 PLC 中 MOV、CMP 、SEGD 等指令的功能及其应用。

能力目标：

1. 能根据控制要求使用 MOV、CMP 、SEGD 等指令编写多工位运料小车系统控制程序。

2. 能完成多工位运料小车系统的安装、运行与调试。

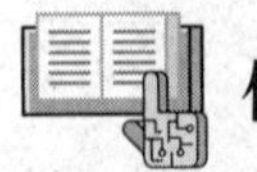

任务引入

在冶金、采矿运输和生产制造等领域中，经常需要由运料小车根据工作实际要求自动往返于多个工位之间运送物料，以实现自动生产运输，达到提高生产效率的目的。图 9-1-1 所示为某自动生产线上的多工位运料小车运行系统的示意图。本任务将学习并使用 PLC 功能指令设计实现下述功能的多工位运料小车的 PLC 控制系统。

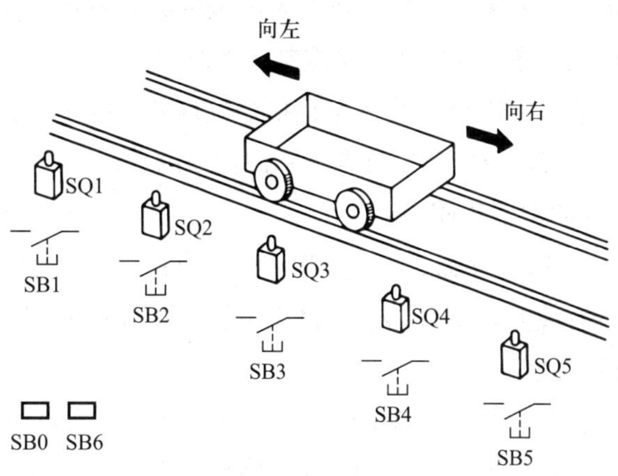

图 9–1–1　多工位运料小车运行系统示意图

图 9–1–1 中的小车往返于 5 个工位之间进行运料，每个工位都设有一个到位行程开关（5 个工位分别对应到位行程开关 SQ1 ～ SQ5）和一个呼叫按钮（5 个工位分别对应呼叫按钮 SB1 ～ SB5）。小车由三相交流异步电动机拖动实现向左或向右的运行控制。具体控制要求如下：

1. 初始状态：系统启动时，运料小车停在任意一个工位的到位行程开关处，保持不动。

2. 启停控制：按下启动按钮 SB0，系统启动；按下停止按钮 SB6，系统停止工作。

3. 小车运行：

（1）当所按下呼叫按钮的编号大于小车所在行程开关位置编号时，小车右行，行走到呼叫按钮对应的行程开关位置之后停止。

（2）当所按下呼叫按钮的编号小于小车所在行程开关位置编号时，小车左行，行走到呼叫按钮对应的行程开关位置之后停止。

（3）小车只响应最先按下呼叫按钮的工位，当某工位呼车，指示灯亮，表示有工位用车，小车到达指定工位，停留 30 s 后指示灯灭，其余工位可以用车。

（4）用 7 段数码管显示小车所处的工位。

分析可知，要判断小车的运行方向，需将小车的当前位置和呼叫位置进行比较，因此需要使用 PLC 中的比较指令。

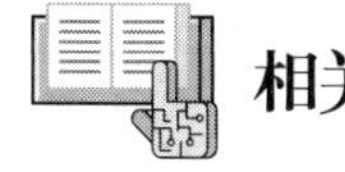

相关知识

一、功能指令概述

PLC 的基本指令是基于继电器、定时器、计数器类软元件，主要用于逻辑处理的指令，PLC 的功能指令或称应用指令，是指在完成基本逻辑控制、定时控制、顺序控制的基础上，PLC 制造商为满足现代工业控制的数据处理及特殊控制要求而开发的指令，实现数据的传送、运算、变换及程序控制等功能。

功能指令除了功能强大以外，其特点是指令处理的数据多，数据在存储单元中流转的过程复杂，因而学习功能指令的重点是掌握指令的数据形式及数据的流转过程。

1．数据类软元件的类型及使用

数据类软元件有数据寄存器、变址寄存器、文件寄存器和指针。本书主要介绍数据寄存器的应用。有关变址寄存器、文件接触器、指针的内容介绍，可查阅《三菱 PLC 编程手册》中相关内容。

PLC 在进行输入输出处理、模拟量控制、位置控制时，需要用到许多数据寄存器。数据寄存器（D）有通用数据寄存器、断电保持数据寄存器和特殊数据寄存器，具体功能见表 9–1–1。

表 9–1–1　数据寄存器（D）的使用

序号	名称	编号	数量	功能
1	通用数据寄存器	D0 ~ D199	200 点	通用数据寄存器在 PLC 由运行（RUN）变为停止（STOP）时，其数据全部清零。如果将特殊继电器 M8033 置 1，则 PLC 由运行变为停止时，数据可以保持
2	断电保持数据寄存器	D200 ~ D511	312 点	断电保持数据寄存器只要不改写，原有数据就不会丢失，无论电源接通与否、PLC 运行与否，都不会改变寄存器内容
3	特殊数据寄存器	D8000 ~ D8255	256 点	特殊数据寄存器供监控机内元件的运行方式用。在电源接通时，利用系统只读存储器写入初始值

数据类软元件的结构形式见表 9–1–2。

表 9–1–2　数据类软元件的结构形式

序号	名称	存储单元位数	元件
1	基本形式	16 位数据（最高位为符号位）	机内的 T、C、D、V、Z 元件均为 16 位元件，称为“字元件”
2	双字元件	32 位数据（最高位为符号位）	两个字元件组成“双字元件”
3	位组合元件	使用 4 位 BCD 码表示一位十进制数据，也称一组	常用 X、Y、M、S 组成，元件表达为 K*n*X、K*n*Y、K*n*M、K*n*S 等形式；式中 K*n* 指有 *n* 组这样的数据，如 K*n*X000 开始的 *n* 组位元件组合。若 *n* 为 1，则 K1X000 指由 X000、X001、X002、X003 四位输入继电器的组合；而 *n* 为 2，则 K2X000 指 X000 ~ X007 八位输入继电器的两组组合

2. 功能指令的表达形式

功能指令一般由编号、助记符、数据长度、执行形式和操作数组成。

(1) 编号

每条功能指令都有一个编号。在使用简易编程器的场合输入功能指令时，首先输入的就是功能指令的编号。如图 9–1–2 中的①，就是功能指令的编号。

(2) 助记符

功能指令的助记符是该指令的英文名称或缩写。例如，加法指令 “ADDITION” 简写为 “ADD”，如图 9–1–2 中的②所示。

(3) 数据长度

根据需处理的数据长度，功能指令可以分为 16 位指令和 32 位指令。其中，32 位指令用 “(D)” 表示，无 “(D)” 符号的为 16 位指令，如图 9–1–2 中的③所示。

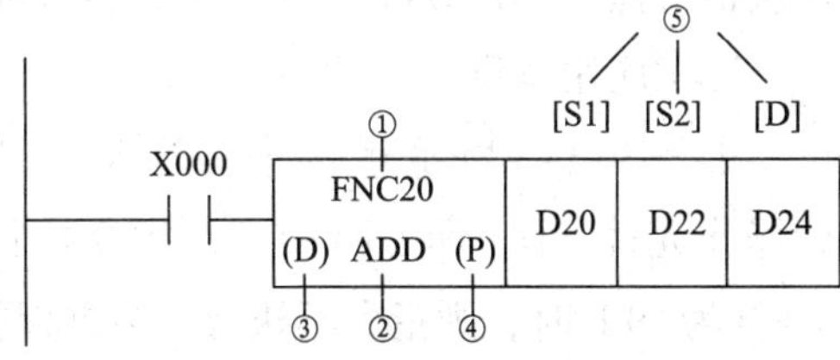

图 9–1–2 功能指令的通用表示方法

(4) 执行形式

功能指令有脉冲执行型和连续执行型两种执行方式。在指令助记符后标有 “(P)” 的为脉冲执行型，无 “(P)” 的为连续执行型，如图 9–1–2 中的④所示。如 MOV 是连续执行型 16 位指令，MOVP 是脉冲执行型 16 位指令，DMOVP 是脉冲执行型 32 位指令。脉冲执行型指令在执行条件满足时仅执行一个扫描周期，这点对数据处理有重要意义。例如，对于一条加法指令，在脉冲执行时，只将加数和被加数进行一次加法运算。而连续型加法运算在执行条件满足时，每个扫描周期都要相加一次。

(5) 操作数

操作数是功能指令涉及或产生的数据，有的功能指令没有操作数，而大多数功能指令有 1 ~ 4 个操作数。操作数分为源操作数、目标操作数和其他操作数。如图 9–1–2 中的⑤所示就是源操作数和目标操作数。

1) 源操作数 [S]，其内容不随指令的执行而变化。当源操作数不止一个时，用 [S1]、[S2] 等表示。

2) 目标操作数 [D]，其内容随指令的执行而变化。目标操作数不止一个时，用 [D1]、[D2] 等表示。

3) 其他操作数 [n] 和 [m]，它们常用来表示十进制常数 K 和十六进制常数 H，或作为源操作数和目标操作数的补充说明。当这样的操作数为多个时，可用 [n1]、[n2] 和 [m1]、[m2] 等来表示。

如果使用变址功能，则可表示为 [S•] 和 [D•]。

二、功能指令（MOV、CMP 、SEGD）

1. 传送指令（MOV，功能号 FNC12）

（1）指令功能

将源操作数传送到指定的目标元件中，源操作数内的数据不变。

（2）助记符

助记符为 MOV（16 位连续执行型）、MOVP（16 位脉冲执行型）；DMOV（32 位连续执行型）、DMOVP（32 位脉冲执行型）。

（3）应用举例

如图 9-1-3 所示示例中，当 X000 为 ON 时，将［S］中的数据 K100 传送到目标操作元件［D］即 D10 中。在指令执行时，常数 K100 会自动转换成二进制数。当 X000 为 OFF 时，则指令不执行，数据保持不变。

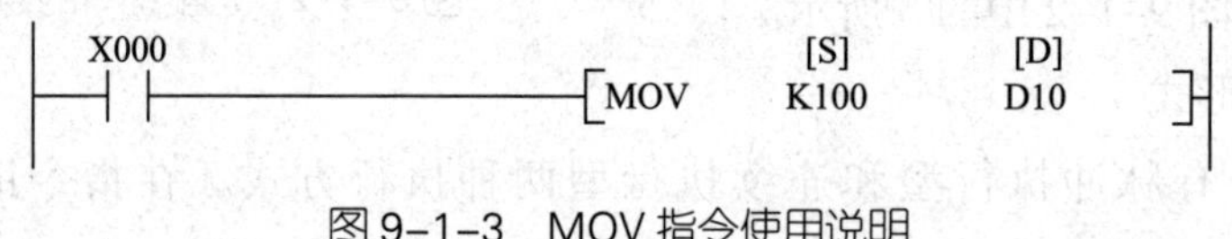

图 9-1-3　MOV 指令使用说明

2. 比较指令（CMP，功能号为 FNC10）

（1）指令功能

将源操作数［S1·］和源操作数［S2·］的数据进行比较，比较结果用目标元件［D·］的状态来表示。

（2）助记符

助记符为 CMP（16 位连续执行型）、CMPP（16 位脉冲执行型）；DCMP（32 位连续执行型）、DCMPP（32 位脉冲执行型）。

（3）应用举例

如图 9-1-4 所示示例中，当 X1 接通时，把常数 K100 与 C20 的当前值进行比较，将比较的结果送入 M0 ~ M2 中。X1 为 OFF 时不执行，M0 ~ M2 的状态也保持不变。

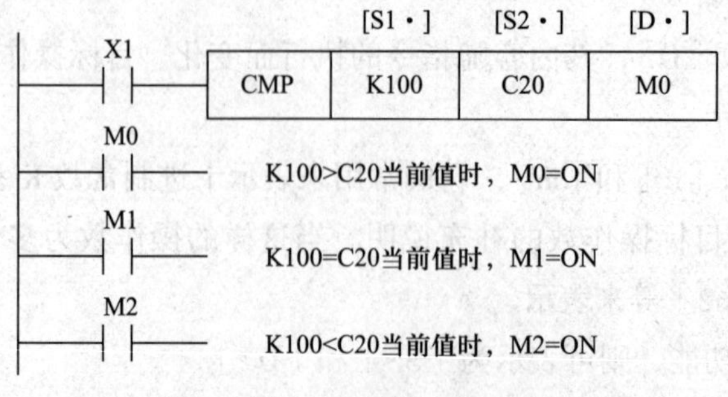

图 9-1-4　CMP 指令使用说明

3. 七段译码指令（SEGD，功能号为 FNC73）

（1）指令功能

用于控制一个七段数码管。

（2）助记符

助记符为 SEGD。

（3）应用举例

如图 9-1-5 所示示例中，将源操作数的低 4 位二进制数（1 位 16 进制数）译码后送至目标操作数，即当 X000 为 1 时，将 D0 中的低 4 位二进制数译为七段码送到 Y007 ~ Y000。

X000　[SEGD　[S·] D0　[D·] K2Y000]

图 9-1-5　七段译码指令梯形图

［S·］中可以是常数、输入继电器、输出继电器、内部继电器，也可以是定时器、计数器的过程值。

三、七段数码管的显示

1. 七段数码管

七段数码管常用于数字 0 ~ F 的显示，显示与段驱动之间的关系见表 9-1-3。

表 9-1-3　数制及七段码转换表

十进制	BCD	十六进制	二进制	七段码显示的组成	用七段码显示的 8 位数据								七段码显示
					/	g	f	e	d	c	b	a	
K0	H0	H0	0000	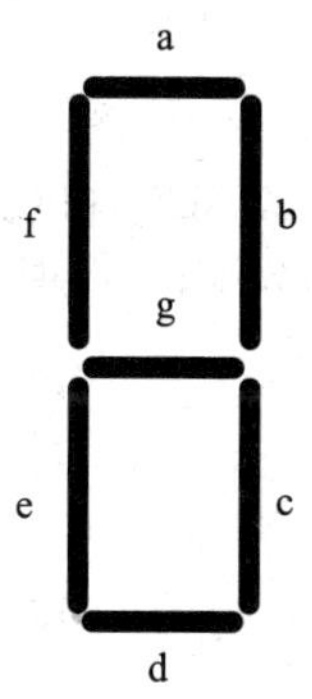 a, b, c, d, e, f, g	0	0	1	1	1	1	1	1	0
K1	H1	H1	0001		0	0	0	0	0	1	1	0	1
K2	H2	H2	0010		0	1	0	1	1	0	1	1	2
K3	H3	H3	0011		0	1	0	0	1	1	1	1	3
K4	H4	H4	0100		0	1	1	0	0	1	1	0	4
K5	H5	H5	0101		0	1	1	0	1	1	0	1	5
K6	H6	H6	0110		0	1	1	1	1	1	0	1	6
K7	H7	H7	0111		0	0	1	0	0	1	1	1	7
K8	H8	H8	1000		0	1	1	1	1	1	1	1	8
K9	H9	H9	1001		0	1	1	0	1	1	1	1	9
K10	/	HA	1010		0	1	1	1	0	1	1	1	A
K11	/	HB	1011		0	1	1	1	1	1	0	0	B

续表

十进制	BCD	十六进制	二进制	七段码显示的组成	用七段码显示的 8 位数据								七段码显示
					/	g	f	e	d	c	b	a	
K12	/	HC	1100		0	0	1	1	1	0	0	1	C
K13	/	HD	1101		0	1	0	1	1	1	1	0	D
K14	/	HE	1110		0	1	1	1	1	0	0	1	E
K15	/	HF	1111		0	1	1	1	0	0	0	1	F

2. 数码管与 PLC 的连接

数码管分为共阳极数码管和共阴极数码管，两者外形一样，但电源接线不同，如图 9-1-6a、b 所示，数码管为共阴极数码管时，与 PLC 的连接如图 9-1-6c 所示，数码管与 PLC 之间串联限流电阻，采用 12 V 电源电压。

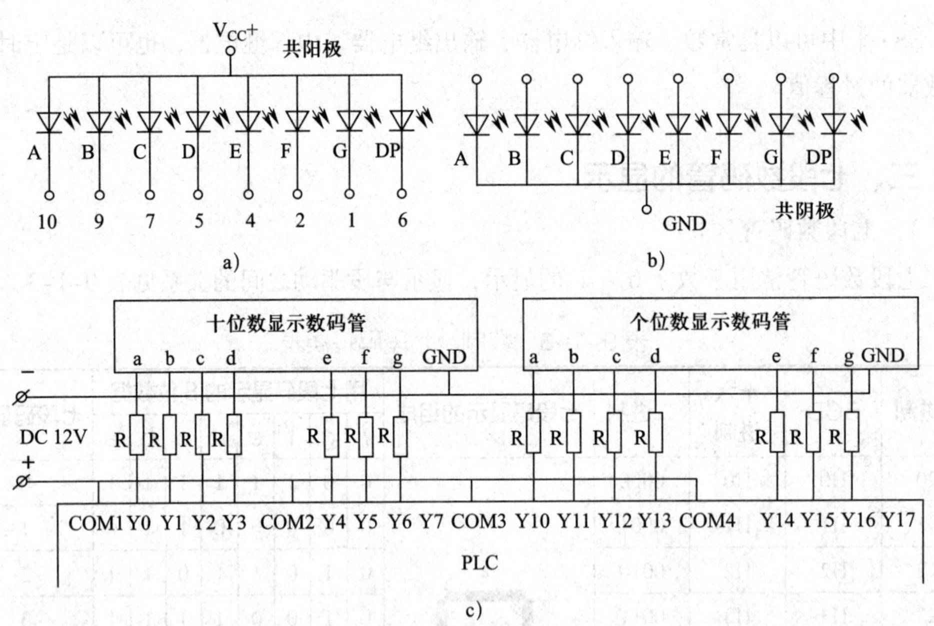

图 9-1-6 数码管与 PLC 的连接

a）共阳极数码管 b）共阴极数码管 c）共阴极数码管与 PLC 连接图

任务实施

一、分配 I/O 地址

根据任务分析，呼叫按钮 SB1 ~ SB5、行程开关 SQ1 ~ SQ5 属于控制信号，作为

PLC的输入量分配接线端子；用于显示的数码管、前进接触器KM1、后退接触器KM2的线圈均属于被控对象，作为PLC的输出量分配接线端子。对输入量/输出量（I/O）进行地址分配，见表9-1-4。

表9-1-4 输入/输出地址分配表

输入		输出	
功能	地址	功能	地址
启动按钮SB0	X000	七段码显示	Y000 ~ Y007
1号位呼叫按钮SB1	X001	控制小车前进接触器KM1	Y011
2号位呼叫按钮SB2	X002	控制小车后退接触器KM2	Y012
3号位呼叫按钮SB3	X003		
4号位呼叫按钮SB4	X004		
5号位呼叫按钮SB5	X005		
停止按钮SB6	X006		
行程开关SQ1	X011		
行程开关SQ2	X012		
行程开关SQ3	X013		
行程开关SQ4	X014		
行程开关SQ5	X015		
热继电器KH	X016		

二、绘制PLC硬件接线图

根据对控制要求的分析，结合I/O分配地址可知，PLC外围电路中的输入电路主要由行程开关和按钮组成，输出电路主要是通过Y011和Y012来控制小车的左右行，即控制电动机正反转。需注意联锁保护的设计：一是要在程序设计时，注意Y011和Y012的联锁；二是在硬件上也要设计联锁保护。此外，还要用一个数码管显示停车位置。运料小车呼叫装置的PLC控制接线图如图9-1-7所示。

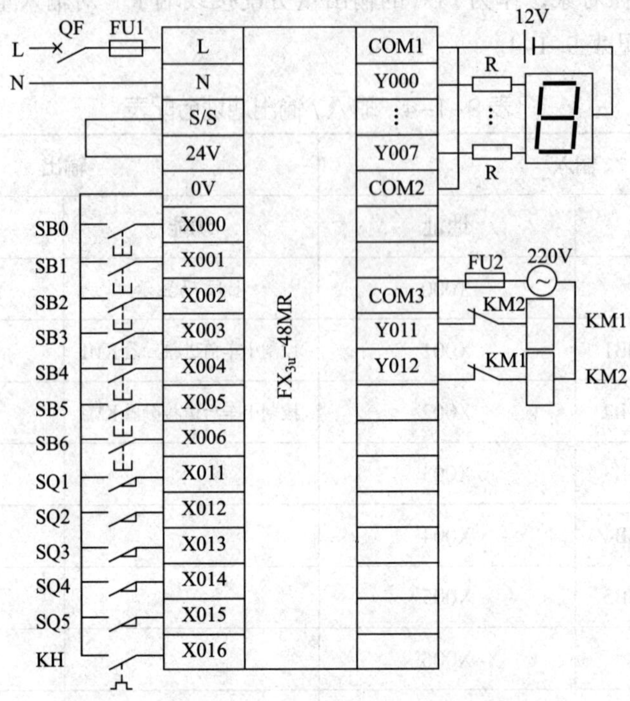

图 9-1-7　运料小车呼叫装置的 PLC 控制接线图

三、设计 PLC 控制程序

1. 绘制控制流程图，如图 9-1-8 所示。

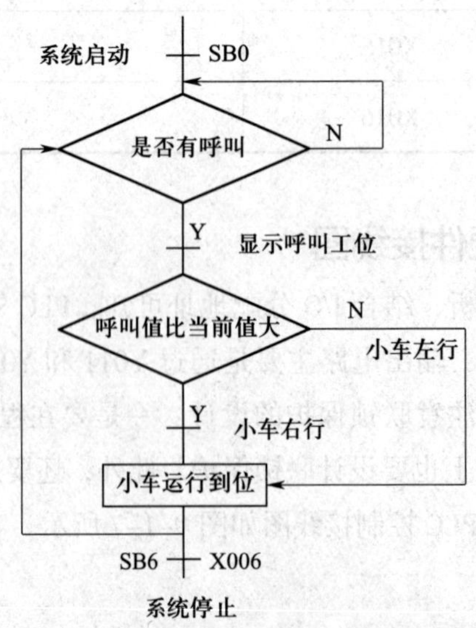

图 9-1-8　运料小车呼叫控制流程图

2. 根据控制流程图编辑运料小车呼叫装置梯形图程序，如图 9-1-9 所示。

```
 0  X000  X006(NC)                    (M0)
    M0
 4  X001  M0  M1(NC)                  [MOV  K1  D0]
12  X002  M0  M1(NC)                  [MOV  K2  D0]
20  X003  M0  M1(NC)                  [MOV  K3  D0]
28  X004  M0  M1(NC)                  [MOV  K4  D0]
36  X005  M0  M1(NC)                  [MOV  K5  D0]
44  X011  M0                          [MOV  K1  D1]
51  X012  M0                          [MOV  K2  D1]
58  X013  M0                          [MOV  K3  D1]
65  X014  M0                          [MOV  K4  D1]
72  X015  M0                          [MOV  K5  D1]
79  M1                                [CMP  D1  D0  M10]
87  M10   Y012(NC)                    (Y011)
90  M12   Y011(NC)                    (Y012)
93  M0                                [SEGD  D0  K2Y000]
99  X001                              [SET  M1]
    X002
    X003
    X004
    X005
```

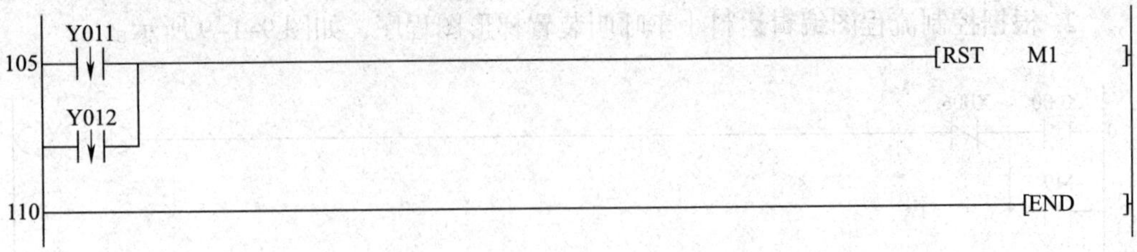

```
      Y011
105 ─┤↓├──────────────────────────[RST   M1 ]
      Y012
    ─┤↓├─
110 ──────────────────────────────[END      ]
```

图 9-1-9　运料小车呼叫装置梯形图

提示

图 9-1-9 中，符号“⊣↓⊢”中的“↓”表示：当扫描到操作数下降沿状态时，输出一个 PLC 扫描周期的接通脉冲信号。类似地，由上升沿触发的，用“↑”表示。

根据控制要求，X000 为启动按钮，按下后系统启动，当有任意工位呼叫，则相应工位号被传送至寄存器 D0 中，当小车处于某一停靠点时，相应站点号被传送至寄存器 D1 中，两者进行比较，根据比较结果确定小车运行方向。

四、系统安装、调试与运行

1. 识图、安装与接线

根据图 9-1-7 所示的 PLC 硬件接线图，准备任务所需电气元器件，并在配电板上进行元器件与线路安装。

（1）元器件检查

检查元器件规格是否符合技术要求，并检查电气元器件是否完好。

（2）固定元器件

在配电板合理布置并固定本任务所需的元器件。

（3）配线安装

根据配线原则和工艺要求进行配线安装。

（4）自检

对照接线图检查接线是否正确，确认无误后方可通电调试。

2. 程序下载

线路安装完成并检查无误后，接通电源，将程序下载到 PLC 中。

3. 运行调试

按表 9-1-5 操作步骤进行系统调试，并观察记录系统运行情况。如出现异常情况，应立即切断电源，分析原因，检查硬件电路和程序，解决问题后再重新调试；若是程序问题且不影响安全运行，可通过在线修改程序进行调试，直至系统功能全部调试成功为止，最后关闭系统电源开关。

表 9-1-5 系统调试运行情况记录表

步骤	调试内容	观察内容	运行情况记录
第一步	将程序下载到 PLC 后，合上断路器 QF	“POWER”灯	
		“RUN”灯	
第二步	按下系统启动按钮 SB0	KM1、KM2 及七段数码管的运行状态	
第三步	压下 SQ4，按下 SB1		
第四步	压下 SQ3，按下 SB2		
第五步	压下 SQ2，按下 SB3		
第六步	压下 SQ1，按下 SB4		
第七步	压下 SQ5，按下 SB5		
第八步	按下停止按钮 SB6		
问题处理方法			
 安全提示	运行与调试结束后必须关断电源		

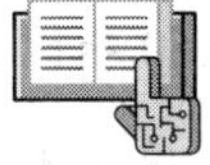

任务测评

对任务实施的完成情况进行检查，并参照表 2-2-6 进行评分。

知识拓展

触点比较指令

触点比较指令共有 18 条，分别是取比较指令（功能号为 FNC224 ~ FNC230）、串联触点比较指令（功能号为 FNC232 ~ FNC238）和并联触点比较指令（功能号为 FNC240 ~ FNC246）。

1. 指令功能

触点比较指令是对源数据内容进行二进制数据比较，根据其结果执行后段的运算。触点比较指令的功能见表 9-1-6。

表 9-1-6　触点比较指令的功能

指令	功能指令代码	助记符	导通条件
取比较指令	FUN224	（D）LD=	[S1·]=[S2·]
	FUN225	（D）LD>	[S1·]>[S2·]
	FUN226	（D）LD<	[S1·]<[S2·]
	FUN228	（D）LD<>	[S1·]≠[S2·]
	FUN229	（D）LD≤	[S1·]≤[S2·]
	FUN230	（D）LD≥	[S1·]≥[S2·]
串联触点比较指令	FUN232	（D）AND=	[S1·]=[S2·]
	FUN233	（D）AND>	[S1·]>[S2·]
	FUN234	（D）AND<	[S1·]<[S2·]
	FUN236	（D）AND<>	[S1·]≠[S2·]
	FUN237	（D）AND≤	[S1·]≤[S2·]
	FUN238	（D）AND≥	[S1·]≥[S2·]
并联触点比较指令	FUN240	（D）OR=	[S1·]=[S2·]
	FUN241	（D）OR>	[S1·]>[S2·]
	FUN242	（D）OR<	[S1·]<[S2·]
	FUN244	（D）OR<>	[S1·]≠[S2·]
	FUN245	（D）OR≤	[S1·]≤[S2·]
	FUN246	（D）OR≥	[S1·]≥[S2·]

2. 应用举例

触点比较指令的具体应用示例如图 9-1-10 所示。将 D0 中存储的数据与 K50 相比较，若两者相等，触点闭合，Y000 得电；当 X000 为 ON，同时 C10 中的当前值等于 K100 时，该触点闭合，Y001 得电；当 X001 为 ON，或者 C003 的当前值与 K5 相等时，Y002 得电。其他触点比较指令不再一一说明。

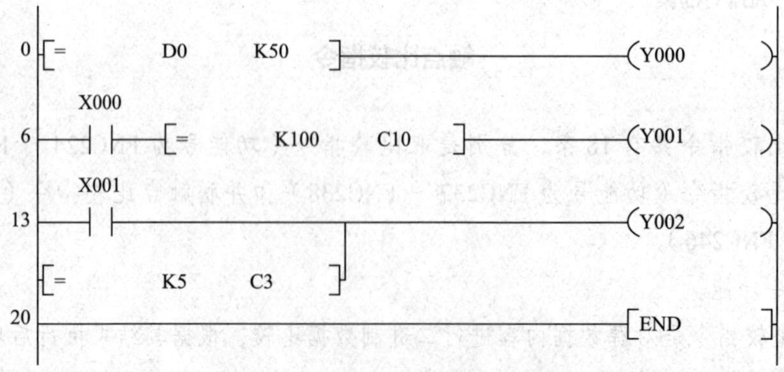

图 9-1-10　触点比较指令使用说明

任务 2　霓虹灯的 PLC 控制

学习目标

知识目标：

掌握数据移位指令和区间复位指令的功能及应用。

能力目标：

1. 能根据控制要求使用数据移位指令和区间复位指令编制霓虹灯控制程序。

2. 能完成霓虹灯控制系统的线路安装、运行与调试。

任务引入

霓虹灯的控制方式多种多样，用 PLC 不仅能方便地实现对单个霓虹灯灯光效果的控制，而且还能让多个霓虹灯（如大型楼宇的轮廓装饰或大型晚会的灯光布景、广告牌饰灯等）按照一定的规律亮灭，使灯光效果变得更为绚烂多彩，达到吸引人们注意的目的。本任务以广告牌周围装饰灯控制为例，通过 PLC 接线板模拟，结合移位等功能指令的编程来实现霓虹灯的不同控制方法，编写并调试霓虹灯的 PLC 程序，实现系统的正常运行。

具体功能要求如下：

1. 共有八盏霓虹灯，系统结构示意图如图 9–2–1 所示，要求按下启动按钮后，系统开始工作。

2. 工作过程中，霓虹灯按以下顺序点亮：

（1）A、B、C、D、E、F、G、H 八盏霓虹灯同时亮 2 s。

（2）八盏霓虹灯按顺时针方向轮流点亮，时间间隔为 1 s。

（3）八盏霓虹灯同时点亮 2 s。

（4）八盏霓虹灯按逆时针方向轮流点亮，时间间隔为 1 s。

（5）按以上顺序重复执行。

3. 按下停止按钮后，霓虹灯控制系统停止工作。

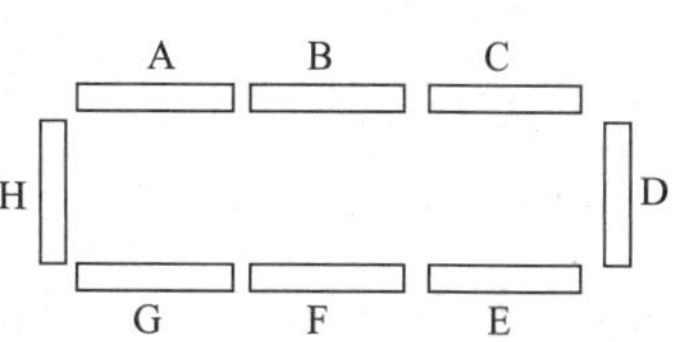

图 9–2–1　系统结构示意图

相关知识

分析任务要求可知，可以按照前面任务所学的状态编程思想，采用基本逻辑指令、步进指令以及定时器指令等来实现，编程方式简单，易于理解，但其程序较长，过于烦琐。采用数据移位指令编程实现本任务所要求的功能更加方便。

一、位左移指令（SFTL，功能号为 FNC35）

1. 指令功能

将 n_1 位目的操作元件中的数据左移 n_2 位，其高 n_2 位溢出，低 n_2 位由源操作数补入。

（1）位数 n_1：指定目的操作元件的位数。

（2）位数 n_2：指定源操作元件的位数和目的操作元件的移位位数。

2. 助记符

助记符为 SFTL（连续执行型）、SFTLP（脉冲执行型）。

3. 应用举例

图 9-2-2 所示程序中的 K16 表示有 16 个位元件，即 M0 ~ M15；K4 表示每次移动 4 位。当 X010 接通时，X000 ~ X003 的 4 个位组件的状态移入 M0 ~ M15 的低端，高端自动溢出，即按 M15 ~ M12→溢出、M11 ~ M8→M15 ~ M12、M7 ~ M4→M11 ~ M8、M3 ~ M0→M7 ~ M4 依次左移，X003 ~ X000 移入 M3 ~ M0。如果采用连续执行，在 X010 接通期间，每个扫描周期都要移位，因此一般采用脉冲执行方式，即 SFTL P。

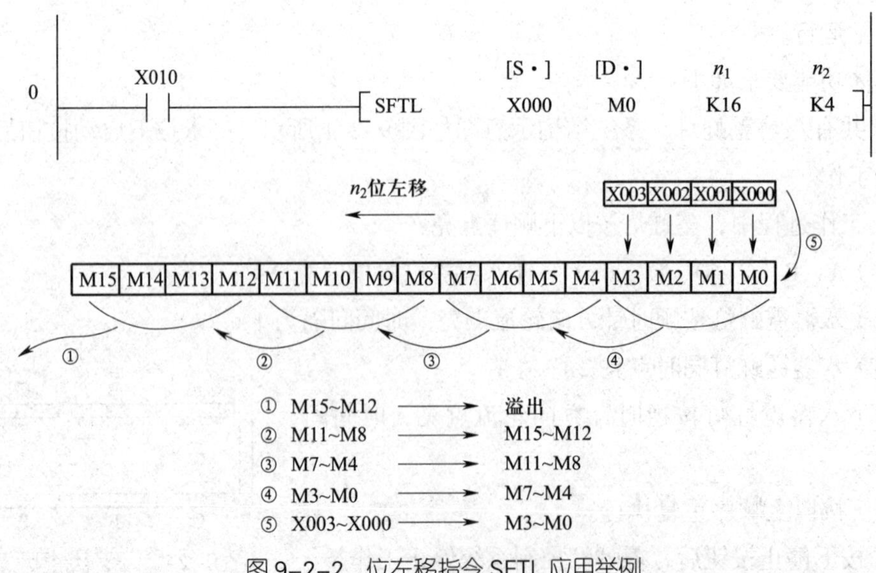

图 9-2-2　位左移指令 SFTL 应用举例

二、位右移指令（SFTR，功能号为 FNC34）

1. 指令功能

将 n_1 位目的操作元件中的数据右移 n_2 位，其低 n_2 位溢出。高 n_2 位由源操作数补入。

（1）位数 n_1：指定目的操作元件的位数。

（2）位数 n_2：指定源操作元件的位数和目的操作元件的移位位数。

2. 助记符

助记符为 SFTR（连续执行型）、SFTRP（脉冲执行型）。

3. 应用举例

图 9-2-3 所示程序中的 K16 表示有 16 个位元件，即 M0 ~ M15; K4 表示每次移动 4 位。当 X010 接通时，X000 ~ X003 的 4 个位组件的状态移入 M0 ~ M15 的高端，低端自动溢出，即按 M3 ~ M0→溢出、M7 ~ M4→M3 ~ M0、M11 ~ M8→M7 ~ M4、M15 ~ M12→M11 ~ M8 依次右移，X003 ~ X000 移入 M15 ~ M12。如果采用连续执行，在 X010 接通期间，每个扫描周期都要移位，因此一般采用脉冲执行方式，即 SFTR P。

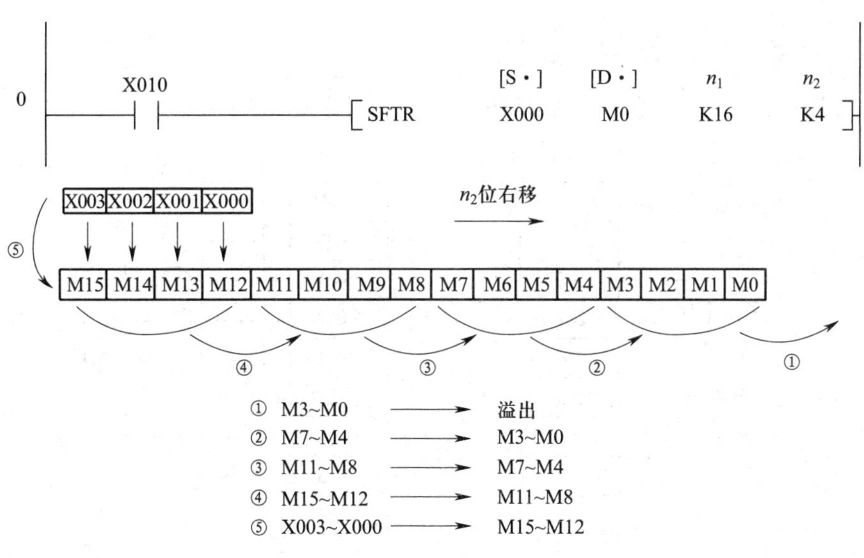

图 9-2-3 位右移指令 SFTR 应用举例

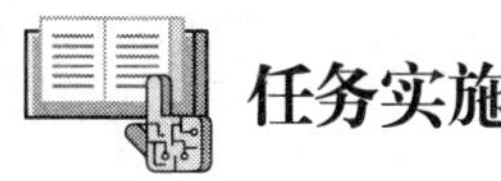

任务实施

一、分配 I/O 地址

分配输入点和输出点，写出 I/O 地址分配表。根据任务控制要求，可确定 PLC 需要 2 个输入点、8 个输出点，其 I/O 地址分配见表 9-2-1。

表 9-2-1　I/O 地址分配表

输入			输出		
元件代号	作用	输入继电器	元件代号	作用	输出继电器
SB1	启动按钮	X000	HL1	第一盏霓虹灯	Y000
SB2	停止按钮	X001	HL2	第二盏霓虹灯	Y001
			HL3	第三盏霓虹灯	Y002
			HL4	第四盏霓虹灯	Y003
			HL5	第五盏霓虹灯	Y004
			HL6	第六盏霓虹灯	Y005
			HL7	第七盏霓虹灯	Y006
			HL8	第八盏霓虹灯	Y007

二、绘制 PLC 硬件接线图

根据 I/O 分配表，绘制 PLC 硬件接线图，如图 9-2-4 所示。

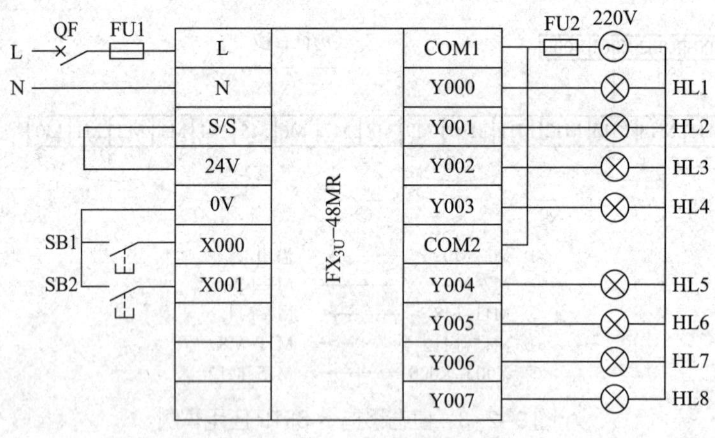

图 9-2-4　PLC 硬件接线图

三、设计 PLC 控制程序

根据 I/O 地址分配表及控制要求，画出 PLC 控制的梯形图，如图 9-2-5 所示。

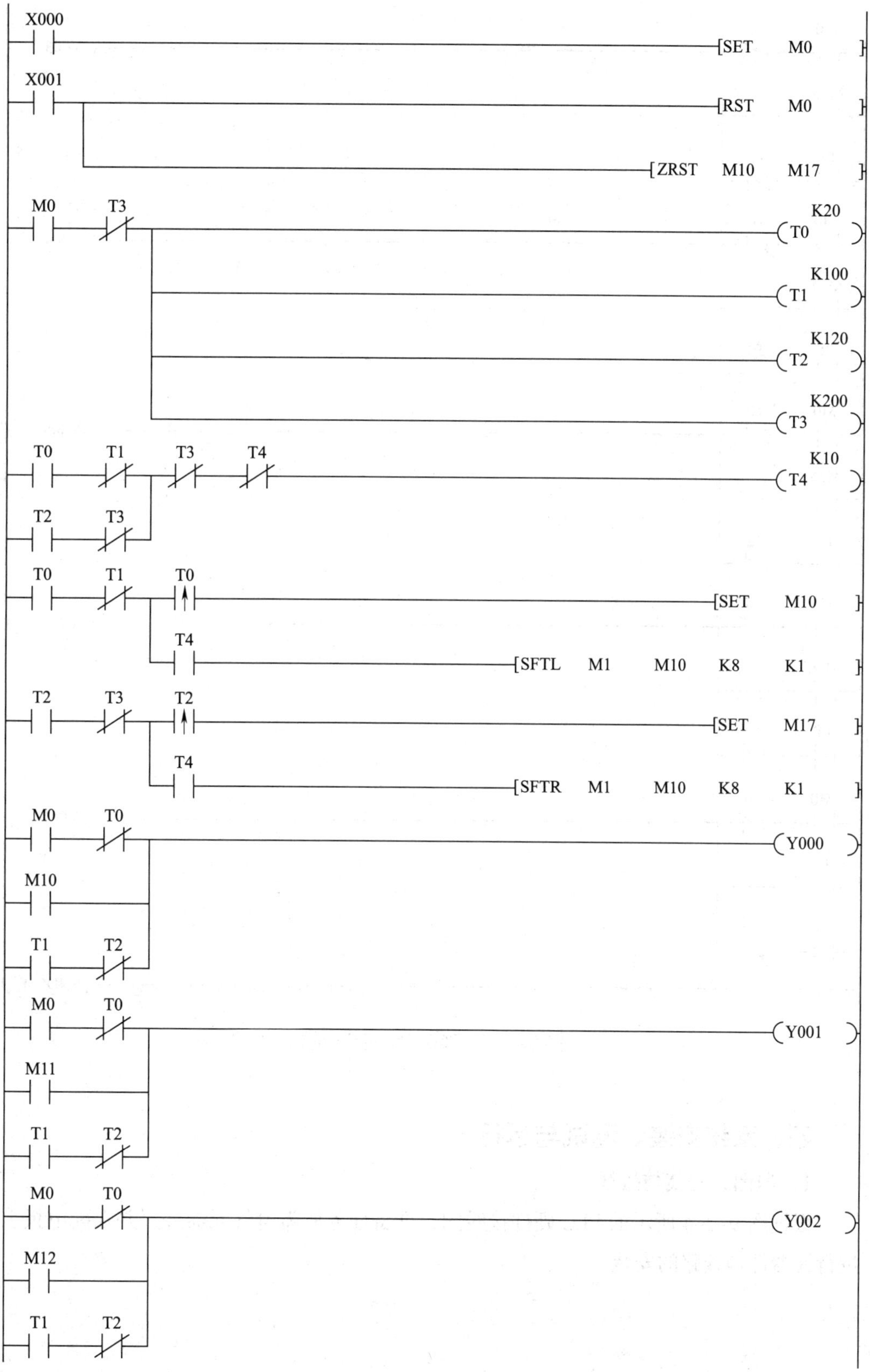

X000 [SET M0]

X001 [RST M0]

[ZRST M10 M17]

M0 T3 K20 (T0)

K100 (T1)

K120 (T2)

K200 (T3)

T0 T1 T3 T4 K10 (T4)

T2 T3

T0 T1 T0 [SET M10]

T4 [SFTL M1 M10 K8 K1]

T2 T3 T2 [SET M17]

T4 [SFTR M1 M10 K8 K1]

M0 T0 (Y000)

M10

T1 T2

M0 T0 (Y001)

M11

T1 T2

M0 T0 (Y002)

M12

T1 T2

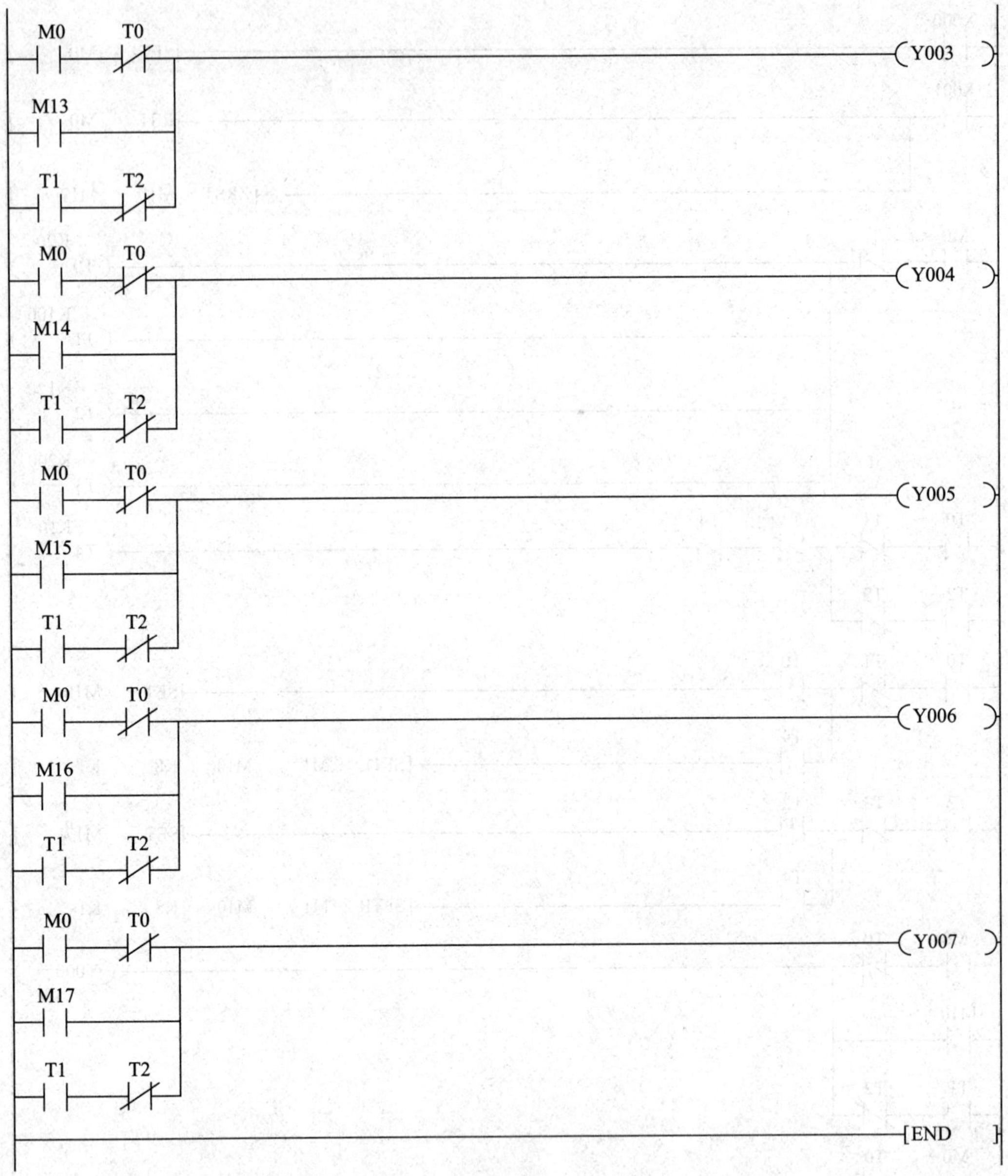

M0 T0 Y003
M13
T1 T2
M0 T0 Y004
M14
T1 T2
M0 T0 Y005
M15
T1 T2
M0 T0 Y006
M16
T1 T2
M0 T0 Y007
M17
T1 T2
END

图 9-2-5　PLC 控制的梯形图

四、系统安装、调试与运行

1. 识图、安装与接线

根据图 9-2-4 所示的 PLC 硬件接线图，准备任务所需电气元器件，并在配电板上进行元器件与线路的安装。

（1）元器件检查

检查元器件规格是否符合技术要求，并检查电气元器件是否完好。

（2）固定元器件

在配电板上合理布置并固定本任务所需的元器件。

（3）配线安装

根据配线原则和工艺要求进行配线安装。

（4）自检

对照接线图检查接线是否正确，确认无误后方可通电调试。

2. 程序下载

线路安装完成并检查无误后，接通电源，将程序下载到 PLC 中。

3. 通电调试

（1）经自检无误后，在指导教师的指导下通电调试。

（2）接通电源开关 QF，将 PLC 的 RUN/STOP 开关置于“RUN”位置，然后通过仿真软件中的“监控 / 测试”功能监视程序的运行情况，再按照表 9-2-2 进行操作，观察系统运行情况并做好记录。

表 9-2-2 系统调试运行情况记录表

<table>
<tr><th>操作步骤</th><th>操作内容</th><th>观察内容</th><th>观察结果</th></tr>
<tr><td rowspan="2">第一步</td><td rowspan="2">将程序下载到 PLC 后，合上断路器 QF</td><td>“POWER”灯</td><td></td></tr>
<tr><td>“RUN”灯</td><td></td></tr>
<tr><td>第二步</td><td>按下 SB1</td><td rowspan="2">霓虹灯 HL1 ～ HL8 的运行状态</td><td></td></tr>
<tr><td>第三步</td><td>按下 SB2</td><td></td></tr>
<tr><td colspan="2">问题处理方法</td><td colspan="2"></td></tr>
<tr><td colspan="2"> 安全提示</td><td colspan="2">运行与调试结束后必须关断电源</td></tr>
</table>

任务测评

对任务实施的完成情况进行检查，并参照表 2-2-6 进行评分。

知识拓展

子程序调用、返回指令和主程序结束指令

一、子程序调用指令（CALL）和子程序返回指令（SRET）

如图 9-2-6 所示，如果 X000 为 ON，则转到指针 P10 处去执行子程序。当执行 SRET 指令时，返回到主程序调用指令 CALL 的下一行继续往下执行。

```
    X000
----| |----------------------------------[CALL   P10 ]
    X002
----| |----------------------------------(Y000       )
-----------------------------------------[FEND       ]
    X001                                          K10
P10-| |----------------------------------(T192       )
    T192
----| |----------------------------------(Y003       )
-----------------------------------------[SRET       ]
```

图 9-2-6　子程序调用与返回指令的使用

子程序调用指令 CALL 的操作数为 P0 ~ P127。子程序返回指令 SRET 无操作数。

使用子程序调用指令时应注意以下几点：

（1）指针又称标号、标签，它包括分支和子程序用的指针 P 和中断用的指针 I。在梯形图中，指针放在左母线的左边。指针（P/I）是在程序执行到内部时用来改变执行流向的元件。分支指针有 P0 ~ P127，它们可用来指定条件跳转、子程序调用等，其中 P63 表示跳转结束。转移标号不能重复，也不可与跳转指令 CJ 的标号重复。

（2）子程序编写在 FEND 指令的后面，以标号 P 开头，以返回指令 SRET 结束。不同位置的 CALL 指令可以调用相同标号的子程序，但同一标号的指针只能使用一次。

（3）子程序可以调用下一级子程序，成为子程序嵌套，最多可嵌套 5 级。

（4）在子程序中，可采用 T192 ~ T199 或 T246 ~ T249 作为定时器。

二、主程序结束指令（FEND）

FEND 表示主程序结束，当执行到 FEND 时，PLC 进行输入 / 输出处理，监视定时器刷新，完成后返回起始步。而前面学过的 END 指令是指整个程序（包括主程序和子程序）结束。一个完整的程序可以没有子程序，但一定要有主程序。

任务 3 自动售货机的 PLC 控制

学习目标

知识目标：

1. 掌握算术运算指令的功能及使用方法。

2. 掌握数据加 1、减 1 指令的功能及使用方法。

能力目标：

1. 会根据控制要求使用数据运算、数据比较等功能指令，编制自动售货机控制程序。

2. 能完成自动售货机控制系统的线路安装、运行与调试。

任务引入

自动售货机（见图 9-3-1）在街道、地铁站、学校等公共场所的应用非常普遍。其最基本的功能是对投入的货币进行运算，并根据所投入的货币数值判断是否能够购买某种商品，并做出相应的反应。本任务以某商场自动售货机控制系统为例，通过 PLC 接线板模拟，结合运算与比较等功能指令的应用来实现自动售货机的控制，编写并调试商场自动售货机 PLC 程序，实现系统的正常运行。

图 9-3-1 自动售货机示意图

具体要求如下：

1. 此自动售货机用于出售矿泉水、罐装牛奶和罐装咖啡。它有一个 1 元硬币投币口，用七段 LED 数码管显示投币总值和购物后的剩余币值。

2. 自动售货机中三种物品的价格分别为：矿泉水 1 元、罐装牛奶 3 元、罐装咖啡 5 元。

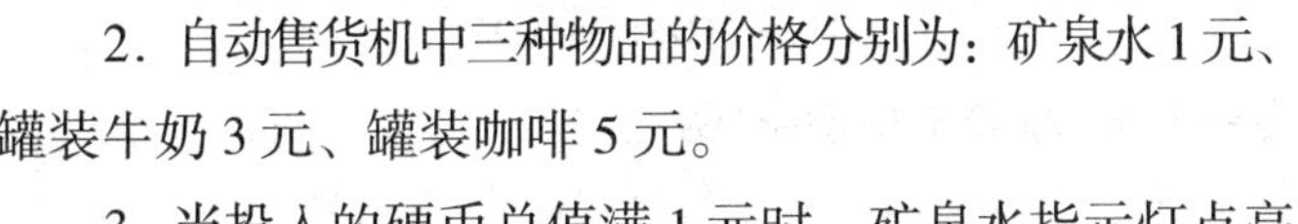

3. 当投入的硬币总值满 1 元时，矿泉水指示灯点亮，按矿泉水按钮，矿泉水阀门打开 0.5 s，便有 1 瓶矿泉水落下。

4. 当投入的硬币总值满 3 元时，矿泉水、罐装牛奶指示灯同时点亮，按相应按钮，对应物品的阀门打开 0.5 s，1 件物品落下。

5. 当投入的硬币总值满 5 元时，所有物品对应的指示灯均点亮，按相应按钮，对应物品的阀门打开 0.5 s，1 件物品落下。

6. 用户按下物品选择键时，相应指示灯闪烁，物品供应完毕时停止。

7. 按下退币按钮，退币电动机运转，退币感应器开始计数，退出多余的钱币后，退币电动机停止。

相关知识

FX_{3U} 系列 PLC 中设置了 6 条算术运算类指令，其中包括 ADD（二进制加法）、SUB（二进制减法）、MUL（二进制乘法）、DIV（二进制除法）、INC（二进制递增）和 DEC（二进制递减）。

四则运算会影响 PLC 内部相关标志继电器。其中，M8020 是运算结果为 0 的标志位，M8022 是进位标志位，M8021 是借位标志位。

一、算术运算类指令

1. 二进制加法指令（ADD，功能号为 FNC20）

（1）指令功能

将指定两个源二进制操作数代数相加，并把运算后的结果送入目标元件中。

（2）助记符

助记符为 ADD（16 位连续执行型）、ADDP（16 位脉冲执行型）；DADD（32 位连续执行型）、DADDP（32 位脉冲执行型）。

（3）应用举例

1）使用二进制加法指令实现 16 位二进制数代数相加的实例如图 9-3-2 所示。

当 X000 的上升沿到来时，数据寄存器 D1 和 D3 中的 16 位二进制数执行代数相加，并将运算结果送到 16 位数据寄存器 D5 中。

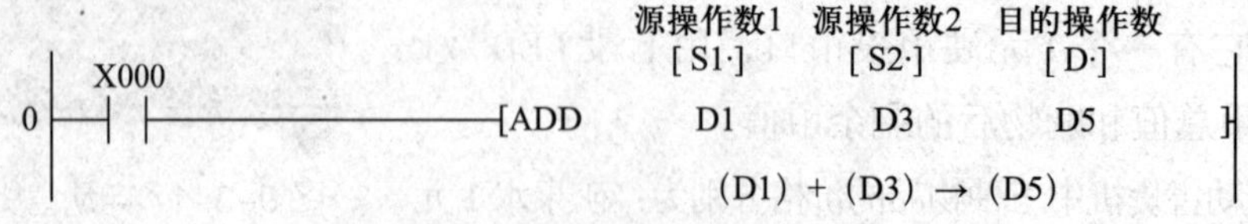

图 9-3-2　ADD 指令应用举例

若 X000 保持为 ON，那么每一个扫描周期执行一次加法运算，并将运算结果送入指定的数据寄存器。

2）使用二进制加法指令实现 32 位二进制数相加的实例如图 9-3-3 所示。

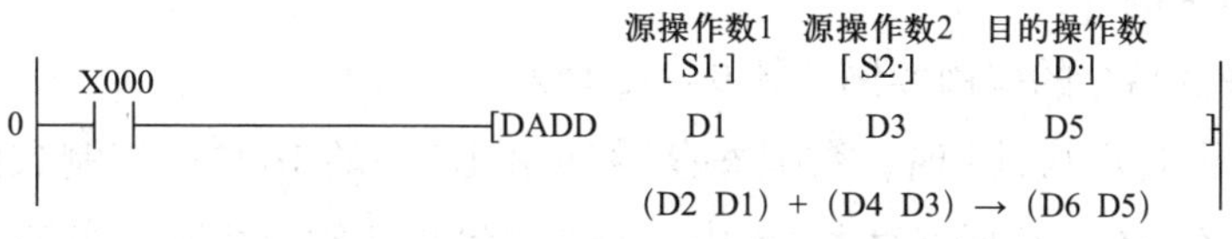

图 9-3-3 DADD 指令应用举例

如图 9-2-3 所示，若执行的是 32 位二进制加法 DADD 或 DADDP 指令，则由 D2 中的高 16 位数据和 D1 中的低 16 位数据组成的 32 位源操作数将与由 D4 中的高 16 位数据和 D3 中的低 16 位数据组成的 32 位源操作数进行二进制代数相加，并将运算结果的高 16 位送入数据寄存器 D6，低 16 位送入数据寄存器 D5。

此外，二进制加法指令也可采用脉冲执行型，如图 9-3-4 所示。图中每次 X000 的上升沿到来时，D1 中的数据就加 1。若此处采用连续执行型指令 ADD，则当 X001 闭合时，寄存器 D1 中的数据不断加 1，D1 中的内容每个扫描周期都会发生变化。

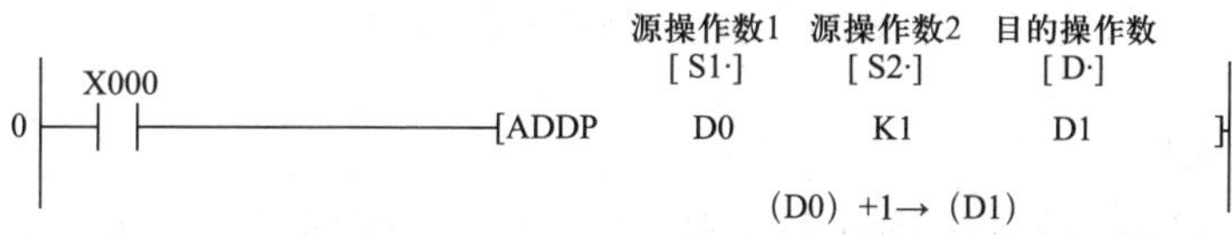

图 9-3-4 ADDP 指令应用举例

（4）指令说明

1）二进制加法指令源操作数［S1·］、［S2·］的形式可为 K、H、K*n*X、K*n*Y、K*n*M、K*n*S、T、C、D、V、Z，目的操作数［D·］的形式可为 K*n*Y、K*n*M、K*n*S、T、C、D、V、Z。

2）源操作数和目的操作数可以为同一操作元件，此时若采用连续执行型二进制加法 ADD 或 DADD 指令，则相加结果在每个扫描周期都会改变。

3）二进制加法指令有三个常用标志寄存器：M8020 ～ M8022。

M8020 为零标志寄存器。当运算结果为 0 时，M8020 置 1。

M8022 为进位标志寄存器。当运算结果大于 32 767（16 位运算）或 2 147 483 647（32 位运算）时，M8022 置 1。

M8021 为借位标志寄存器。当运算结果小于 –32 767（16 位运算）或 –2 147 483 647（32 位运算）时，M8021 置 1。

2. 二进制减法指令（SUB，功能号为 FNC21）

（1）指令功能

将指定的两个源二进制操作数代数相减，并把运算后的结果送入目标元件中。

（2）助记符

助记符为 SUB（16 位连续执行型）、SUBP（16 位脉冲执行型）；DSUB（32 位连续执行型）、DSUBP（32 位脉冲执行型）。

（3）应用举例

二进制减法指令的应用实例如图 9-3-5 所示。

当 X000 的上升沿到来时，数据寄存器 Dl 和 D3 中的 16 位二进制数代数相减，并将运算结果送到 16 位数据寄存器 D5 中。与二进制加法指令相同，当 X000 保持为 ON 时，该指令在每一个扫描周期执行一次。

当 X001 的上升沿到来时，数据寄存器 D1 中的数据减 1。

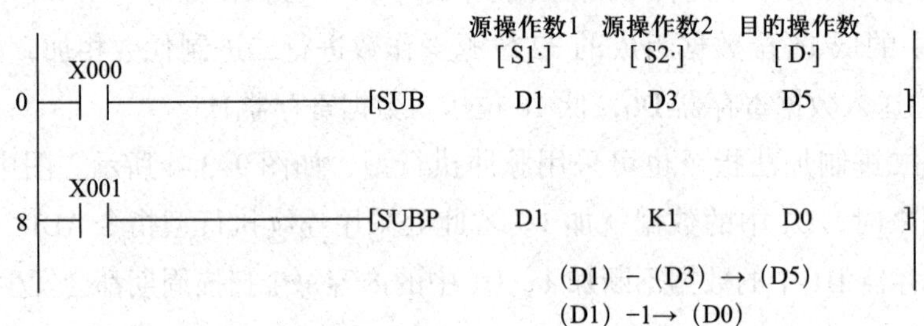

图 9-3-5　减法指令应用举例

（4）指令说明

1）二进制减法指令源操作数［S1·］、［S2·］的形式可为 K、H、K*n*X、K*n*Y、K*n*M、K*n*S、T、C、D、V、Z，目的操作数［D·］的形式可为 K*n*Y、K*n*M、K*n*S、T、C、D、V、Z。

2）源操作数和目的操作数可以为同一操作元件，此时若采用连续执行型二进制减法 SUB 或 DSUB 指令，则相减结果在每个扫描周期都会改变。

3）二进制减法指令也有三个常用标志寄存器：M8020 ~ M8022。

M8020 为零标志寄存器。当运算结果为 0 时，M8020 置 1。

M8022 为进位标志寄存器。当运算结果大于 32 767（16 位运算）或 2 147 483 647（32 位运算）时，M8022 置 1。

M8022 为借位标志寄存器。当运算结果小于 −32 767（16 位运算）或 −2 147 483 647（32 位运算）时，M8021 置 1。

3. 二进制乘法指令（MUL，功能号为 FNC22）

（1）指令功能

将指定的两个源操作数进行二进制有符号乘法运算，然后将运算结果送入以目的操作数为首地址的目的元件中。

（2）助记符

助记符为 MUL（16 位连续执行型）、MULP（16 位脉冲执行型）；DMUL（32 位连续执行型）、DMULP（32 位脉冲执行型）。

（3）应用举例

二进制乘法指令的应用实例如图 9-3-6 和图 9-3-7 所示。

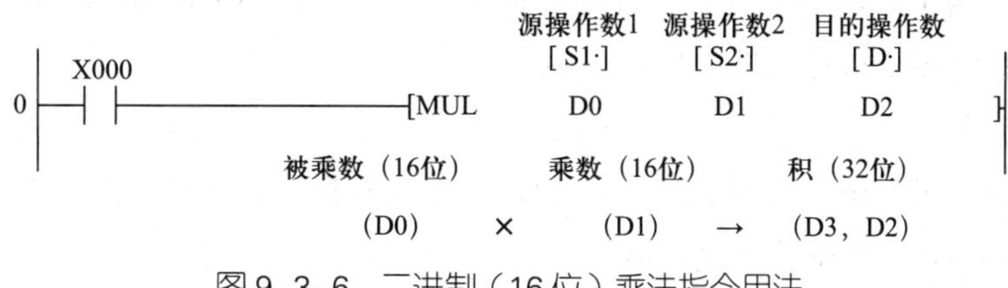

图 9-3-6　二进制（16 位）乘法指令用法

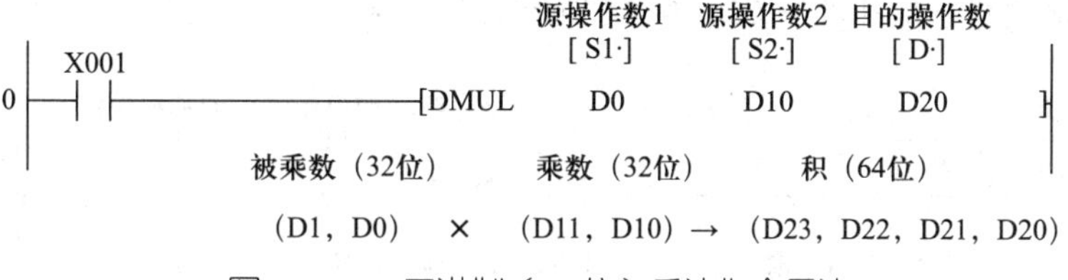

图 9-3-7　二进制（32 位）乘法指令用法

图 9-3-6 所示为 16 位二进制乘法指令 MUL，其源操作数为 16 位二进制数，运算结果为 32 位。图中，当 X000 上升沿到来时，执行 16 位二进制乘法运算，即（D0）×（D1）→（D3，D2），积的高 16 位存入 D3，积的低 16 位存入 D2。例如，（D0）=7，（D1）=8，积（D3，D2）=56，则（D3）=0，（D2）=56。

图 9-3-7 所示为 32 位二进制乘法指令 DMUL，其源操作数为 32 位二进制数，运算结果为 64 位。图中，当 X001 上升沿到来时，执行 32 位二进制乘法运算，即（D1，D0）×（D11，D10）→（D23，D22，D21，D20），积的高 32 位存入（D23，D22），积的低 32 位存入（D21，D20）。

（4）指令说明

1）二进制乘法指令的源操作数［S1·］、［S2·］的形式可为 K、H、K*n*X、K*n*Y、K*n*M、K*n*S、T、C、D、V（限 16 位运算）、Z，目的操作数［D·］的形式可为 K*n*Y、K*n*M、K*n*S、T、C、D、Z（限 16 位运算）。

2）在进行二进制乘法运算时，积的二进制最高位是符号位，0 为正，1 为负。当被乘数和乘数同号时，积为正；异号时，积为负。

3）位元件组合作为目的操作数进行 32 位二进制乘法运算时，由于 $n \leqslant$ K8，因此只能得到运算结果的低 32 位，此时最好采用浮点运算，即将浮点数标志位 M8023 置 1。

4）变址寄存器 V 可以在 16 位二进制乘法指令中作为源操作数，但不能作为目的操作数；变址寄存器 Z 在 16 位和 32 位运算中均可以作为源操作数，同时在 16 位运算中还可以作为目的操作数，但在 32 位运算中不能作为目的操作数。

4．二进制除法指令（DIV，功能号为 FNC23）

（1）指令功能

将指定的两个源操作数进行二进制有符号除法运算，然后将商和余数存入以目的操作数为开始的多个目标元件中。

（2）助记符

助记符为 DIV（16 位连续执行型）、DIVP（16 位脉冲执行型）；DDIV（32 位连续执行型）、DDIVP（32 位脉冲执行型）。

（3）应用举例

二进制除法指令应用实例如图 9-3-8 所示。

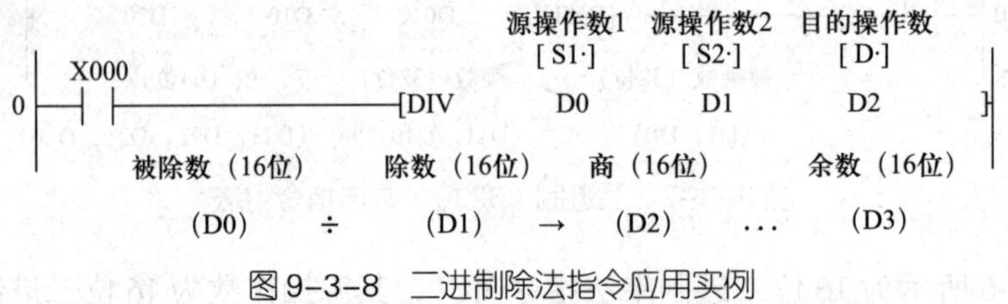

图 9-3-8　二进制除法指令应用实例

图 9-3-8 所示为 16 位二进制除法指令 DIV，其源操作数和目的操作数均为 16 位二进制数。图中当 X000 上升沿到来时，执行 16 位二进制除法运算，即（D0）÷（Dl），将商存放在数据寄存器（D2）中，余数存放在数据寄存器（D3）中。例如，（D0）=30，（D1）=7 时，商（D2）=4，余数（D3）=2。

（4）指令说明

1）二进制除法指令的源操作数［S1·］、［S2·］的形式可为：K、H、K*n*X、K*n*Y、K*n*M、K*n*S、T、C、D、V（限 16 位运算）、Z，目的操作数［D·］的形式可为：K*n*Y、K*n*M、K*n*S、T、C、D、Z（限 16 位运算）。

2）在进行二进制除法运算时，商与余数的二进制最高位是符号位，0 为正，1 为负。当若除数为 0，则发生运算错误，不执行该指令；若位元件被指定为目标元件，则无法得到余数；商和余数的最高位为符号位，0 为正，1 为负；当被除数或除数中仅一方为负数时，商为负数，当被除数为负数时，余数为负数。

3）V 和 Z 作为源操作数或目的操作数的使用方法可参考二进制乘法指令。

5．典型程序分析

图 9-3-9 所示为“加、减、乘、除”四种运算的梯形图，下面分析各数据寄存器 D 中的内容。

（1）在图 9-3-9a 中，PLC 从停止“STOP”状态切换至运行“RUN”状态后，由于特殊辅助继电器 M8000 的常开触点接通，因此数据寄存器 D0 中的内容始终保持为十进制数“6”，D1 中的内容为十进制数“8”。输入元件 X000 的常开触点闭合后，执行加法指令 ADD，将 D0 与 D1 中的内容相加，结果存入 D2，此时 D2 中的内容为十进制数“14”，而 D0、D1 中的数据仍然保持不变。

（2）在图 9-3-9b 中，D0 中的内容为十进制数“18”，D1 中的内容为十进制数“8”，执行减法指令 SUB，将 D0 与 D1 中的内容相减，结果存入 D2，此时 D2 中的内容为“10”。

（3）在图 9-3-9c 中，D0 中的内容为十进制数“55”，D1 中的内容为十进制数“60”，执行 MUL 乘法指令，将 D0 与 D1 中的内容相乘，积的低 16 位存入 D2，高 16 位存入 D3，此时 D2 中的内容为“3300”，D3 中的内容为“0”。

（4）在图 9-3-9d 中，D0 中的内容为十进制数“10”，D1 中的内容为十进制数“3”，执行 DIV 除法指令，将 D0 与 D1 中的内容相除，商存入 D2，余数存入 D3，此时 D2 中的内容为“3”，D3 中的内容为“1”。

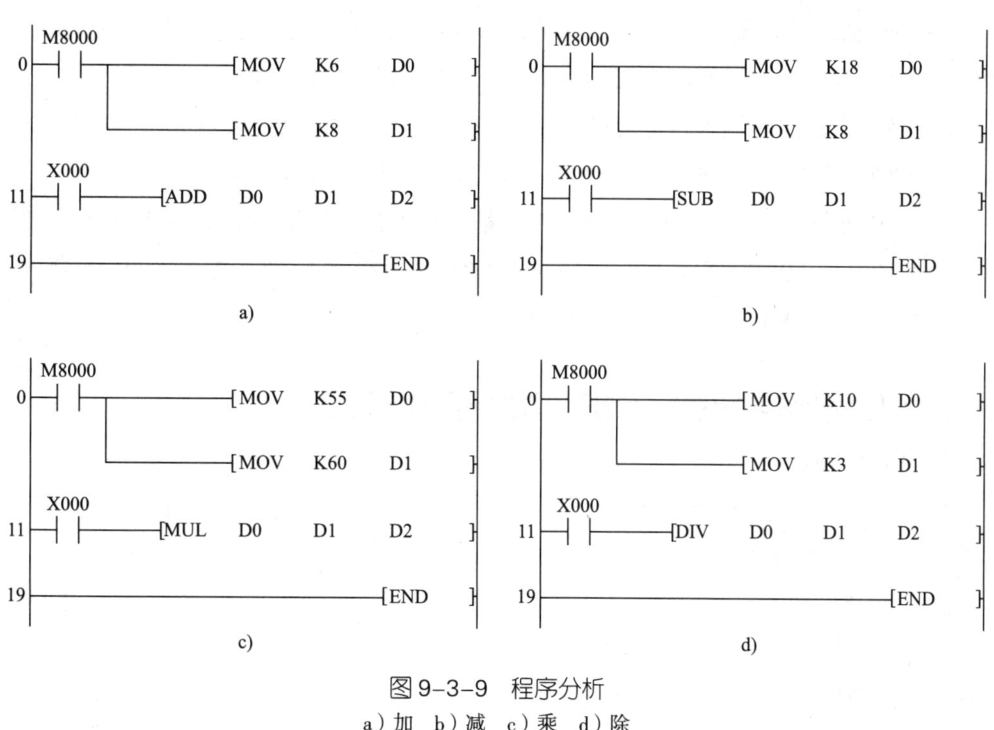

图 9-3-9 程序分析

a）加 b）减 c）乘 d）除

6. 二进制加 1 和减 1 指令（功能号为 FNC24 和 FNC25）

（1）指令功能

将指定的目标元件中二进制数自动加 1 或减 1。

（2）助记符

二进制加 1 指令的助记符为 INC（16 位连续执行型）、INCP（16 位脉冲执行型）；DINC（32 位连续执行型）、DINCP（32 位脉冲执行型）。

二进制减 1 指令的助记符为 DEC（16 位连续执行型）、DECP（16 位脉冲执行型）；

DDEC（32 位连续执行型）、DDECP（32 位脉冲执行型）。

（3）应用举例

加 1 指令（INC）和减 1 指令（DEC）的应用实例如图 9-3-10 所示。

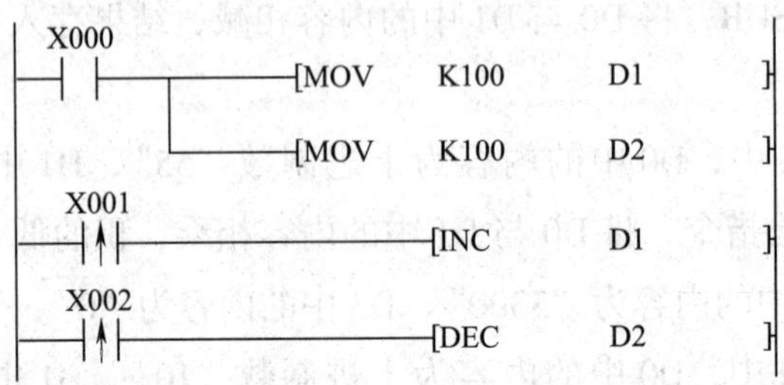

图 9-3-10　INC 和 DEC 指令应用举例

（4）指令说明

1）INC 指令的功能为目标元件当前值 D1+1 → D1。在 16 位运算中，+32767 加 1 则成 −32768；在 32 位运算中，+2147483647 加 1 则成 −2147483648。

2）DEC 指令的功能为目标元件当前值 D2−1 → D2。在 16 位运算中，−32768 减 1 则成 +32767；在 32 位运算中，−2147483648 减 1 则成 +2147483647。

3）采用连续指令时，INC 和 DEC 指令都是在各扫描周期做加 1 运算和减 1 运算。因此，在图 9-3-10 中，X001 和 X002 都使用上升沿检测指令。每次 X001 闭合，D1 当前值加 1；每次 X002 闭合，D2 当前值减 1。

二、区间比较指令（ZCP，功能号为 FNC11）

1. 指令功能

指令执行时将源操作数［S·］与［S1·］和［S2·］的内容进行比较，并将比较结果送到目标操作数［D·］中。

2. 助记符

助记符为 ZCP（16 位连续执行型）、ZCPP（16 位脉冲执行型）；DZCP（32 位连续执行型）、DZCPP（32 位脉冲执行型）。

3. 应用举例

如图 9-3-11 所示，当 X0 为 ON 时，把 C30 当前值与 K100 和 K120 相比较，将结果送 M3、M4、M5 中。X0 为 OFF 时，则 ZCP 指令不执行，M3、M4、M5 不变。

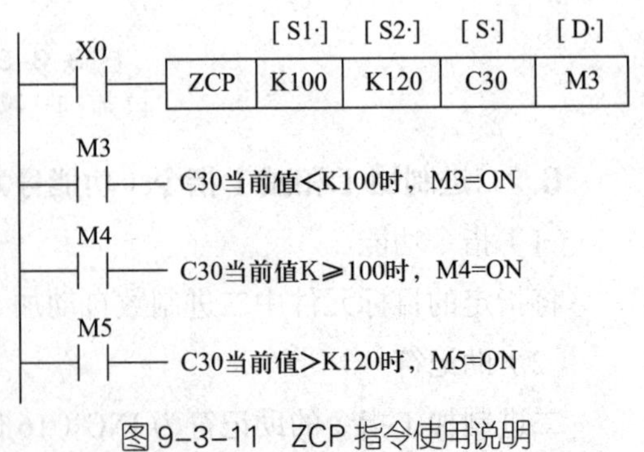

图 9-3-11　ZCP 指令使用说明

提示

使用比较指令 ZCP 时应注意：

1. [S1·]、[S2·] 可取任意数据格式，目标操作数 [D·] 可取 Y、M 和 S。
2. 使用 ZCP 时，[S2·] 的数值不能小于 [S1·]。
3. 所有的源数据都被看成二进制数值处理。

任务实施

一、分配 I/O 地址

自动售货机控制系统的输入 / 输出分配见表 9–3–1。

表 9–3–1　自动售货机控制 I/O 地址出分配表

输入			输出		
元器件	作用	输入继电器	元器件	作用	输出继电器
SB1	投币口传感器	X000	YV1	矿泉水出口	Y000
SB2	矿泉水选择按钮	X001	YV2	牛奶出口	Y001
SB3	牛奶选择按钮	X002	YV3	咖啡出口	Y002
SB4	咖啡选择按钮	X003	YV4	退币电磁铁	Y003
SB5	退币按钮	X004	KM	退币电动机	Y004
SB6	退币传感器	X005	七段显示器	投币值及余额显示	Y010 ~ Y017
			HL1	矿泉水指示灯	Y020
			HL2	牛奶指示灯	Y021
			HL3	咖啡指示灯	Y022

二、绘制 PLC 硬件接线图

根据控制要求分析，结合输入 / 输出地址分配可知：PLC 输入电路主要由 4 个按钮和 2 个传感器组成，输出电路主要由 4 个电磁阀、1 个接触器、1 个七段数码管显示器和 3 个指示灯组成。具体 PLC 外部接线图如图 9–3–12 所示。

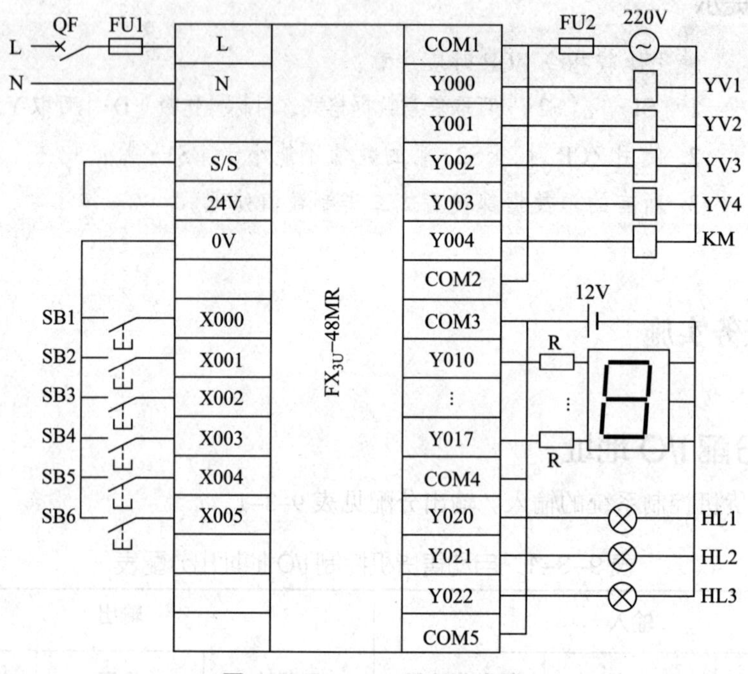

图 9–3–12　PLC 外部接线图

三、设计 PLC 控制程序

计币系统主要是通过传感器记录投币的数目，并通过数码管显示。当有顾客购买时，投入的钱币经过传感器，传感器记忆投币的个数并送到检测系统（电子天平）和计币系统。只有当电子天平测量的质量不超过误差值时，才允许计币系统累计钱币数，并存放在数据寄存器中，如果超过误差值，则判断为假币，退出钱币。计币显示币值程序如图 9–3–13 所示。

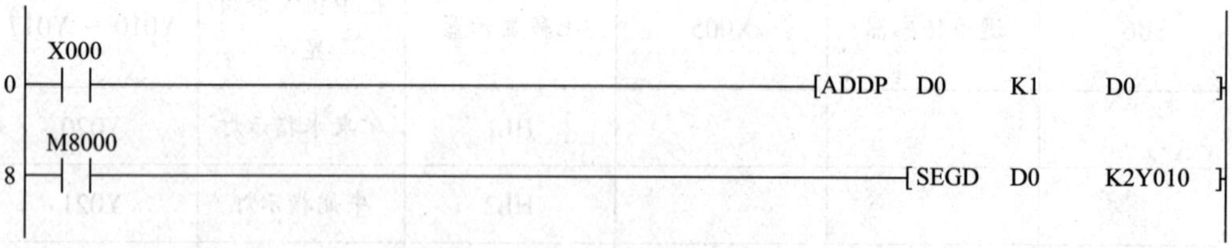

```
   X000
0 ─┤ ├──────────────────────────[ADDP  D0   K1   D0    ]
   M8000
8 ─┤ ├──────────────────────────[SEGD  D0   K2Y010     ]
```

图 9–3–13　计币显示币值程序

比较系统是把寄存器内的钱币数据与可以购买物品的价格进行区间比较。比较指示程序如图 9–3–14 所示。

选择系统是在比较完成后使选择指示灯常亮的，按下相应物品选择键，相应的指示灯变为闪烁。当物品供应完毕，闪烁同时停止。商品选择程序如图 9–3–15 所示。商品取出程序如图 9–3–16 所示。

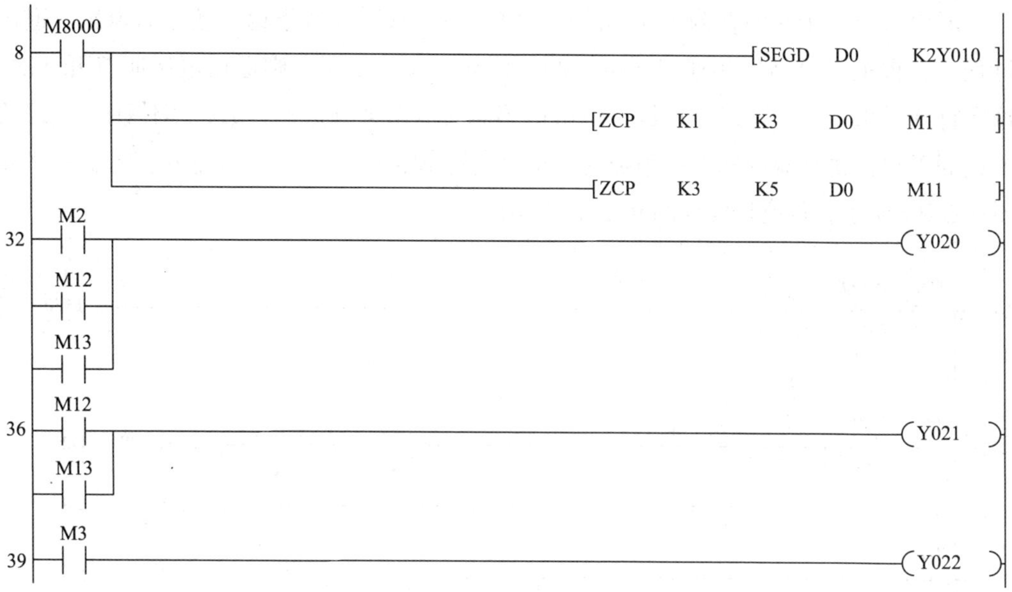

```
    M8000
8  ─┤ ├─┬──────────────────────[SEGD  D0   K2Y010]
        ├──────────[ZCP  K1   K3   D0   M1 ]
        └──────────[ZCP  K3   K5   D0   M11]
    M2
32 ─┤ ├─┬───────────────────────────(Y020)
    M12 │
   ─┤ ├─┤
    M13 │
   ─┤ ├─┘
    M12
36 ─┤ ├─┬───────────────────────────(Y021)
    M13 │
   ─┤ ├─┘
    M3
39 ─┤ ├─────────────────────────────(Y022)
```

图 9-3-14 比较指示程序

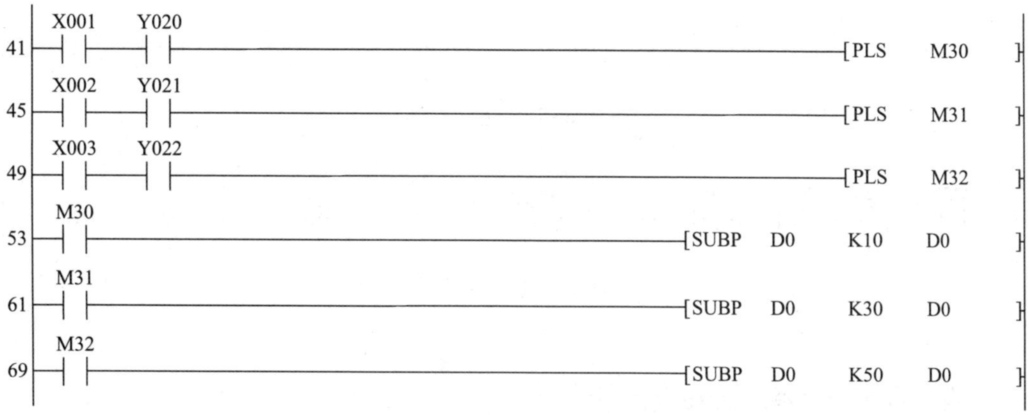

```
    X001   Y020
41 ─┤ ├────┤ ├──────────────────[PLS   M30]
    X002   Y021
45 ─┤ ├────┤ ├──────────────────[PLS   M31]
    X003   Y022
49 ─┤ ├────┤ ├──────────────────[PLS   M32]
    M30
53 ─┤ ├───────────────[SUBP  D0   K10   D0]
    M31
61 ─┤ ├───────────────[SUBP  D0   K30   D0]
    M32
69 ─┤ ├───────────────[SUBP  D0   K50   D0]
```

图 9-3-15 商品选择程序

```
    M30       T0
77 ─┤ ├──┬───┤/├────────────────────(Y000)
    Y000 │                              K5
   ─┤ ├──┴──────────────────────────(T0  )
    M31       T1
86 ─┤ ├──┬───┤/├────────────────────(Y001)
    Y001 │                              K5
   ─┤ ├──┴──────────────────────────(T0  )
    M32       T2
95 ─┤ ├──┬───┤/├────────────────────(Y002)
    Y002 │                              K5
   ─┤ ├──┴──────────────────────────(T0  )
```

图 9-3-16 商品取出程序

退币系统用于在顾客购买完物品后，将多余的钱币在按下退币按钮后退出。退币过程是：根据计算结果接通退币电磁阀，例如余额为 2 元，则退币电磁阀打开 2 次，每次打开退币 1 元。在退币口设有退币传感器对退币金额进行计数，当传感器记录的个数等于数据寄存器退回的钱币数时，退币电磁阀关闭，示意退币完成。退币程序如图 9-3-17 所示，复位程序如图 9-3-18 所示。

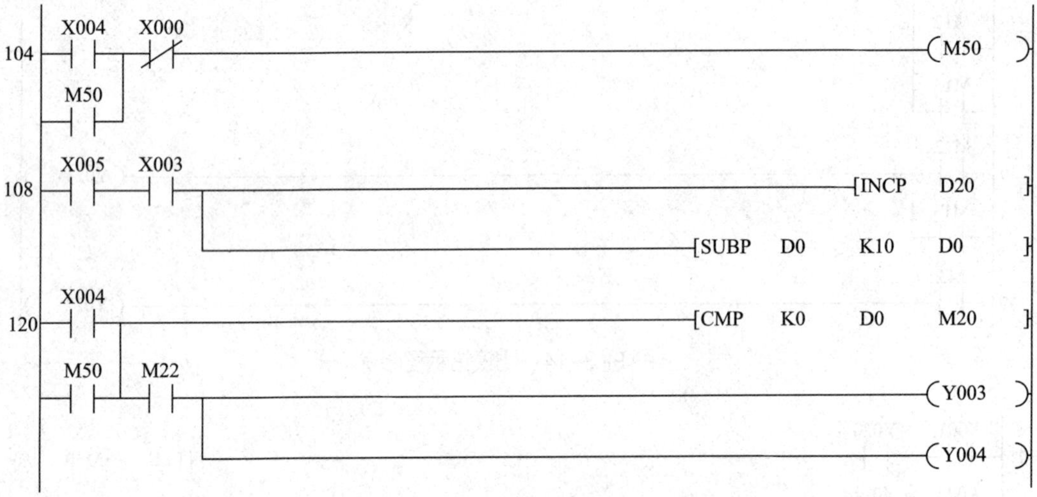

图 9-3-17　退币程序

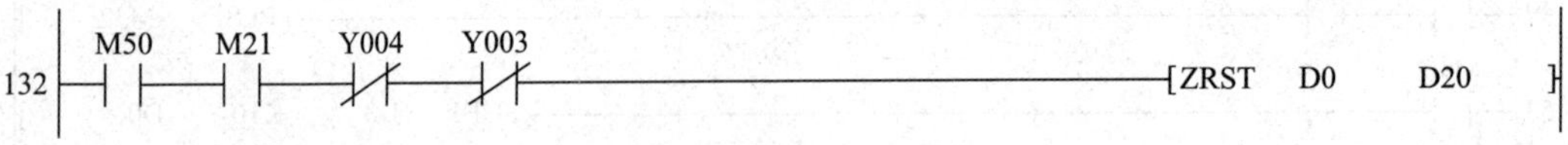

图 9-3-18　复位程序

四、系统安装、调试与运行

1. 识图、安装与接线

根据图 9-3-12 所示的 PLC 硬件接线图，准备任务所需电气元器件，并在配电板上进行元器件与线路的安装。

（1）元器件检查

检查元器件规格是否符合技术要求，并检查电气元器件是否完好。

（2）固定元器件

在配电板合理布置并固定本任务所需的元器件。

（3）配线安装

根据配线原则和工艺要求进行配线安装。

（4）自检

对照接线图检查接线是否正确，确认无误后方可通电调试。

2. 程序下载

线路安装完成并检查无误后，接通电源，将程序下载到 PLC 中。

3. 运行调试

按表 9–3–2 进行系统调试，观察并记录系统运行情况。如出现异常情况，应立即切断电源，分析原因，检查硬件电路和程序，解决问题后再重新调试；若是程序问题且不影响安全运行，可通过在线修改程序进行调试，直至系统功能全部调试成功为止，最后关闭系统电源开关。

表 9–3–2 系统调试运行情况记录表

<table>
<tr><th>步骤</th><th>调试内容</th><th>观察内容</th><th>运行情况记录</th></tr>
<tr><td rowspan="2">第一步</td><td rowspan="2">将程序下载到 PLC 后，
合上断路器 QF</td><td>“POWER”灯</td><td></td></tr>
<tr><td>“RUN”灯</td><td></td></tr>
<tr><td>第二步</td><td>模拟投币过程，
按下 SB1 按钮</td><td>观察数据寄存器 D0 的
数值变化及数码管变化</td><td></td></tr>
<tr><td>第三步</td><td>按下牛奶选择按钮</td><td rowspan="4">观察 YV1 ~ YV4、KM、
HL1 ~ HL3 的运行情况</td><td></td></tr>
<tr><td>第四步</td><td>按下矿泉水选择按钮</td><td></td></tr>
<tr><td>第五步</td><td>按下咖啡选择按钮</td><td></td></tr>
<tr><td>第六步</td><td>按下退币按钮</td><td></td></tr>
<tr><td colspan="2">问题处理
方法</td><td colspan="2"></td></tr>
<tr><td colspan="2"> 安全提示</td><td colspan="2">运行与调试结束后必须关断电源</td></tr>
</table>

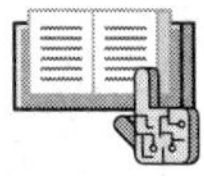

任务测评

对任务实施的完成情况进行检查，并参照表 2–2–6 进行评分。

知识拓展

使用乘、除法指令实现 8 盏流水灯控制程序

1. 控制要求

用乘、除法指令实现 8 盏流水灯的移位点亮循环。有一组灯共 8 盏，接于

Y000 ~ Y007，要求：当 X000=ON 时，灯每隔 1 s 从 Y000 至 Y007 正序单个移位点亮，接着，灯每隔 1 s 反序单个移位点亮，并不断循环。

2. 程存设计

8 盏流水灯的控制程序如图 9–3–19 所示，MOVP 指令在上电时执行一个扫描周期，K2Y000 为一组二进制代码，当 K2Y000“乘以 2”时，相当于将其二进制代码左移了一位，所以执行“乘以 2”运算，实现了 Y000 ~ Y007 的正序单个移位点亮；同理执行“除以 2”指令，实现了 Y007 ~ Y000 的反序单个移位点亮。程序中 T0 和 M8013 配合，使两条运算指令轮流执行：先是从 Y000 开始，做 7 s 的乘法，每隔 1 s，将“1”向上传递 1 个单位；再从 Y007 开始，做 7 s 的除法，每隔 1 s，将“1”向下传递 1 个单位，依此循环。本程序使用常开继电器 M8000 来代替 X000=ON 的状态，也可以使用外部带自锁的按钮作为 X000 的输入。

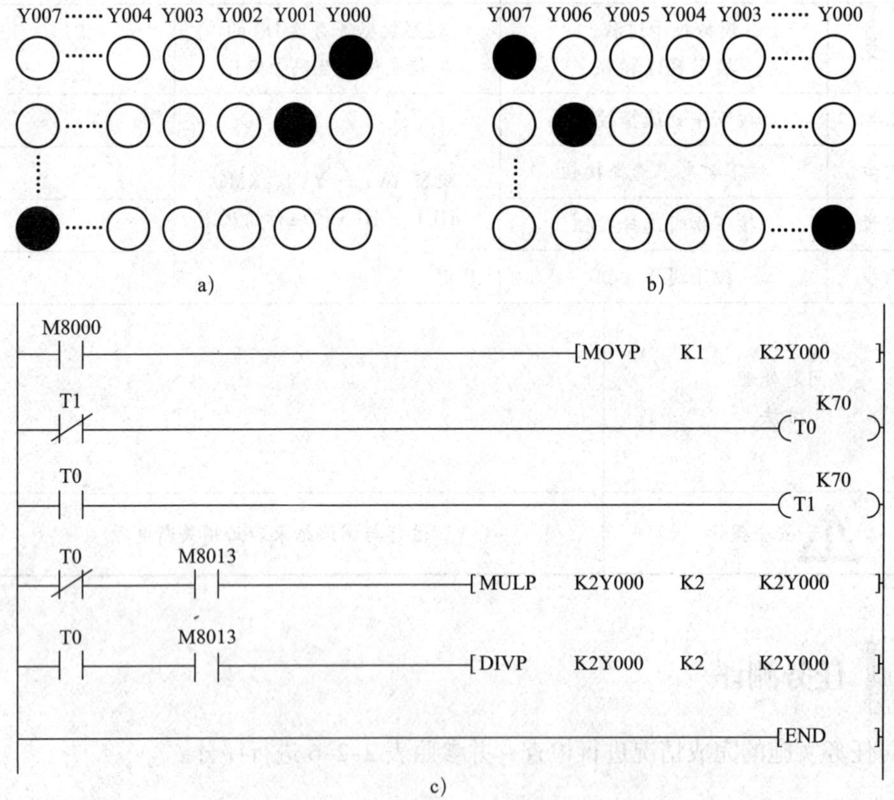

图 9–3–19　8 盏流水灯控制程序 1

a）乘 2 运算效果　b）除 2 运算效果　c）梯形图

想一想，图 9-3-20 所示程序与图 9-3-18 所示程序有何不同？

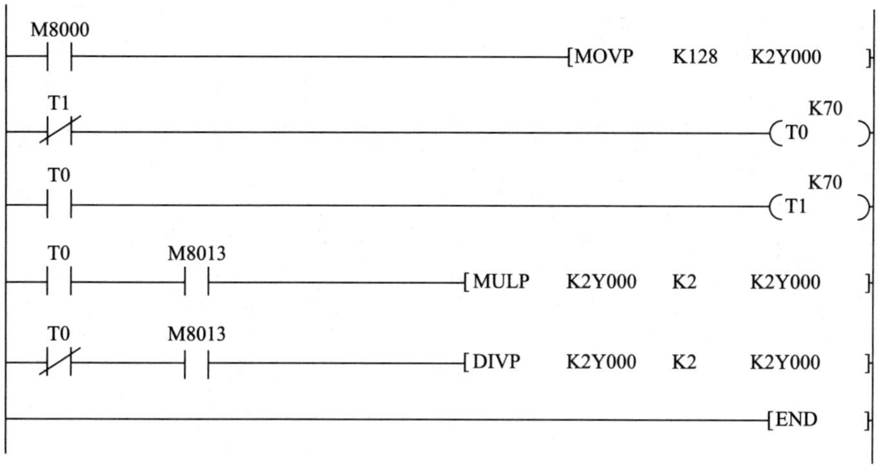

```
M8000
--| |----------------------------------[MOVP   K128    K2Y000 ]
T1                                                 K70
--|/|----------------------------------------------(T0   )
T0                                                 K70
--| |----------------------------------------------(T1   )
T0        M8013
--| |------| |------------------[MULP   K2Y000   K2   K2Y000 ]
T0        M8013
--|/|------| |------------------[DIVP   K2Y000   K2   K2Y000 ]
---------------------------------------------------[END      ]
```

图 9-3-20　8 盏流水灯控制程序 2